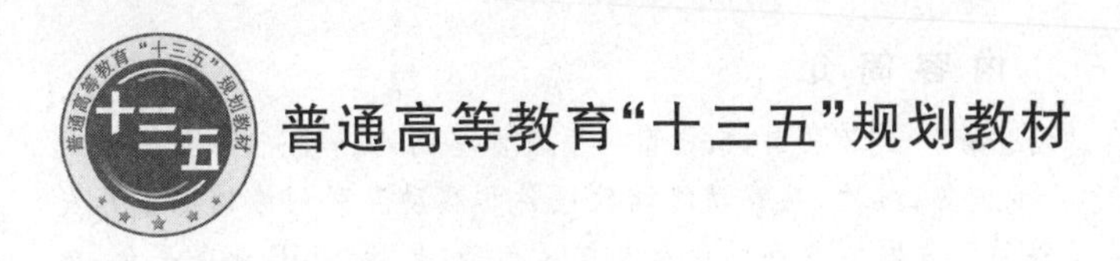

移动互联网

张鸿涛　编著

北京邮电大学出版社
www.buptpress.com

内容简介

本书系统地介绍了移动互联网的概念、"端""管""云"3层架构、典型应用及安全问题。首先，介绍了移动互联网的背景、概念、特点，以及商业模式和产业链等；其次，从移动终端软硬件和移动互联网终端应用开发两个方面讨论了移动终端技术；再次，论述了移动互联网的业务平台及其发展趋势，包括VoIP业务平台、电子支付业务平台、LBS业务平台、SNS业务平台等；然后，介绍了移动互联网的云服务，如基于云计算的互联网数据中心、基于云计算的内容分发网络、移动云计算等；最后，介绍了移动互联网的典型新式应用，并给出了移动互联网典型应用和"端""管""云"3层架构下的安全概述。

本书主要适用于移动互联网领域的研究人员和工程技术人员阅读，也可以作为通信工程及相关专业的高年级本科生、研究生和教师的专业性新技术参考书。

图书在版编目(CIP)数据

移动互联网 / 张鸿涛编著. -- 北京：北京邮电大学出版社，2018.9
ISBN 978-7-5635-5596-3

Ⅰ. ①移… Ⅱ. ①张… Ⅲ. ①移动通信-互联网络 Ⅳ. ①TN929.5

中国版本图书馆CIP数据核字(2018)第219940号

书　　名：移动互联网
编 著 者：张鸿涛
责任编辑：徐振华　王小莹
出版发行：北京邮电大学出版社
社　　址：北京市海淀区西土城路10号(邮编:100876)
发 行 部：电话：010-62282185　传真：010-62283578
E-mail：publish@bupt.edu.cn
经　　销：各地新华书店
印　　刷：保定市中画美凯印刷有限公司
开　　本：787 mm×1 092 mm　1/16
印　　张：12.75
字　　数：328千字
版　　次：2018年9月第1版　2018年9月第1次印刷

ISBN 978-7-5635-5596-3　　定价：32.00元

前　言

随着移动通信的发展，人们对于网络的需求已经从桌面互联网逐渐向移动互联网靠拢。中国的移动互联网用户数在2012年首次超过桌面用户数，至此之后，人们对移动互联网的需求大增。智能操作系统大规模商业化应用以惊人的发展速度和技术创新能力受到全球瞩目，移动互联网的大潮势不可挡。

移动互联网是互联网与移动通信融合发展的结果，既继承了互联网的业务多样性和移动通信的可移动性，又出现了自身的新特性。为了满足各类需求，移动互联网在继承互联网和移动通信特点的基础上，其网络架构又有着深刻的变革，呈现出独特的运营创新、业务创新和技术创新。

移动互联网的整体架构可以分为"端""管""云"3层架构。"端"即移动终端、可接入网络的无线设备，包括智能手机、笔记本式计算机、平板电脑、智能可穿戴设备等，可实现人与人、人与物、物与物的互联。"管"包括业务网络和业务平台两部分：业务网络是移动终端访问应用的通道；业务平台是应用的承载，将应用建立在平台之上具有效果倍增的作用。"云"一般指的是应用，其实质是网络中的服务。通过将应用的计算和存储等处理功能交给云端，用户不再需要关心复杂的软件和硬件，而是直接面对最终的服务。

本书旨在对移动互联网的基本概念、理论和体系架构进行详细和系统的介绍。本书分为5个部分：第1部分(第1章和第2章)是移动互联网背景知识的介绍，包括移动互联网的概念、发展、技术标准、商业模式、商业模式画布分析、产业链分析和商业模式发展趋势等；第2部分(第3章和第4章)是移动互联网终端技术的介绍，分为移动终端软硬件和移动互联网终端应用开发两个方面，并介绍了移动终端热点技术，如HTML 5.0技术、移动Widget、移动Mashup、人机互动技术等；第3部分(第5章)讨论了移动互联网业务平台的分类和发展趋势，并以OTT TV业务平台、VoIP业务平台、电子支付业务平台、移动流媒体业务平台、移动LBS业务平台和移动SNS业务平台为例，给出了业务平台的一般架构与设计方法；第4部分(第6章)论述了移动互联网云服务，包括基于云计算的IDC业务、基于云计算的内容分发网络、移动云计算、SDN与NFV技术、移动互联网大数据等；第5部分(第7章和第8章)介绍了移动互联网的典型新式应用(是对前几章移动互联网技术的实现)，并从"端""管""云"3个方面对移动互联网的安全问题进行了分析。

本书在编著过程中，结合了本人在北京邮电大学从事移动互联网研究及授课的经验。北京邮电大学冯春燕教授、纪阳教授、谢刚副教授、夏海轮副教授和吴振宇老师都给予了本人许多帮助和指导，在此表示衷心感谢！

张鸿涛
北京邮电大学

前言

目 录

第1章　移动互联网概述

移动互联网一般来讲就是将互联网和移动通信二者结合起来,成为一体;具体是指把互联网的技术、平台、商业模式、应用与移动通信技术结合,并将之实践的活动的总称。移动互联网是移动通信和传统互联网融合的产物,是目前和未来很长一段时间内IT领域的快速增长点。

我国工业和信息化部发布的《移动互联网白皮书》给出的移动互联网的定义是:"移动互联网是以移动网络作为接入网络的互联网及服务,包括3个要素:移动终端、移动网络和应用服务。"这个定义具有两层内涵:一是指移动互联网是传统的互联网与移动通信的有效融合,终端用户是通过移动通信网络(如2G、3G或4G网络,WLAN等)接入传统互联网的;二是指移动互联网具有数量众多的新型应用服务和应用业务,并结合了终端的移动性、可定位及便携性等特点,为移动用户提供个性化、多样化的服务。

移动互联网的技术体系有3个水平功能层面,分别为"云"(应用与服务功能层面)、"管"(网络功能层面)、"端"(移动智能终端功能层面)。(1)移动互联网的应用服务具有移动性和个性化等属性。例如,用户可以随时随地获得根据其位置、兴趣偏好和环境特征等需求因素进行定制的具有个性化特征的移动互联网应用。(2)网络功能层面可分为网络接入和业务接入:网络接入是指网络接入网关提供移动网络中的业务执行环境,识别上下行的业务信息、服务质量要求等,并可基于这些信息提供按业务、内容区分的资源控制和计费策略;业务接入网关向第三方应用开放移动网络能力API(Application Programming Interface,应用程序设计接口)和业务生成环境,使互联网应用可以方便地调用移动网络开放的能力,提供具有移动网络特点的应用。(3)移动智能终端技术已成为影响移动互联网产业发展的最为关键的技术之一,其研究范围包括终端硬件、操作系统和应用软件技术。

移动互联网具备以下几个显著特点:第一,开放性。开放性指的是网络的开放性、应用开发接口的开放性、内容和服务的开放性等方面。随着移动互联网的不断深入发展,开放性已成为移动互联网业务、应用和服务的基本标准,更多新颖的业务将出现在移动终端上而无须依靠现在的移动运营商。第二,分享和协作性。在开放的网络环境中,用户可以通过多种方式与他人共享各类资源,实现互动参与、协同工作。因此用户将具有更大的自主性和更多的选择,并将由被动的信息接收者转变成为主动的内容创造者。第三,创新性。移动互联网为不同的用户提供了无限可能,使各种各样的新型业务不断涌现出来,以满足不同用户的需要。

在最近几年里,移动通信和互联网成为当今世界发展最快、市场潜力最大、前景最诱人的两大业务。它们的增长速度是任何预测家未曾预料到的。至2018年,全球移动用户已超过15亿,互联网用户也已逾7亿。这一历史上从来没有过的高速增长现象反映了随着时代与技术的进步,人类对移动性和信息的需求急剧上升。越来越多的人希望在移动的过程中能够高速地接入互联网,获取急需的信息,完成想做的事情。所以,移动通信与互联网相结合的趋势是历史的必然。移动互联网正逐渐渗透到人们生活、工作的各个领域。移动游戏、视频应用、手机支付、位置服务等丰富多彩的移动互联网应用发展迅猛,正在深刻改变信息时代的社会生活。移动互联网经过几年的曲折前行，终于迎来了新的发展高潮。但是数据表明，全球移动互联网仍处于初级阶段，还存在许多尚未明晰和有待解决的问题。同时，随着快速发展，移动互联网也面临着与日俱增的安全威胁以及安全保障方面的挑战。所以研究移动互联网安全技术具有重要的现实意义。

1.1 移动互联网简介

简单地定义移动互联网，就是指将移动通信和互联网二者结合起来，成为一体。移动互联网的定义具体可分为狭义和广义两种。

(1) 狭义：移动互联网是指用户通过手机、PDA(Personal Digital Assistant，掌上电脑)或其他手持终端设备通过无线通信网络接入互联网。

(2) 广义：移动互联网是指用户使用手机、上网本、笔记本式计算机等移动终端或其他手持终端设备以无线方式通过多种网络(WLAN、LTE-A 等)接入互联网，通过移动网络获取移动通信网络服务和互联网服务。

由以上定义可以看出，移动互联网包含两个层次。首先，移动互联网是一种接入方式或通道，是指以宽带 IP 为技术核心，可同时提供语音、数据、多媒体等业务服务的开放式基础电信网络。运营商通过这个通道为用户提供数据接入，使传统互联网移动化；其次，在这个通道之上，内容提供商可以提供定制类内容应用，使移动化的互联网逐步普及。移动互联网的形成，使得世界各地的人们可以通过移动终端随时随地连接互联网，让大家可以不受空间与时间的限制，及时地了解并反映世界，并扩大了大家的社交范围，让大家在移动中也能不间断地享受通信网和互联网的服务。

1.1.1 中国移动互联网发展历程

萌芽期(2000—2007 年)：该时期由于受限于 2G 移动网络的网速和手机的智能化程度，中国移动互联网的发展处在一个简单的 WAP 应用期。WAP 应用把网上 HTML 的信息转换成用 WML 描述的信息，显示在移动电话的显示屏上。由于 WAP 只需要移动电话和 WAP 代理服务器的支持，而不需要现有的移动通信网络协议做任何的改动，因而被广泛地应用于 GSM、CDMA、TDMA 等多种网络中。在移动互联网萌芽期，利用手机自带的支持 WAP 协议的浏览器访问企业 WAP 门户网站是当时移动互联网发展的主要形式。

成长培育期(2008—2011 年)：3G 移动网络的建设开启了中国移动互联网发展的新篇章。随着 3G 移动网络的部署和智能手机的出现，移动网速大幅提升，初步突破了手机上网带宽瓶颈。具有简单的应用软件安装功能的移动智能终端让移动上网功能得到大大增强。

在此期间，各大互联网公司都在摸索如何抢占移动互联网入口。百度、腾讯、360 等一些大型互联网公司企图推出手机浏览器来抢占移动互联网入口。新浪、优酷、土豆等其他一些互联网公司则是通过与手机制造商合作，在智能手机出厂的时候，把企业服务应用，如微博、视频播放器等，预安装在手机中。同时，尽管苹果公司智能手机的成功商业模式刺激了中国互联网的产业界，但由于智能手机发展处在初期，使用智能手机的人群还主要是高端人群阶层，特别是搭载安卓系统的移动智能终端还未大面积应用，以至于很多创新的移动互联网应用尽管已经上线，但并没有得到大规模应用，成熟的商业模式较少。

高速成长期（2012—2013 年）：进入 2012 年之后，由于移动上网的需求大增，安卓智能操作系统的大规模商业化应用，使得传统功能手机进入了一个全面升级换代期。以三星为代表的传统手机厂商，纷纷效仿苹果公司，推出了触摸屏智能手机和手机应用商店。触摸屏智能手机上网浏览方便，移动应用丰富，受到了人们的极大欢迎。在此期间，诺基亚、摩托罗拉等传统手机巨头未能充分把握移动互联网的发展机遇，未能成功打造移动智能手机产业生态圈，所以迅速陨落。

智能手机的大规模普及应用激发了手机 OTT（Over The Top）应用，以微信为代表的手机移动应用开始呈现大规模爆发式增长。腾讯公司于 2011 年 1 月 21 日推出即时通信微信服务，截至 2013 年 10 月底，腾讯微信的用户数量已经超过了 6 亿，每日活跃用户的数量达到 1 亿。腾讯公司凭借在桌面互联网时代的社交应用固有的优势，采用手机号码绑定社交应用等技术，实现了在移动端社交应用的快速拓展，让电信运营商等竞争对手措手不及。新浪微博在此期间受智能手机的影响，得到了快速发展，2013 年年底用户规模已经超过 5 亿，但是后期由于微信的快速崛起，以及微博本身商业模式的原因，其发展出现了迟缓现象。

全面发展期（2014—2018）：随着 4G 网络的部署，移动上网网速得到极大提高，上网网速的瓶颈基本破除，使得移动应用场景得到极大丰富。

在移动互联网时代，手机 APP 应用是企业开展业务中的标配。4G 网络催生了许多公司利用移动互联网开展业务。阿里、腾讯等互联网公司围绕移动支付、打车应用、移动电子商务展开了激烈的争夺战。同时，4G 网速大大提高，这促进了对实时性要求较高、流量需求较大的移动应用的发展。许多手机应用开始大力推广移动视频应用，涌现出了秒拍、快手、花椒、映客等一大批基于移动互联网的手机视频和直播应用。

4G 的成功应用带来了移动互联网的空前繁荣，为人们提供极大生活便利的同时，也在深刻地改变着人们的行为习惯，培育着众多的新应用和新需求。除了服务于人的需求，人们也期望移动通信能够渗透到各行各业，带来社会各行各业的转型升级。为了满足这些发展需求，5G 将提供光纤般的接入速度、“零”时延的使用体验，使信息突破时空限制，为用户即时呈现；5G 将提供千亿设备的连接能力、极佳的交互体验，实现人与万物的智能互联；5G 将提供超高流量密度的优势、超高移动性支持，让用户能随时随地获得一致的性能体验。同时，超过百倍的能效提升和超百倍的比特成本降低，也将保证产业的可持续发展。凭借超高速率、超低时延、超高移动性、超强连接能力、超高流量密度的优势，加上能效和成本超百倍的改善，5G 最终将实现“信息随心至，万物触手及”的愿景。

1.1.2　移动互联网现状

移动互联网的应用已融入人们生活中的方方面面，小到吃饭、购物，大到旅游、工作，人们的日常生活已离不开移动互联网。移动互联网最大的优点之一是其使用不受时间与空间的限制，只要是在移动互联网的覆盖区域范围内，用户便可以随时随地连接到移动互联网，使用移动互联网，享受移动互联网服务的方便与快捷。又由于移动终端设备轻巧便携，因此移动互联网的使用具有即时性与便携性。同时，移动互联网设备的操作越来越简单化、便捷化，这对移动互联网的推广与发展起着至关重要的推动作用。人们对生活品质与便捷程度的追求因为移动互联网科技的发展成为现实。

现如今,移动互联网业务正朝着信息化、娱乐化、商务化3个方向发展。

(1) 信息化:随着通信技术的发展,信息类业务也逐渐由通过传统的文字表达的阶段向通过图片、视频、音乐等多种方式表达的阶段过渡。在各种信息类业务中,除了传统的网页浏览之外,以推送(Push)形式来传送的移动广告和新闻等业务的发展非常迅速。移动广告通过移动网络传播商业信息,旨在通过这些商业信息影响广告受众的态度、意图和行为。

(2) 娱乐化:无线音乐、手机游戏、手机动漫、手机视频、直播等娱乐业务增势强劲,成为移动运营商最重要的业务增长点。

(3) 商务化:近几年,为了满足广大用户移动视频、移动支付等需求,中国移动和中国联通全面加快了移动商务应用的开发和市场推广的步伐。近两年来,移动运营商全面加大了与金融部门的合作力度,手机银行、手机钱包等移动支付业务的应用步伐逐步加快。2006年8月中国移动推出手机二维码业务,基于手机二维码的手机购票等业务开始全面起步,为用户带来了崭新的移动商务体验。如今,越来越多的手机用户开始使用手机缴纳各种公共事业费用和生活类费用、交税、购买电影票和机票,各种移动支付业务正在日益得到普及。

1.1.3 移动互联网的特点

区别于传统的移动通信和互联网,移动互联网是一种基于用户身份认证、环境感知、终端智能、无线泛在的互联网应用业务集成,最终目标是以用户需求为中心,将互联网的各种应用业务通过一定的变换在各种用户终端上进行定制化和个性化的展现,它具有典型的技术特征,如技术开放性、业务融合化、终端智能化和网络异构化。

技术开放性。技术开放性是移动互联网的本质特征,移动互联网是基于IT和CT技术之上的应用网络,业务开发模式借鉴SOA(Service-Oriented Architecture,面向服务的架构)和Web 2.0模式,将原有的封闭的电信业务能力开放出来,并结合到Web方式的应用业务层面,通过简单的API或数据库访问等方式,提供集成的开发工具给兼具内容提供者和业务开发者的企业和个人用户使用。

业务融合化。业务融合化是在移动互联网时代下催生的特征。随着用户的需求更加多样化、个性化,单一的网络已无法满足用户的需求。技术的开放为业务的融合提供了可能性以及更多的渠道。融合的技术正在将多个原本分离的业务能力整合起来,使业务由以前的垂直结构向水平结构方向发展,这样创造出更多的新生事物。种类繁多的数据、视频和流媒体业务可以变换出万花筒般的多彩应用,如富媒体服务、移动社区、家庭信息化等。

终端智能化。终端智能化由芯片技术的发展和制造工艺的改进驱动,两者的发展使得个人终端设备具备了强大的业务处理和智能外设功能。Windows CE、Symbian和Android等终端设智能操作系统使得移动终端设备除了具备基本的通话功能外,还具备了互联网的接入功能,可为软件运行和内容服务提供广阔的舞台,让很多增值业务可以方便运行,如股票、新闻、天气、交通监控的查看,以及音乐图片的下载等,可实现"随时随地为每个人提供信息"的理想目标。

网络异构化。移动互联网的网络支撑基础包括各种宽带互联网络和电信网络,不同网络的组织架构和管理方式千差万别,但各种不同的网络都有一个共同的基础:IP传输。通过聚合的业务能力提取,可以屏蔽这些承载网络的不同特性,实现网络异构化上层业务的接入无关性。

1.2　移动互联网技术

1.2.1　移动互联网技术标准

移动互联网整体定位于业务与应用,而业务与应用不遵循固定的发展模式,其创新性、实效性强。因此,移动互联网标准的制定面临着很多争议和挑战。从移动应用出发,为确保基本移动应用的互通性,开放移动联盟(OMA)组织制定移动应用层的技术引擎、技术规范及实施互通测试,其中部分研究内容对移动互联网有支撑作用;从固定互联网出发,万维网联盟(W3C)制定了基于 Web 基础应用技术的技术规范,为基于 Web 技术开发的移动互联网应用奠定了坚实的基础。

1. OMA 技术标准

在移动业务与应用发展的初期阶段,很多移动业务局限于某个厂家设备、某个厂家手机、某个内容提供商、某个运营商网络的局部应用,标准的不完备、不统一是造成这种现象的主要原因之一。曾经制定移动业务相关技术规范的论坛和组织多达十几个。2002 年 6 月初,OMA 正式成立,其主要任务是收集市场上移动业务的需求并制定规范,清除互操作性发展的障碍,并加速各种全新的增强型移动信息、娱乐服务及应用的开发和应用。OMA 致力于研究在移动业务应用领域的技术标准,以实现无障碍的访问能力,可控并充分开放的网络和用户信息、融合的信息沟通方式、灵活完备的计量体系、多层次的安全保障机制等,使得移动网络和移动终端具备了实现开放有序移动互联网市场环境的基本技术条件。开放移动联盟定义的业务范围要比移动互联网更加广泛,其部分研究成果可作为移动互联网应用的业务能力的基础。

移动互联网服务相对于固定互联网而言,最大的优势在于能够结合用户和终端的不同状态而提供更加精确的服务。这种状态可以包含位置、呈现信息、终端型号等方面。OMA 定义了多种业务规范,能够为移动互联网业务提供辨别用户与终端各类状态信息的能力。这种能力属于移动互联网业务的基础能力,如呈现方式、定位、设备管理等。

同时,随着 OMA 项目的进展,一些工作组的参与程度也在发生着变化,热点相对转移和集中到一些新的项目,如 CPM(Converged IP Messaging,融合 IP 消息)、GSSM(General Service Subseription Management,一般服务订阅管理)、SUPM(Service User Profile Management,服务用户配置文件管理)、KPI、移动广告、移动搜索、移动社区、API 等。Parlay 组织(由英国电信、微软、北电网络公司等于 1998 年联合发起成立,2008 年并入 OMA 组织)和 OMA 组织在不同时间推出了 Parlay X 标准和 Parlay REST 标准,为移动互联网共性服务的开放提供了部分服务的描述和接口定义。

2. W3C 技术标准

W3C 是制定 WWW 标准的国际论坛组织。W3C 主要工作是研究和制定开放的规范,以便提高 Web 相关产品的互用性。为解决 Web 应用中不同平台、技术和开发者带来的不兼容问题,保障 Web 信息的顺利和完整流通,W3C 制订了一系列标准,并督促 Web 应用开发者和内容提供商遵循这些标准。目前,W3C 正致力于可信互联网、移动互联网、互联网语音、语义网等方面的研究。无障碍网页、国际化、设备无关和质量管理等主题也已融入了 W3C 的各项技术之中。W3C 正致力于把万维网从最初的设计〔基本的超文本链接标记语言技术(HTML)、统一资源标识符(URI)和超文本传输协议(HTTP)〕转变为未来所需的模式,以帮助未来万维网成为信息世界中具有高稳定性、可提升性和强适应性的基础框架。

W3C 近日发布两项标准:XHTML Basic 1.1 及移动 Web 最佳实践 1.0。这两项标准均针对移动 Web,其中 XHTML Basic 1.1 是 W3C 建议的移动 Web 置标语言。W3C 针对移动特点,在移动 Web 设计中遵循如下原则。

- 为多种移动设备设计一致的 Web 网页。在设计移动 Web 网页时,须考虑到各种移动设备,以降低成本,增加灵活性,并使 Web 标准可以保证在不同设备之间兼容。
- 针对移动终端、移动用户的特点进行简化与优化。对图形和颜色要进行优化;显示尺寸、文件尺寸等要尽可能小,要方便移动用户的输入;移动 Web 提供的信息要精简、明确。
- 节约使用接入带宽。不要使用自动刷新、重定向等技术,也不要过多引用外部资源,要好好利用页面缓存技术。

3. 中国移动互联网标准化

中国通信标准化协会(CCSA)负责组织移动互联网标准的研究工作。其部分项目源于中国产业的创新,也有大量工作与 W3C 和 OMA 等国际标准化工作相结合。

目前,CCSA 开展了 WAP、Java、移动浏览、多媒体消息(MMS)、移动邮件(MEM)、即按即说、即时状态、分组管理和列表管理、即时消息(IM)、安全用户面定位(SUPL)、移动广播业务(BCAST)、移动广告(MobAd)、移动阅读、移动搜索(MobSrch)、融合消息(CPM)、移动社区、移动二维码、移动支付等标准的研究,对面向移动 Web 2.0 的工作也已起步,并开始研究移动聚合(Mashup)、移动互联网 P2P、移动互联网架构等方面的工作。

移动互联网在标准化方面已经取得了一些进展,但是移动互联网中最为核心的智能终端方面的标准还有很大空白,跨系统或跨平台标准化水平还很低。目前智能终端操作系统、中间件平台本身以及基于智能终端开发的应用程序标准化工作尚不完善,还不能很好地满足当前的行业需求。

1.2.2 移动互联网关键技术

如图 1-1 所示,当前正在发展的移动互联网关键技术主要包括移动终端、网络服务平台及应用服务平台 3 个方面的技术。

1. 移动终端技术

移动终端技术主要包括终端硬件技术和终端软件技术两类。终端硬件技术是实现移动互联网信息输入、信息输出、信息存储与信息处理等技术的统称,一般分为处理器芯片技术、人机交互技术、移动终端节能技术、移动定位技术等。其中,处理器芯片技术主要研究移动互联网的核心运算与管理控制技术,负责信息的接收、存储、发送、处理及电源管理等。终端软件技术是指通过用户与硬件之间的接口界面与移动终端进行数据或信息交换的技术统称,一般分为移动操作系统、移动中间件及移动应用程序等技术。为了满足移动互联网时代各种互联网业务对终端的需求,终端在硬件和软件方面都有许多关键技术问题需要突破。智能手机终端未来的技术发展,主要围绕着业务部署与用户界面(User Interface,UI)这两个核心要点展开。

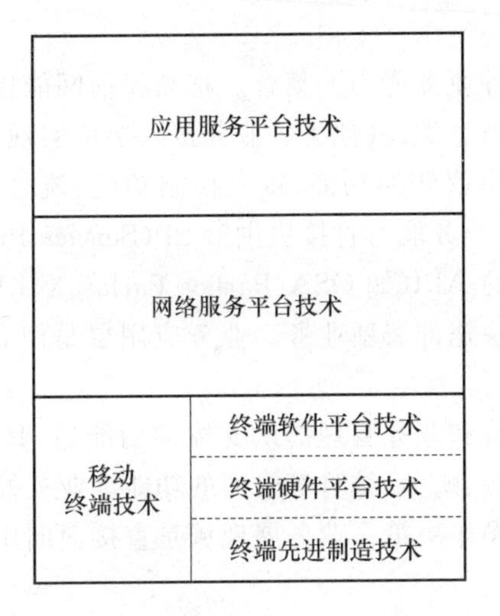

图1-1 移动互联网关键技术

软件层面，移动终端需要着重发展以下关键技术：手机操作系统、手机浏览器、手机客户端、跨终端的业务中间件、终端多媒体支持、终端UI、终端应用安全。其中，手机操作系统、手机浏览器、手机客户端由于都具备一定的争夺产业链话语权的能力，成为奉行“得终端者得天下”的各参与方首先觊觎的目标。

要想最大限度地实现移动互联网的业务，手机操作系统是其中的关键。目前，智能手机所采用的主要操作系统有微软的Windows Mobile、Google的Android、苹果iPhone的iOS。中国移动也开发了开放式手机操作系统(OMS)。

2. 接入网络技术

移动互联网的网络基础设施分为无线接入网、移动核心网(分组域)、互联网的骨干网等几大部分，其中无线接入网和移动核心网(分组域)是移动通信网的范畴。

移动互联网的迅猛发展对网络基础设施提出了越来越高的性能要求，因此新的技术和网络架构设计也不断地出现在网络基础设施中，现在主流使用的是3GPP(3rd Generation Partnership Project，第三代合作伙伴计划)的LTE(Long Term Evolution)计划(3GPP R7)。而5G网络已经开始在各大城市试点，预计2020年可实现商用。

移动核心网的发展方向主要是向EPC(Evolved Packet Core)演进，EPC的主要特点有网络控制面与用户面的分离、用户面扁平化等。有研究者认为，SAE仍然保持了一个可管理的IP核心网，这不能满足面向移动互联网的开放需求。IP多媒体子系统将主要用于为企业大客户服务，面向消费大众的娱乐化网络新媒体业务将基于智能结点重叠网/分布式业务网络。面向移动互联网，最简单有效的网络体系结构是采用基站直接接入互联网，不再保留可管理的核心网，将移动性管理等功能放到互联网上去做。

3. 移动应用服务技术

移动互联网的各种应用正呈现出个性化、差异化、长尾化的特点。移动互联网的应用需要运行在应用基础设施上，因此建设应用基础设施的主要目标是通过业务的快速开发部署及时占领市场，通过可靠的认证授权来实现用户和业务的安全管理，通过合理的计费、收费策略来获取最大收益。

基于OMA的业务开放框架，应用基础设施可以分为业务平台和支撑平台。业务平台从下到上包括3个层次：业务能力层、业务接入层和业务应用层；支撑平台包括业务支撑域、业务控制域、业务展现域。

业务能力层是运营商多种业务能力的集合。移动通信网能提供的业务能力可以分为语音类、视频类、资源类、消息类、信息类、其他类。业务接入层可实现应用逻辑对业务能力的接入、调用、鉴权。此外,它还具有协议转换功能、接入控制功能、流量控制功能、业务路由功能等。其中,调用是指移动运营商将业务能力直接提供给 SP(Service Provider,服务提供商))调用或将业务能力封装成符合标准的 API(如 OSA/Parlay、Parlay X、JAIN 接口)后提供给 SP 使用,这有利于实现多厂商环境和快速部署新业务。业务应用层是由各种应用组成的集合,实现了特定的业务逻辑。

业务支撑域是为业务运营和业务管理提供支撑的功能域,具有产品资费管理、客户管理、业务订购管理、营业支持、计费、账务、结算等方面的功能。业务控制域在业务使用过程中依据一定的判断策略对业务进行操作决策。业务展现域是直接面向用户提供用户服务功能的人机交互界面的集合,如各类门户。

1.2.3 移动互联网技术发展趋势

根据当前及未来一个时期内世界信息和网络技术的发展趋势,并结合移动互联网技术的研究现实,可初步预测未来的移动互联网技术将在如下几个方面有长足的发展。

(1) 移动互联网技术与智能化技术的融合发展

近年来智能化发展渐渐成了各项网络技术的代名词,很多移动互联网设备开始在其发展过程中将智能化发展作为一大发展目标。当前互联网技术发展得十分迅速,但传统的输入和传输方式无法满足当前日益增长的移动端用户的需求,导致其无法为广大的信息用户提供更加良好的网络服务。

所以为了有效地缓解和解决这一问题,有机地将智能化技术和移动互联网技术进行结合是十分必要的。移动互联网技术在当前和未来已经成为相关领域的重点问题,在未来移动互联网技术和智能化接轨将会成为一个现实。所以在信息的传送方面,需要将互联网技术的原有特性予以保留,在不断满足规模化的前提下,也要提升移动互联网数据传输的完整性。

(2) 移动互联网技术与精确定位技术的融合发展

从当前环境下移动互联网技术的发展现状可以看出,未来移动互联网的追踪和定位技术将会有更加明确的方向,其效率会更加的快速和实时服务会更加的准确。移动互联网技术和精确定位技术相结合,能够起到相互促进、共同发展的作用。它不仅能够促进定位技术变得更加精准,还可以促进移动互联网技术的完善。

对于高效精准定位技术的研究,特别是对于多种定位技术的重叠,需要重点对移动互联网的感知能力予以强化,对于网络定位的技术和信息资源也要进行充分的利用,这能够更好地确保其为用户提供及时有效的服务。移动互联网技术和精确定位技术相结合,可以更好地改善人们的生活方式,促进人们交流方式的进步,而且对于提高定位品质和定位效率也具有很大的促进作用,可以说这是未来发展的一大趋势。

(3) 移动互联网技术和物联网技术的融合发展

在信息技术和计算机技术等多种网络技术的综合发展下,物联网也开始渐渐地衍生。物联网是 IT 行业在当前和今后所发展的一个重要对象,它具有十分大的研究价值和非常广阔的发展前途。当前物联网在很多领域都具有较好的应用,而且也得到了很多国家的大力推广。

1.3　移动互联网技术架构

如图 1-2 所示，图中的横向三段涵盖了影响用户感知的“端”（终端及应用开发）、“管”（业务网络及业务平台）、“云”（云服务与数据中心）3 层技术架构。

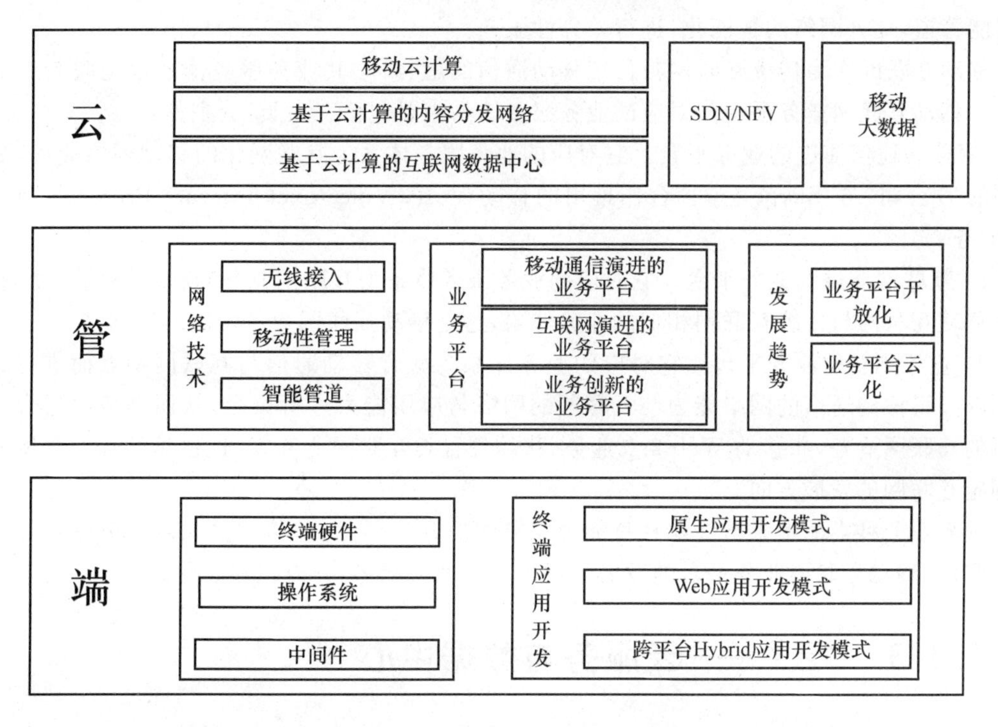

图 1-2　移动互联网“端管云”架构

1.3.1　“端”——终端及应用开发

终端可分为多个层面。首先是终端硬件，移动互联网的终端类型多种多样，包括各种电子书、平板电脑等，其物理特性包括 CPU 类型、处理能力、电池容量、屏幕大小等；然后是操作系统，如 iOS、Andriod 以及 Windows 等；最后是中间件，如 Brew 平台、Widget 平台等。

移动互联网终端应用的开发因操作系统及开发语言的不同而存在多种开发模式，不同的开发模式都存在着相应的关键技术。所以，这对开发人员的开发技能提出了各种不同的要求。为了提高应用的用户覆盖率，每一款移动应用都会尽可能地支持 iOS 和 Android 操作系统，甚至支持 Windows Phone 操作系统。然而我们知道，各类操作系统平台在开发语言、开发工具等方面存在着巨大的差异，技术门槛高，移植工作量大，开发成本也比较高。特别是由于操作系统间存在的较大差异，使得专业的应用开发商不得不将不同操作系统类型的移动应用交由多个专业团队开发，而不同团队研发的不同操作系统的版本很容易出现用户体验不一致等问题。高效快速地开发移动终端应用，同时确保较高的开发质量和较低的开发成本，并保证不同类型操作系统版本的用户体验一致性，是移动互联网终端应用开发中要实现的最重要的目标。

1.3.2 “管”——业务网络与业务平台

移动终端要访问移动互联网的业务服务，首先需要通过接入网进入移动互联网业务平台。相比于个人计算机，移动互联网网络的最大特点是无线和移动性，因此需要从无线接入和移动性管理两个方面分别介绍移动互联网的网络技术。另外，不甘沦为“管道”的运营商致力于推出智能管道，提升网络的智能化，进行差异性服务。

移动互联网作为传统互联网与传统移动通信的融合体，其业务服务体系也是脱胎于上述二者。移动互联网业务平台与对应的业务服务体系主要包括三大类，分别是：

1）移动通信演进的业务平台。它对应的业务服务体系为互联网化的移动通信业务，如意大利的“3 公司”与“Skype 公司”合作推出的移动 VoIP（Voice over Internet Protocol，网络电话）业务；

2）互联网演进的业务平台。它对应的业务服务体系为互联网业务向移动终端的复制，即实现移动互联网与传统互联网相似的业务体验，这是移动互联网业务发展的基础；

3）业务创新的业务平台。它对应的业务体系为融合移动通信与互联网特点而进行的业务创新。将移动通信的网络能力与互联网的网络与应用能力进行聚合，从而创新出适合移动终端的互联网业务，如移动 Web 2.0 业务、移动位置类互联网业务等，这也是移动互联网有别于固定互联网的发展方向。

随着业务种类的增多与终端计算能力需求的提升，上述 3 种移动互联网业务平台在发展的过程中，移动互联网业务平台的发展呈现出以下两大趋势：开放化和云化。

1.3.3 “云”——云服务与数据中心

移动互联网的“云”一般指的是应用，其实质是网络中的服务。移动互联网和云计算的结合是目前互联网发展的趋势。首先，云计算将应用的“计算”从终端转移到服务器端，从而弱化了对移动终端设备的处理需求；其次，云计算降低了对网络的要求；最后，由于终端不感知应用的具体实现，扩展应用变得更加容易，应用可以在强大的服务器端实现和部署，并以统一的方式（如通过浏览器）在终端实现与用户的交互。因此，云计算的大规模运算与存储资源集中共享的模式，给移动互联网的总体架构带来重大影响，使得移动互联网体系发生变化。在云计算和网络虚拟化的基础上，传统的互联网数据中心以及内容分发网络也随之相应地发展。

软件定义网络（SDN）/网络功能虚拟化（NFV）的虚拟化技术是云计算中非常重要的一部分，SDN/NFV 和云计算在未来 5G 中的关系可以类比为“点”“线”“面”的关系：NFV 负责虚拟网元，形成“点”；SDN 负责网络连接，形成“线”；所有这些网元和连接，都是部署在虚拟化的云平台中，故云计算形成“面”。

移动互联网产业的快速发展给“云”端迎来了大数据时代。移动互联网时刻都在产生海量的多源异构数据，通过移动终端产生的用户数据在互联网的数据量中占很大的比重，将移动互联网中有价值的用户信息进行挖掘和分析对于商业价值和社会价值都具有深远的意义。

1.4　移动互联网业务

目前我国移动互联网业务风起云涌，其浪潮已经大规模席卷到社会的方方面面。人们在尽情享受到智能终端便利的同时，不知不觉中已大步地迈入移动互联网时代。政务、警务、交通、文化、娱乐、餐饮、教育、金融、医疗等各个行业通过拥抱移动互联网更是焕发了新的风采；政务办公、警务执法、交通出行、新闻阅读、视频节目、手机游戏、在线订餐、在线教育、互联网金融、电商购物、移动医疗等移动互联网业务的热门应用都出现在移动终端上，这些应用在苹果和安卓商店的下载次数已达到数百亿次，而移动用户规模更是超过了 PC 用户。我国移动互联网的发展已经进入全民时代。

1.4.1　现有的移动互联网业务特征

现有的移动互联网业务有如下几个特征。

(1) 移动终端深化与泛化。

移动终端不断发展，既有手机终端的纵深发展，也有特定终端的泛无线宽带化发展。其中，移动终端依托移动属性拓展应用。移动终端深化与泛化的具体途径有：借助网络能力的大幅提升，升级原有的基础应用，如可视电话；向互联网领域渗透，大力发展 Mobile 2.0 类应用；增加多媒体等功能模块，提供全新的表现形式，丰富业务种类，如手机电视；特定行业应用向手机移植，如移动办公；利用移动特质独有的信息资源，如移动导航、移动搜索等。

(2) 渗透了衣食住行各方面的传统行业。

2014 年起，“移动互联网＋”成为热词，移动互联网与传统行业纷纷“联姻”。从银行、报刊社到网站、医院；从读书、教育到购物、娱乐，几乎各行各业均在进军移动客户端。中国社会科学院信息化研究中心秘书长姜奇平说：“人们痴迷的互联网思维，已经升级为 2.0 版，变为移动互联网思维。”同时移动支付产业蓬勃发展，通过各类 APP 与社会服务业广泛融合，其在公共交通行业、零售行业、餐饮行业都得到普及。未来现金与信用卡的使用量或将大幅度下降，将有可能促使金融业中成本较高的大型金融网点逐步减少，用于前台现金与现金卡处理的资源将更多地用于电子支付数据的处理。

(3) 形成以人为结点的强交互网络。

形成以人为结点的强交互网络是 Web 2.0 的一个业务理想，近期的雏形业务主要是社交网站服务(Social Network Service，SNS)。SNS 通过开放用户数据及社会关系帮助普通 Web 页面实现社交化功能。当前，移动互联网加速了 SNS 化，使得传统互联网运营商纷纷向 SNS 转型。

随着越来越多人加入 SNS，2015 年中国智能手机用户的数量持续增长，腾讯的微信、新浪的微博、陌陌科技的陌陌、阿里的来往、网易的易信等将成为社会公众的主要社交应用工具。微信等新型移动即时通信产品的问世不仅丰富了短信、电话的内容与表现形式，更融入了资讯以及生活的各类信息，从而打通线上线下，深刻影响了人们的生活，推动了传统产业的变革和新兴业态的发展。当前移动互联网已经改变了诸如餐饮、交通、旅游、服装、支付等领域。

1.4.2 移动互联网业务体系

移动互联网并不单纯是指互联网移动化，就其业务看，移动互联网业务大致分为3类：一是固定互联网业务的复制；二是移动通信业务的互联网化；三是移动互联网的创新型业务。从目前来看，移动互联网的业务体系如图1-3所示。

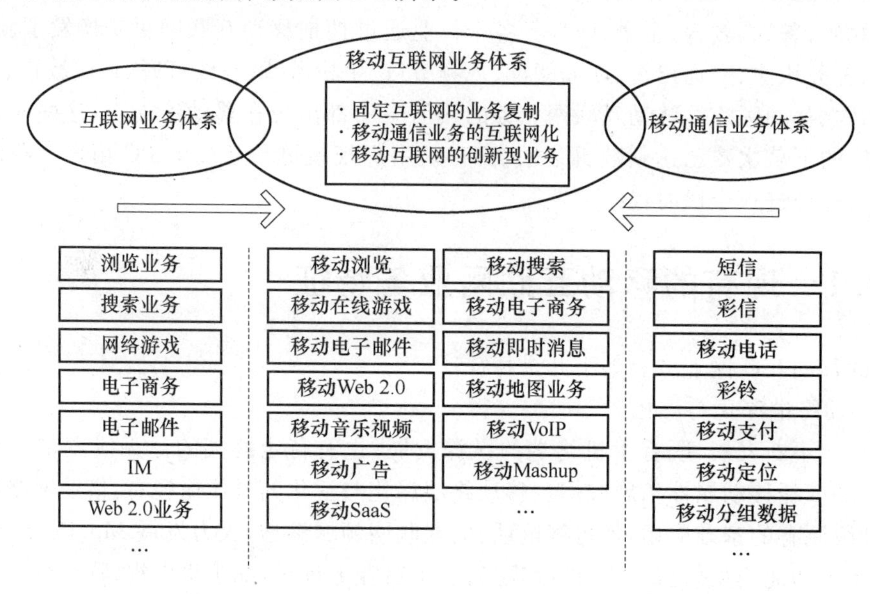

图1-3 移动互联网的业务体系

(1) 固定互联网的业务向移动终端的复制实现了移动互联网与固定互联网相似的业务体验，这是移动互联网业务的基础。

(2) 移动通信业务已互联网化。

(3) 结合移动通信与互联网功能而进行的有别于固定互联网的业务创新，是移动互联网业务的发展方向。移动互联网的业务创新的关键是将移动通信的网络能力与互联网的网络与应用能力进行聚合，从而创新出适合移动互联网的互联网业务。

1.4.3 移动互联网业务典型应用

1. O2O模式

O2O(Online-to-Offline，线上到线下)模式就是一种将线下交易与互联网结合在一起的新的商务模式，即网上商城通过打折、提供信息、服务等方式，把线下商店的消息推送给线上用户，用户在获取相关信息之后可以在线完成下单支付等流程，之后再凭借订单凭证等去线下商家提取商品或享受服务。在电子商务的信息流、资金流、物流和商流中，O2O只把信息流和资金流放在线上进行，而把物流和商流放在线下进行。依靠线上推广交易引擎带动线下交易，以加大商户的参与感和用户的体验感，这种线上线下的融合产生的价值十分惊人。在该基础上的数据分析更是为O2O模式的持续发展提供了不竭动力。

2. 移动搜索

随着 Web 2.0 技术的迅速发展,跨媒体检索和移动搜索已逐渐成为信息科学领域中新的研究热点,特别是移动视觉搜索(Mobile Visual Search,MVS)更成为信息检索领域中重要的前沿课题。2009 年 12 月,斯坦福大学主办的第一届移动视觉搜索研讨会首次提出了 MVS 概念。在不到 5 年的时间里,MVS 应用已随着移动设备、基础理论和相关技术的逐渐成熟,迅速渗透到电子商务、旅游服务、市场营销等领域,尽管规模有限,但影响却极大。更有大量研究学者认为,在未来信息检索领域,MVS 与移动增强现实(Mobile Augmented Reality,MAR)技术的有机融合,可能成为继搜索引擎之后互联网的新一代革命性服务模式。

3. LBS 位置服务

随着互联网技术、全球定位技术的高速发展,人类已然开始习惯使用定位服务,因为它能带来许多便捷。人类 80%的活动都与位置有关,因此人们希望能够在现有技术的支持下获得 5A(Anytime、Anywhere、Anyone、Anydevice、Anything)的服务效果。互联网与移动通信的融合使得用户在任何时间、任何地点都能享受着各式各样的信息服务,这正好满足了人们随时随地获取网络资源、查询及时信息的强烈愿望,也正是在这一大众需求的推动下,促使了 LBS(Location Based Service,基于位置服务)的产生。

早期的 LBS 系统主要在紧急的情况下使用,可以定位求助者的位置以帮助实施救援,如美国的 E911 系统。随着定位技术精准性的提高,LBS 已经广泛应用在军事、医疗、交通、生活等领域中,可谓是与人们息息相关。LBS 区别于其他传统网络服务的一大特点是具有对环境的感知性以及应对环境变化的适应性。环境是指描述某个实体状态的任何信息。系统根据用户的环境动态去感知用户的位置信息,随后将信息传递给信息处理中心,信息处理中心再根据位置信息和用户的其他环境信息为用户提供合适的服务。

4. 移动支付

移动支付主要分为近场支付和远程支付两种。近场支付是指通过移动智能终端在交易现场与受理终端直接完成支付信息交互的支付方式,如基于 NFC 的手机支付等;远程支付是指通过移动智能终端发送远程支付指令与后台系统完成支付信息交互的支付方式,如手机银行、短信支付、扫码支付等。

1.4.4 移动互联网业务发展趋势

1. 商业模式多元化

商业模式是一个产业或者业务取得成功的重要因素,尤其在通信市场竞争激烈、用户发展存在困难的今天意义更为重大。为了推动移动互联网的发展,产业链上的企业结合自身特点不断探索新的商业模式。在与商业模式密切相关的收费方式上也应该呈现出前向收费、后向收费、广告收费、包月收费等多元化形态。

2. 业务类型长尾化

随着手机浏览器功能的强化,移动互联网用户的 Web 浏览习惯逐步向传统 PC 浏览习惯靠拢,呈现出长尾化趋势。

3. 业务产品融合化

融合是整个信息产业发展的趋势,移动互联网的发展本身就是融合的最好例证。从宏观层面来看，移动互联网本身就是移动通信与传统互联网的融合；从微观层面来看，移动互联网的网络特别是接入网络是多种无线技术的融合；从终端技术来看，支撑移动互联网的智能手机也呈现出融合的特征，其除了具有电话功能外，还集成了摄像机、播放器、传感器、RFID等功能；从业务能力层面来看，基于移动通信网络和互联网的数据融合和应用融合创造出众多的创新业务和新型产品，大大推动了移动互联网的发展。

4. 网络接入技术多元化

目前能够支撑移动互联网的无线接入技术大致分成3类：无线局域网接入技术WLAN、无线城域网接入技术WiMAX、4G及其增强技术。不同的接入技术适用于不同的场所，让用户可以在不同的场合和环境下接入相应的网络。这势必要求终端具有多种接入能力，也就是多模终端。

5. 移动终端解决方案多样化

在移动互联网时代，终端对业务支撑和业务体验的重要性也与日俱增，因此也带来移动终端解决方案的多样化。这些终端不仅包括普通的手机终端，而且包括上网本、亚马逊公司推出的电子书阅读终端Kindle等；与此同时，手机操作系统也呈现多样性的特点，有微软的Windows操作系统、Linux操作系统、Google的Android操作系统，还有普遍采用的操作系统PalmOS、Symbian和黑莓等。

1.5 移动互联网安全

安全和隐私问题是移动互联网面临的重大难题。移动互联网的安全问题要远甚于传统互联网。为了移动互联网的未来，有必要深入研究移动互联网可能存在的各种攻击，从而有助于设计出能够保障其安全的整体架构。移动互联网的安全问题主要包括3方面：移动终端安全、网络安全和云计算安全。

1.5.1 移动终端安全问题

1. 终端安全风险

移动终端的安全问题体现在如下几个层次。

(1) 移动终端硬件：基带芯片和物理器件应在芯片设计阶段考虑使之具备抗物理攻击的功能，防止攻击者利用高科技手段(如探针、光学显微镜等方式)获取硬件信息。

(2) 终端操作系统：存在系统和应用服务API的开放性导致的安全隐患、终端操作系统的非法刷新导致的安全隐患、智能终端的外部接口引入的病毒导致的安全隐患、用户隐私数据泄露和非法访问导致的安全隐患、终端软件升级导致的安全隐患等。

(3) 应用软件：存在因安装应用软件带来的植入病毒导致的安全问题、未对不同应用的数据进行隔离而导致的安全问题、移动终端身份认证及隐私保护带来的安全问题、安全浏览环境受限导致的安全问题。

2. 解决方案

目前解决终端安全问题的主要方法是引入可信计算技术，构建安全、可信的智能移动终端。标准化组织、学术界和工业界均展开了对移动终端安全方面的研究，并取得了一定的研究成果。

1.5.2 移动互联网管道安全问题

1. 网络安全

(1) 安全风险

对于无线接入网络,移动设备(Mobile Equipment,ME)与接入网络(Access Network,AN)之间的空中接口是容易遭受攻击的部分,其面临的攻击主要有:攻击者在空口窃听信令或用户业务;攻击者通过在空口插入、修改、重放或删除信令数据、控制数据、用户业务数据等手段,拒绝合法用户业务或伪装成网元攻击网络;攻击者通过物理方法阻止用户业务、控制数据、信令数据在无线接口上传输;攻击者进行 DoS(Denial of Service,拒绝服务)攻击。针对有线接入网、传送网及 IP 承载网,在机密性、完整性和可用性方面的攻击主要有:针对机密性的攻击方法有嗅探或窃听、流量分析等;针对完整性的攻击方法有篡改、伪装、重放等;针对可用性的攻击方法有 DoS 攻击等。

(2) 解决方案

当前人们使用移动终端接入网络,首选的访问方式会是 Wi-Fi 或者 3G/4G 网络,访问的目标可分为互联网应用信息系统和局域网(私网)业务信息系统。这些访问方式和目标均需要采取针对性的安全防护措施,如移动终端接入网络时采取的双向认证与访问授权、移动终端网络通信加密机制、入侵检测机制、僵尸网络的检测与溯源、伪装和违规接入节点(Access Point,AP)的管理。

2. 业务平台安全

(1) 安全风险

随着 Web 技术的发展,业务平台与 Web 技术的关系越来越紧密,针对 Web 服务的攻击依赖于系统的脆弱性,主要攻击行为有强制浏览攻击、代码模板攻击、字典攻击、缓冲区溢出攻击、参数篡改、XML 植入、SQL 注入、跨站脚本、BPEL 状态偏移、实例泛洪、间接泛洪、Web 服务地址欺骗、工作流引擎劫持等。一些移动互联网的新型融合性应用,如移动电子商务、定位系统,以及飞信、QQ 等即时通信业务和移动通信传统业务(语音、彩信、短信等)充分融合,使得业务环节和参与设备相对增加很多。同时,移动互联网业务带有明显的个性化特征,且拥有如用户位置、通讯录、交易密码等隐私信息,所以这类业务应用一般都具有很强的信息安全敏感度。正是基于以上特征,再加上移动互联网潜在的巨大用户群,移动互联网业务应用面临的安全威胁将会具有更新的攻击目的、更多样化的攻击方式和更大的攻击规模。

(2) 解决方案

每种业务的开展都需要相应的安全机制,以保证业务的有序进行。可以从业务安全基础设施、业务安全能力和业务安全表现 3 个层面来看应用安全。

业务安全基础设施层是为业务安全提供最底层支撑服务的设备/功能模块群,如 PKI(Public Key Infrastructure,公钥基础设施)、GBA(Generic Boost Rapping Architecture,通用自启动架构)和生物识别等。

业务安全能力层首先要解决的问题是对用户访问的统一管理及对其身份的科学验证。为了适应不同的安全需求,我们还应强化身份认证统一平台具有全方位的多种认证支持模式,同时利用数字版权管理思想及通信协议安全管理模武展开对业务安全能力层的科学完善。

业务安全表现层描述了业务安全实施和运行所应具备的业务安全属性,直接影响着业务的持续可用性和对业务信息安全的保障。业务安全属性主要包括业务密钥管理、认证、存取控制、业务数据机密性、业务数据完整性以及不可否认性等。

1.5.3 移动云计算安全问题

1. 安全风险

移动互联网与云计算的结合在极大地增强移动互联网业务的功能,改善移动互联网业务的体验,促进移动互联网蓬勃发展的同时,暴露出一些急需关注的安全问题。一方面,云计算技术还不成熟,其自身的安全问题会引入移动互联网中,如云计算虚拟化、多租户、动态调度环境下的技术和管理安全问题,云计算服务模式导致用户失去对物理资源的直接控制的问题,云计算数据安全、隐私保护以及对云服务商的信任问题等;另一方面,移动互联网的具体技术和应用与云计算结合后,还暴露出一些新的安全隐患。总结来说,有如下安全问题:虚拟化安全问题、数据集中后的安全问题、云平台可用性问题、云平台遭受攻击的问题等。

2. 解决方案

按服务层次和服务类型,云计算可分为基础设施即服务(Infrastructure as a Service, IaaS)、平台即服务(Platform as a Service, PaaS)、软件即服务(Software as a Service, SaaS) 3种模式。IaaS层安全分为物理安全、基础设施安全、虚拟化安全;PaaS层安全分为分布式文件系统安全、分布式数据库安全、扫描杀毒;SaaS层安全分为多租户安全、应用安全。安全与隐私是云计算用户最关心的问题。在越来越多的安全风险涌现的情况下,工业界与学术界不断地提出了相应的安全机制和管理方法。

第2章 移动互联网商业模式

移动互联网商业模式是指移动互联网公司或者移动互联网产品获取收益的方式和模型。移动互联网商业模式为了提升互联网平台的价值、聚集客户，针对其目标市场进行了准确的价值定位，以平台为载体有效地整合了企业内外部各种资源，从而建立起产业链各方共同参与、共同进行价值创新的生态系统，形成一个完整、高效、具有独特核心竞争力的运行系统。通过不断满足客户需求、提升客户价值和建立多元化的收入模式，可使企业达到持续盈利的目标。

商业模式是包括了产品模式、市场模式、营销模式和盈利模式在内的一个不断变化的、有机的商业运作系统，其中，盈利模式是商业模式体系中最为核心的部分。移动互联网的产业链组成较为复杂，涉及终端厂商、电信运营商、内容提供商等多个成员，因此移动互联网的商业模式也趋于多元化，且其仍处在发展初期，尚未出现非常明确清晰的商业模式。我们可以通过商业模式画布分析对移动互联网商业模式进行更加结构化的分析。商业模式画布是一种用来描述商业模式、使商业模式可视化、评估商业模式以及改变商业模式的通用语言。商业模式画布作为一种共同语言，可以方便地描述商业模式。

移动互联网商业模式满足3个必要条件：第一，商业模式以打造平台为目标，从而建立起价值网络。平台是移动互联网的最大特征，它能够打造成功，必然说明其商业模式的成功。例如，苹果公司已成为当前全球市值最高的科技公司，其成功之处在于推出惊艳的iMac、iPod、iPhone和iPad等产品，开创了“终端＋服务”软硬一体化的商业模式。第二，商业模式是由多种因素组成的整体，并具有一定的结构。第三，各组成因素之间具有内在联系，并相互作用，共同形成一个良性的循环。因此，从商业组织的角度来看，商业模式是企业为客户、合作伙伴、第三方开发者创造价值的活动，是企业通过准确界定自己在价值链中的位置而获得的应有收益，是企业为了获利所形成的组织结构及其与合作伙伴共同形成的价值网络，是能够产生效益并继续维持的客户资源。

本章首先从互联网思维引出移动互联网的商业模式，并对移动互联网的几种典型商业模式做了系统介绍；接下来对苹果公司和谷歌公司的移动互联网商业模式进行了案例分析和异同点对比；然后利用商业模式画布分析工具剖析移动互联网的商业模式，并简单介绍了移动互联网产业链的各个环节；最后对移动互联网商业模式的发展进行了展望。

2.1 互联网思维

互联网思维指的是能充分利用互联网的精神、价值、技术、方法、规则、机会来指导、处理、创新生活和工作的思维方式。互联网思维的关键词如下：

(1) 便捷。通过互联网的信息传递和获取速度比传统方式快了很多，信息也更加丰富。这是为什么PC取代了传统的报纸、电视,而手机即将取代了PC的原因——信息获取更便捷。

(2) 表达(参与)。互联网让人们能够表达自己、表现自己。每个人都有表达自己,以及参与到一件事情的创建过程中的愿望。让一个人付出比给予他更能让他有参与感。

(3) 免费。从没有哪个时代让我们享受如此之多的免费服务,所以免费必然是互联网思维里面的一个关键词。

(4) 数据思维。互联网让数据的搜集和获取更加便捷了。随着大数据时代的到来,数据分析预测将对于提升用户体验具有非常重要的价值。

2.1.1 互联网思维的特征

(1) 互联网思维是相对于工业化思维而言的。

一种技术从工具属性到应用层面,再到社会生活层面,往往需要经历很长的过程。珍妮纺纱机从成为一项新技术到改变纺织行业,再到后来被定义为工业革命的肇始,影响了东西方经济格局,其跨度至少需要几十年。互联网也同样如此。

因为互联网思维的影响是滞后的,所以我们就难免会处于身份的尴尬之中:旧制度和新时代在我们身上会形成观念的错位。越是成功的企业,转型越是艰难,这就是克莱顿·克里斯坦森讲到的“创新者的窘境”——一个技术领先的企业在面临突破性技术时,会因为对原有生态系统的过度适应而面临失败。

(2) 互联网思维是一种商业民主化的思维。

工业化时代的标准思维模式是:大规模生产、大规模销售和大规模传播,这3个“大”可以称为工业化时代企业经营的“三位一体”。但是在互联网时代,这3个基础被解构了。在工业化时代稀缺的是资源和产品,此时资源和生产能力被当作企业的竞争力,而现在并不是这样了;产品更多地是以信息的方式呈现,渠道垄断很难实现;最重要一点是,媒介垄断被打破,消费者同时成为媒介信息和内容的生产者和传播者,企业希望通过买通媒体单向地、广播式制造热门商品来诱导消费行为的模式不成立了。这3个基础被解构以后,生产者和消费者的权力发生了转变,消费者的主权形成了。

(3) 互联网思维下的产品和服务是一个有机的生命体。

在产品功能都能被实现的情况下,消费者的需求是分散的、个性化的。购买行为的背后除了对功能的追求之外,产品还变成了消费者展示品味的方式。消费者的需求不再像单纯的功能需求那样简单和直接,所以对消费者需求的把握就是一个测试的过程。这就要求互联网产品是一个精益求精和迭代的过程,能够根据需求反馈进行成长。小米手机每周迭代一次,而微信第一年迭代开发了44次,就是这个道理。

2.1.2 敏捷开发

敏捷开发以用户的需求进化为核心,采用迭代、循序渐进的方法进行软件开发。在敏捷开发中,软件项目在构建初期被切分成多个子项目,各个子项目的成果都经过测试,具备可视、可集成和可运行的使用特征。换言之,就是把一个大项目分为多个相互联系,但也可独立运行的小项目,并分别完成它们,在此过程中软件一直处于可使用状态。敏捷开发的核心原则如下。

1. 主张简单

从事开发工作时，你应当主张最简单的解决方案就是最好的解决方案。不要过分构建(Overbuild)你的软件。用客户经理(Account Manager，AM)的说法就是，如果你现在并不需要这项额外功能，那就不要在模型中增加它。要有这样的勇气：你现在不必要对这个系统进行过度建模(Overmodeling)，只要基于现有的需求进行建模，日后需求有变更时，再来重构这个系统，尽可能地保持模型的简单。

2. 可持续性

系统应该要有足够的鲁棒性(Robust)，能够适应日后的扩展。可持续性可能指的是系统的下一个主要发布版本，或是你正在构建的系统的运转和支持。要做到这一点，你不仅仅要构建高质量的软件，还要创建足够的文档和支持材料，保证下一场比赛能有效地进行。你要考虑很多的因素，包括你现有的团队是不是还能够参加下一场的比赛，下一场比赛的环境，下一场比赛的重要程度等。

3. 多种模型

开发软件需要使用多种模型，因为每种模型只能描述软件的单个方面。"要开发现今的商业应用，我们该需要什么样的模型?"考虑到现今的软件的复杂性，你的建模工具箱应该要包含大量有用的工具〔关于产出的清单可以参阅敏捷建模(Agile Modeling，AM)的建模工具〕。有一点很重要，你没有必要为一个系统开发所有的模型，而应该针对系统的具体情况，挑选一部分的模型。不同的系统使用不同部分的模型。例如，和家里的修理工作一样，每种工作不是要求你用遍工具箱里的每一个工具，而是一次使用某一件工具。

4. 快速反馈

从开始采取行动到获得行动的反馈，二者之间完成的时间至关紧要。同时与客户保持紧密联系，了解他们的需求并分析这些需求，或是开发满足他们需求的用户界面，这样开发者就可以提供快速反馈的机会。

2.2　移动互联网商业模式

随着手机网民规模的增长，移动互联网正催生着新的经济增长模式。移动互联网是移动通信和互联网融合的产物，是人们在移动状态下接入和使用的互联网服务。随着终端的智能化，用手机直接上互联网已经没有障碍，但移动互联网绝不仅仅是指能够用手机上互联网。移动互联网要想获得发展与繁荣，绝不能简单地移植原有模式，而应构建新的商业模式。移动互联网既具有互联网属性，也具有移动通信属性。因此，除了互联网的公共性外，移动互联网还有一个私人空间，而发展移动互联网的独特之处就在于做好这个私人空间，以及私人空间与公共空间的连接。这便是移动互联网与互联网的不同之处。

关于商业模式的含义，理论界并没有形成统一的权威解释。这里认为商业模式是包括了产品模式、用户模式、市场模式、营销模式和盈利模式在内的一个不断变化的、有机的商业运作系统。其中，盈利模式是商业模式体系中最为核心的子模式，其他几个子模式最终的目标都是为了实现盈利模式。随着移动互联网产业价值链的逐渐形成，其商业模式成了时下业界探讨的焦点话题。这里总结移动互联网主要有以下4种商业模式。

2.2.1 传统移动业务商业模式

移动运营商传统的商业模式比较简单。从传统商业模式产业链上看，移动电信业务的价值链只存在于3个方面，即设备提供商、网络运营商和最终用户。网络运营商处在中游，上面连接着设备提供商，下面连接着用户依附于网络可独自提供全部的电信服务业务，经营的业务主要是语音产品，在整个产业中扮演着中心的角色，议价能力强。移动运营商的战略主要是围绕网络来安排合适的价值增值活动，其收入来源是个人用户和企业用户，业务模式较为单一。此商业模式的特点就是要求运营商必须占绝对的主导地位。

移动运营商传统的商业模式是基于其在产业链上的主导地位，这种商业模式已经出现很久，并仍然在运用。中国移动语音业务的出现就是传统商业模式开始的标志。但是，随着新技术的出现和受开源思想的影响，这种移动运营商占主导地位的商业模式可能会成为历史。运营商只有从原来的监管和规划转变成引导和支持，真正做到泛行业合作、利益分配的清晰化及对参与合作的不同伙伴进行准确的价值定位，才能使移动互联网产业进入一个新的历史发展阶段。

2.2.2 内容类商业模式

内容类商业模式是指内容提供商通过对用户收取信息、音频、游戏、视频等内容费用的盈利方式，典型例子有付费信息类、手机流媒体、UGC类应用。内容类商业模式示意图如图2-1所示。

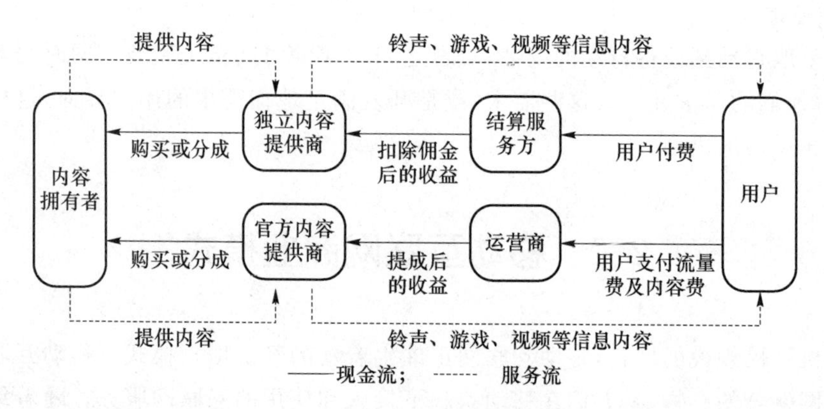

图2-1 内容类商业模式示意图

内容提供商可分为两种：官方内容提供商和独立内容提供商。官方内容提供商通过运营商建立的官方网站为用户提供信息内容，并由运营商代为收费，运营商提取一定比例的利益分成。计费的方式包括包月收费和按次收费两种，后者又可分为按照联网的时间、登录的次数和发给用户信息的数量等计费方式。独立内容提供商则通过自己独立的WAP网站为用户提供信息内容，通过第三方进行结算，并支付一定的佣金。

该模式下内容的形式是多种多样的，在所有内容目录下的内容服务都可以收费。用户愿意支付费用的项目包括视频下载、游戏下载、音乐下载、电子杂志订阅等，每个收费的网站都会提供一部分免费的内容或免费的时段，这有助于用户试用后再决定是否对此服务付费。此种模式为目前移动互联网最主要的盈利模式，其中官方网站又占据着绝大部分份额。

2.2.3　服务类商业模式

服务类商业模式是指基本的信息和内容免费,用户只为相关增值服务付费的盈利方式,移动 IM、手机网游、移动导航和移动电子商务均属于此类商业模式。服务类商业模式如图 2-2 所示。

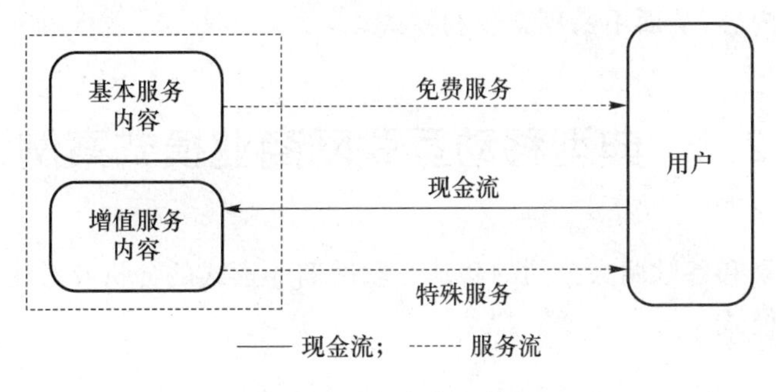

图 2-2　服务类商业模式

移动 IM 最主要的运营模式是 IM 服务提供商和移动运营商合作:IM 服务提供商负责开发 IM 业务平台和软件,并负责系统的运行维护;移动运营商负责提供接入和计费服务。目前一般采用按使用计费的模式。对于短信方式,接收消息时免费,发送消息时收费;对 WAP 方式,一般按流量计费。对于服务提供商而言,以移动 QQ 为例,其基础业务基本不收费,但通过特定头像下载、会员服务等增值业务实现了盈利。

手机网游通过手机终端实现了随时随地的游戏与娱乐,大部分的服务提供商采取免费注册的方式吸引游戏玩家,其收入主要来自增值服务,包括销售道具、合作分成、比赛赞助、周边产品销售等。另外,对于游戏平台内的免费用户,服务提供商还推出游戏与广告相互融合的形式——广告游戏。游戏玩家为了提高游戏技能而不停地重复玩广告游戏,这样便提高了广告的投放效果,并使服务提供商获得了后向收费。

2.2.4　广告类商业模式

广告类商业模式是指免费向用户提供各种信息和服务的商业模式,其盈利是通过收取广告费来实现的,典型的例子如门户网站和移动搜索。广告类商业模式示意图如图 2-3 所示。由于移动运营商对广告的限制政策,本模式更多的是由非官方网站采用。

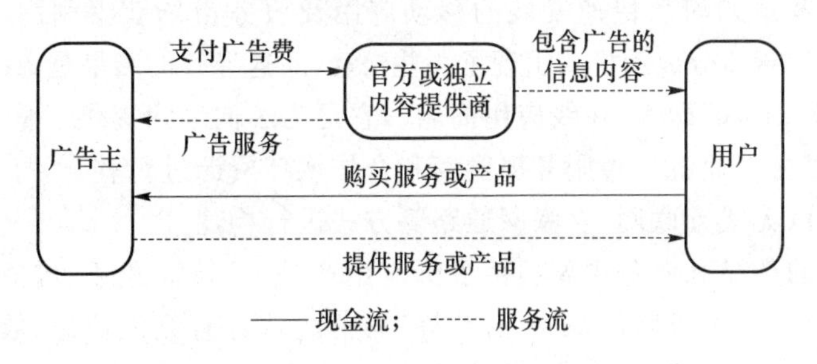

图 2-3　广告类商业模式示意图

和传统互联网一样,WAP 门户网站和广告主之间通过网页浏览量和点击率来构建双方的合作模式。这就要求手机广告的内容一定要对用户有吸引力,同时通过手机用户深度参与讨论,直接促进广告产品的营销。

互联网的搜索业务主要靠竞价排名和发布广告链接来收费。网络架构的差异以及手机屏幕和带宽的限制决定了移动搜索无法完全复制互联网搜索的盈利模式,目前移动搜索市场的盈利模式尚未成熟。移动搜索服务商可以利用手机的便携性、移动性向用户提供简洁而具有针对性的实用信息内容,从而不断创新盈利模式。

2.3 典型移动互联网商业模式案例

下面通过对苹果和谷歌两大公司的移动互联网商业模式的分析及对比来进一步说明移动互联网的典型商业模式。

2.3.1 苹果的移动互联网商业模式

1. “iPod+iTunes”商业模式

iPod 是苹果公司 2001 年推出的音乐播放器,它的外观独特且富有创意,在微软平台和 Mac 平台可以同时进行使用。它的操作方式十分新颖,同时管理程序也十分完善。虽然 iPod 拥有十分炫目的外形,但其实它也是在音乐平台 iTunes 上市以后,销量才真正出现爆发式的增长,其音乐等内容的下载量在 3 年之内竟然突破了 10 亿。苹果的 iTunes 音乐商店是苹果公司指定建立的,用户只需支付很少的费用便可以迅速在 iTunes 上找到想要的音乐,它大大增加了 iPod 的附加值。

在获得目标市场份额方面,“iPod+iTunes”模式起到了一定的作用。专有渠道的唯一性是这种模式成功的关键因素。苹果终端拥有强劲的品牌影响力,其推出的各种应用软件和服务都需要通过 iTunes 界面进行下载。这样的运营模式是多方共赢的,iPod 的热情用户们愿意支付费用购买音乐。苹果公司将用户付费下载所获得的收入与版权公司进行分成,从而打造了一个多方共赢的商业模式。

苹果公司利用“iPod+iTunes”商业模式让音乐下载变得简单地超乎人们的想象,它成功地创建了将硬件、软件和服务三者融合的全新的商业模式。

2. “iPhone+APP Store”商业模式

苹果公司开始考虑如何从快速发展的移动应用及服务市场获得利润。这种考虑是由于 2008 年苹果公司与运营商分成的模式出现了一些松动,而这导致的结果是 APP Store 产生了。

“iPhone+APP Store”即为“在线应用商店”,它是为了向客户提供一整套的手机应用程序的交易平台,这需要在产业链中将服务提供商和合作伙伴资源进行整合,打造一个手机增值业务平台。这一平台以无线互联网、互联网通路等方式进行构建。

在线应用商店的产品和服务主要包括手机应用产品、运营商业务、增值业务等,其具体内容如下:手机应用产品有手机软件、手机游戏等;运营商业务有充值业务、数据业务等;增值业务有各种内容提供商(CP)、服务提供商的增值业务等。其核心价值为:提供一个电子商务交易平台,在这一平台中销售各种手机软件产品。

2.3.2　谷歌的移动互联网商业模式

1. 谷歌的"免费安卓"商业模式

在谷歌的商业模式中,其核心商业模式是免费。谷歌开发了免费的安卓市场,鼓励开发者为安卓开发应用;同时谷歌向终端商家提供安卓系统软件,且这一软件是免费的。这样终端厂商就可对安卓进行更改,使之适应其硬件。在谷歌的免费安卓商业模式下,安卓软件和终端的销量、市场占有率都在不断提升。

因为目前互联网的内容大部分都是免费的,所以我们很容易理解以免费为基础的互联网模式,而且在互联网生态系统中我们也可以看到免费的影子。这种模式下的主要收入来源于广告,门户自己收集各种信息内容,为获得后向广告收入,需要在用户上网的时候给这些用户展示各种有吸引力的广告内容。

"云计算"概念的创始者正是谷歌。谷歌的商业模式就是"纯云"的,所以它强调"纯云"的概念。"云计算"时代,人们基本上什么也不用做,只需要打开一台装安装了系统的 PC,连接上网络以后"云"会处理好剩下来的所有事情。通过一根网线用户就可以很方便地访问浏览器。谷歌打造的"云"就是一个计算机存储、计算中心。"云计算"将会给人们的生活带来巨大的改变,以后人们可以随时随地获取各种"云"服务。"云"供应商会向大众提供互联网上所有的服务,如信息查询、信息存储等。购买、租赁计算力时,企业与个人只需通过互联网来进行,不须再投入巨额成本购买硬件设备。用户只要能够连上互联网,就可以使用互联网上的在线软件,再也不需要自己买软件、安装软件。

2. 开源名义下的商业模式新探索

近年来传统的"微软软件模式"正在变得衰弱,而开源软件模式开始发展起来,谷歌开始展开一场新商业模式的新探索。以前人们做软件的时候,都是用源代码编写程序,一般编译好后就成了可执行文件,用户根本无法知道这个软件是怎么做出来的。而开源软件就是开放源代码,别的程序员不仅能看懂代码,还可以修改该软件。开源名义下的成员认为,"共享"应该是其软件的核心,只应对使用过程中安装、指导、培训及技术等软件之外的服务收费。

谷歌开发了一个完全开放的安卓市场平台,为满足客户需求,其他人都可以利用谷歌提供的"程序开发包"开发程序应用。只有在让上网变得越来越方便的前提下,谷歌才能最终实现这一开源计划。谷歌的服务都是以互联网为基础的,因此把握住这个无线领域的信息通道将成为谷歌非常重要的战略。

2.3.3　苹果和谷歌的移动互联网商业模式对比

苹果与谷歌的移动互联网的商业模式对比如表 2-1 所示。

表 2-1　苹果与谷歌的移动互联网的商业模式对比

商业模式	苹　果	谷　歌
产品模式	设计时尚的外形+产品策略创新	以技术为基础
客户模式	"体验"+"反馈"的机制	两类用户:普通网民+商业客户
营销模式	"人性"为主	搜索引擎的网络营销
盈利模式	硬件+服务	网络广告+多样化探索

1. 产品模式比较

(1) 苹果的产品模式

苹果产品拥有十分时尚的设计,受到消费者的喜爱,同时其产品设计理念往往能够超出人们想象力的极限,这点一般的企业根本是难以做到的。苹果公司更多地选择采用最新高科技来开发、调整、升级产品,而不仅仅依靠产品的可能性来开发产品,并利用创新的理念来超越消费者的期望。

苹果公司的产品创新策略要围绕用户的需求而展开。苹果公司总是可以准确识别到尚未开发的需求,其创新战略的核心是要比用户更了解自己,通过产品创新策略,推出相应的产品使市场需求得到满足。这种创新策略并非来自市场调研,更主要地来源于对用户进行直接的观察。通过观察用户遇到的问题中隐藏的机遇,发现用户的潜在需求,这些需求可能用户自己都没有发现。

(2) 谷歌的产品模式

谷歌不断地进行着产品和服务的创新。谷歌的产品创新主要是在传统的技术推动下的创新。谷歌是一家搜索引擎公司,因此其产品模式是倾向于以技术为基础的。自谷歌创建以来开发的服务和软件非常多,下面列举了一些谷歌推出的成功的软件和服务。

- Add to Google。这是谷歌开发的一个用于提供网页信息的网站,其主要功能是想办法让谷歌收录自己的网页,但这个过程一般需要很长时间。如果谷歌能收录自己的网页,其知名度会迅速上升。
- Gmail。它是谷歌所提供的具有巨大存储空间的免费邮件服务。其在全世界范围内得到了广泛的使用,是目前最受欢迎的邮箱。
- Google 关键词。这是谷歌开发的一个特别的广告网站,主要是提供给商家的,其规则是:只要有人点击网站就会向商家收取相应的费用。
- Google Answers。这是谷歌的开发的一个问答网站,它在有些方面类似于百度开发的百度知道,在那里你可以提出各种问题,它都会给出答案。现在它开始采用收费模式,为了早点知道问题的答案,你可以在网站上购买答案。

2. 客户模式比较

(1) 苹果的客户模式

苹果在处理客户关系方面具有强大的号召力。得益于开发商和用户规模这两个重要因素,苹果的应用商店才取得了巨大成功。苹果的研发团队并没有通过做大量的客户调研来掌握客户需求,因为很多设计的客户体验,随机抽取的客户是无法想象出来的。设计者最关心的是客户的现实和潜在需求,而苹果产品的设计灵感主要是来自乔布斯和其他公司成员们对于客户需求的观察。通过观察客户,发现需求,从而开发产品。

(2) 谷歌的客户模式

谷歌主要面对两种客户:一种客户是平时使用谷歌进行信息搜索的一般网民,也就是普通的谷歌用户;另一种客户是商业客户,他们和谷歌有经济往来。开发谷歌核心资源——顾客资产十分重要。

网络搜索服务是所有互联网使用者必须具有的服务功能。巨大的互联网使用者构成了庞大的搜索用户群。顾客资产具有很大的交易价值。但谷歌不可能为了获得收益而向庞大规模的用户群收取服务费,原因如下:首先,当今世界互联网搜索服务的同质性很高,只要还存在着不收费的搜索引擎,其价格需求弹性一定会很高,如果收取费用将会导致客户严重流失;其次,因为客户数量巨大且地区分布差异巨大，如果向互联网使用者收取费用，构建整个收费系统本身的成本就会很高，还要考虑其运转的成本，这会大大降低用户的体验效果。

现在谷歌的市场定位已经从网络搜索服务提供商转变为新的互动媒体平台，谷歌的产品形态和商业模式未来将类似于电视和报纸等大众传播媒体，谷歌将从原先的单边市场转变为双边市场。

3. 营销模式比较

(1) 苹果的营销模式

当今世界，苹果公司可谓是家喻户晓，“苹果”已经成为大街小巷随处可见的时尚的代名词，其产品是人们追求的热点。苹果之所以会这么受欢迎，和其市场营销模式必然存在某些联系。苹果公司产品总是充满人性化的特点，其营销模式最重要的方面也是抓住了“人性”二字。苹果公司都是从人的性格特点出发进行市场营销的。具体的营销方式包括以下几点：

- 打造苹果企业文化；
- 苹果的饥饿式营销；
- 苹果的体验营销(体验店)；
- 苹果的口碑营销。

(2) 谷歌的营销模式

谷歌的营销模式其实就是搜索引擎的网络营销，主要包括以下要点。

- 拥有一个和它的名称相符的域名：域名在网络营销中起到识别企业的作用。
- 拥有合适的服务器：服务器的构建可以根据企业实际规模和企业的发展状况来选择。
- 合理利用网站空间：应根据实际的需要提供相适应的服务功能，为管理后台应根据需要不断地完善数据库、开发软件。
- 定期更新网页内容：开放的数据库与需要更换的网页之间建立链接，这样二者可以实时进行更新。

4. 盈利模式比较

(1) 苹果的盈利模式

一个成功商业模式肯定具有一个明确的盈利模式。苹果公司的盈利模式是：

- 苹果的利润来源主要是销售硬件终端，苹果公司所开发的各项产品，如 iPod、iPhone，就是其终端。目前这种盈利方式构成其最主要的收入来源。
- 通过销售交易平台，如 iTunes 以及 APP Store，销售音乐、软件和应用程序来获得重复性购买的持续利润。“苹果销售的不仅仅是硬件产品，还有软件服务”，它正是靠着这句老话而发展壮大的。例如，iPod 的成功得益于苹果 iTunes 软件平台的成功，两者的结合给苹果带来了超高的收入。

(2) 谷歌的盈利模式

谷歌的主要盈利来源是在网络广告，其提供的服务呈现多方向的发展趋势。谷歌的盈利模式主要包括两个部分：搜索技术授权和网络广告。谷歌的网络广告包括关键词广告和广告联盟。

① 搜索技术授权

最初获利方式是销售搜索技术，也就是搜索技术授权，强大的搜索技术优势成为谷歌最初获得利润的源泉。

② 网络广告

• 关键词广告。关键词广告指的是当有些客户需要用广告来吸引消费者时,他们会先在谷歌上注册关键字,注册完以后,每当用户搜索到这一关键字时,该企业的链接就会出现在搜索界面。谷歌会根据用户点击的次数收取相应的广告费用。

• 广告联盟。此模式可以通过注册会员的方式吸引更多的网站加盟到谷歌的广告发布平台中。

2.4 移动互联网商业模式画布分析

商业模式是指企业如何创造价值、传递价值和获取价值的基本原理。商业模式画布是一种用来描述商业模式、使商业模式可视化、评估商业模式以及改变商业模式的通用语言。

2.4.1 商业模式画布简介

商业模式画布作为一种共同语言,可以方便地描述商业模式。通过9个基本构造块可以很好地描述并定义商业模式,它们可以展示出企业创造收入的逻辑。这9个构造块覆盖了商业的4个主要方面:客户、提供物(产品/服务)、基础设施和财务生存能力。商业模式像一个战略蓝图,可以通过企业组织结构、流程和系统来实现它。商业模式画布分析框如图2-4所示。

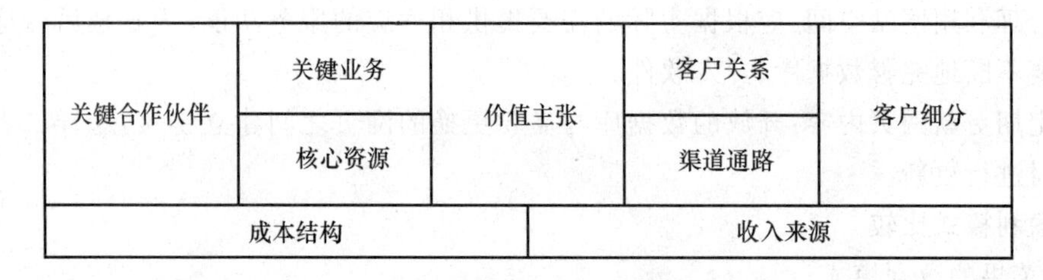

图2-4 商业模式画布分析框

(1) 客户细分(Customer Segments)。客户细分构造块用来描绘一个企业想要接触和服务的不同群体或组织。

客户构成了任何商业模式的核心。没有(可获益的)客户,就没有企业可以长久存活。为了更好地满足客户,企业可能把客户分成不同的细分区隔,每个细分区隔中的客户具有共同的需求、共同的行为和其他共同的属性。商业模式可以定义一个或多个或大或小的客户细分群体。企业必须做出合理决议,到底该服务哪些客户细分群体,该忽略哪些客户细分群体。一旦做出决议,就可以凭借对特定客户群体需求的深刻理解,仔细设计相应的商业模式。

(2) 价值主张(Value Propositions)。价值主张构造块用来描绘为特定客户细分创造价值的系列产品和服务。

价值主张是客户转向一个公司而非另一个公司的原因,它解决了客户困扰(Customer Problem)或者满足了客户需求。每个价值主张都包含可选的一系列产品或服务,以迎合特定客户细分群体的需求。在这个意义上,价值主张是公司提供给客户的受益集合或受益系列。有些价值主张可能是创新的,并表现为一个全新的提供物(产品或服务),而另一些可能与现存市场提供物(产品或服务)类似,只是增加了功能和特性。

(3) 渠道通路(Channels)。渠道通路构造块用来描绘公司沟通、接触其客户细分群体而传递其价值主张的方法。

沟通、分销和销售这些渠道构成了公司相对客户的接口界面。渠道通路是客户接触点,它在客户体验中扮演着重要角色。渠道通路包含以下功能:提升公司产品和服务在客户中的认知;帮助客户评估公司价值主张;协助客户购买特定的产品和服务;向客户传递价值主张;提供售后客户支持。

(4) 客户关系(Customer Relationships)。客户关系构造块用来描绘公司与特定客户细分群体建立的关系类型。

企业应该弄清楚希望和每个客户细分群体建立的关系类型。客户关系范围可以从个人到公司。企业可以通过改善客户关系达到以下几个目的:获取客户、维系客户、提升销售额(追加销售)。

(5) 收入来源(Revenue Streams)。收入来源构造块用来描绘公司从每个客户细分群体中获取的现金收入(需要从创收中扣除成本)。

如果客户是商业模式的心脏,那么收入来源就是商业模式的动脉。企业必须问自己:什么样的价值能够让各客户细分群体真正愿意为其付款?只有回答了这个问题,企业才能在各客户细分群体上发掘一个或多个收入来源。每个收入来源的定价机制可能不同,有固定标价、谈判议价、拍卖定价、市场定价、数量定价或收益管理定价等。个体商业模式可以包含两种不同类型的收入来源:通过客户一次性支付获得的交易收入;客户为获得价值主张与售后服务而持续支付的经常性收入。

(6) 核心资源(Key Resources)。核心资源构造模块用来描绘让商业模式有效运转所必需的最重要因素。

每个商业模式都需要核心资源,这些资源使得企业组织能够创造和提供价值主张、接触市场、与客户细分群体建立关系并赚取收入。不同的商业模式所需要的核心资源有所不同。微芯片制造商需要资本集约型的生产设施;芯片设计商需要更加关注人力资源。核心资源可以是实体资产、金融资产、知识资产或人力资源。核心资源既可以是自有的,也可以是公司租借的或从关键合作伙伴那里获得的。

(7) 关键业务(Key Activities)。关键业务构造模块用来描绘为了确保其商业模式可行,企业必须做的最重要的事情。

任何商业模式都需要多种关键业务活动。这些业务是企业要想成功运营所必须实施的最重要的动作。正如核心资源一样,关键业务也是企业组织能够创造和提供价值主张、接触市场、维系客户关系并获取收入的基础。而关键业务也会因商业模式的不同而有所区别。例如,对于微软等软件制造商而言,其关键业务包括软件开发;对于戴尔等计算机制造商来说,其关键业务包括供应链管理;对于麦肯锡咨询企业而言,其关键业务包括问题求解。

(8) 关键合作伙伴(Key Partnerships)。关键合作伙伴构造块用来描述让商业模式有效运作所需的供应商与合作伙伴的网络。

企业会基于多种原因打造合作关系,合作关系正日益成为许多商业模式的基石。很多公司创建联盟来优化其商业模式、降低风险或获取资源。我们可以把合作关系分为以下4种类型:在非竞争者之间的战略联盟关系、在竞争者之间的战略合作关系、为开发新业务而构建的合资关系、供应商关系。

(9) 成本结构(Cost Structure)。成本结构构造块用来描绘运营一个商业模式所引发的所有成本。

这个构造块用来描绘在特定的商业模式运作下所引发的最重要的成本。创建价值和提供价值、维系客户关系以及产生收入都会引发成本。这些成本在确定核心资源、关键业务与重要合作伙伴后可以相对容易地计算出来。然而,有些商业模式相比其他商业模式更多的是由成本驱动的。例如,那些号称“不提供非必要服务”的航空公司,是完全围绕低成本结构来构建其商业模式的。

2.4.2 商业模式画布案例分析

1. 长尾式商业模式

长尾式商业模式的核心是多样少量,专注于为市场提供大量产品,但每种产品相对而言卖得少;销售总额可以与凭借少量畅销产品产生绝大多数销售额的传统模式相媲美;需要低库存成本和强大的平台,使得利基产品对于兴趣买家来说容易获得。长尾商业模式画布分析如图 2-5 所示。

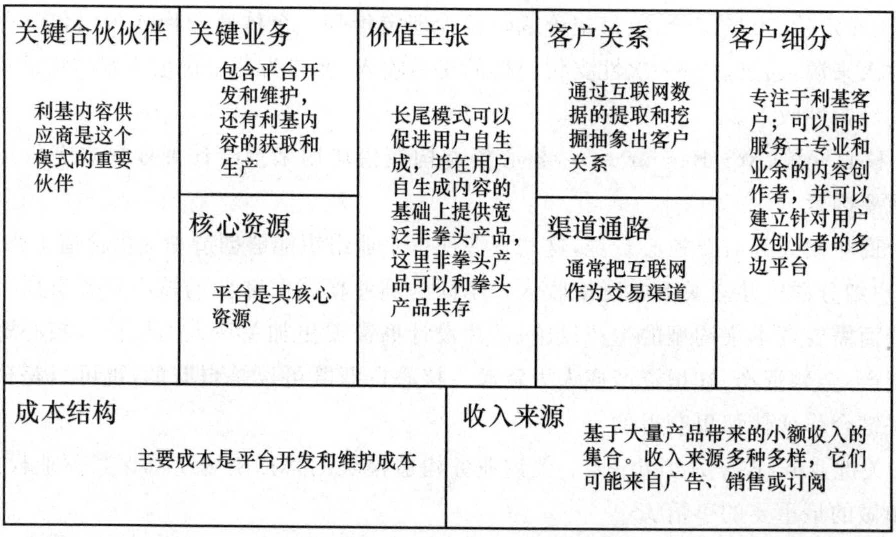

<table>
<tr><td rowspan="2">关键合伙伙伴
利基内容供应商是这个模式的重要伙伴</td><td>关键业务
包含平台开发和维护,还有利基内容的获取和生产</td><td rowspan="2">价值主张
长尾模式可以促进用户自生成,并在用户自生成内容的基础上提供宽泛非拳头产品,这里非拳头产品可以和拳头产品共存</td><td>客户关系
通过互联网数据的提取和挖掘抽象出客户关系</td><td rowspan="2">客户细分
专注于利基客户;可以同时服务于专业和业余的内容创作者,并可以建立针对用户及创业者的多边平台</td></tr>
<tr><td>核心资源
平台是其核心资源</td><td>渠道通路
通常把互联网作为交易渠道</td></tr>
<tr><td colspan="3">成本结构
主要成本是平台开发和维护成本</td><td colspan="2">收入来源
基于大量产品带来的小额收入的集合。收入来源多种多样,它们可能来自广告、销售或订阅</td></tr>
</table>

图 2-5 长尾商业模式画布分析

2. 免费式商业模式

在免费式商业模式中,至少有一个庞大的客户细分群体才可以享受持续的免费服务。免费服务可以来自多种模式,通过该商业模式的其他部分或其他客户细分群体,给非付费客户细分群体提供财务支持。以一小部分付费用户群体所支付的费用补贴免费用户,只有在服务额外免费用户的边际成本极低的时候,这种模式才成为可能;关键的指标是为单位用户提供免费服务的成本和免费用户变成付费用户的转化率。免费式商业模式画布分析如图 2-6 所示。

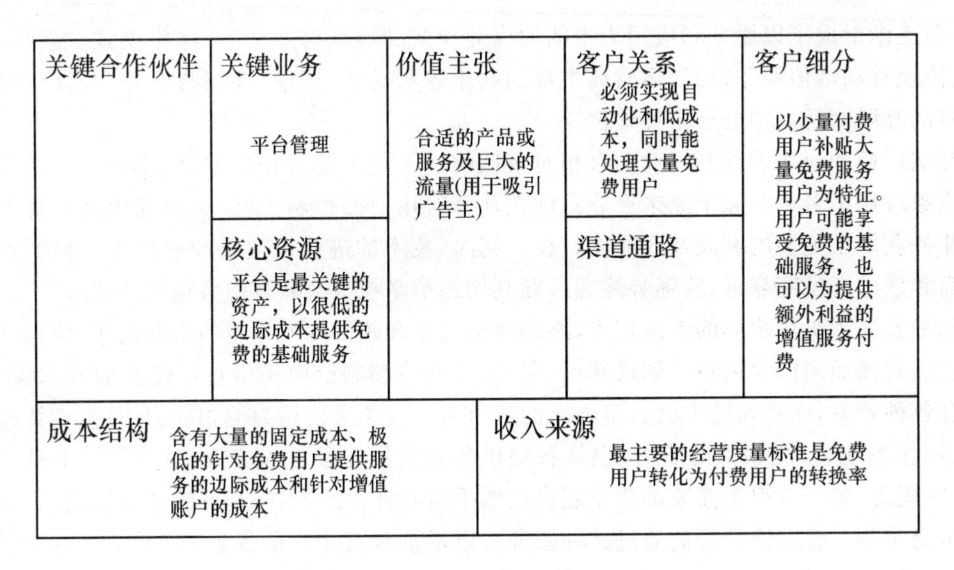

图 2-6　免费式商业模式画布分析

2.5　移动互联网产业链分析

在 5G 乃至 6G 时代，随着移动互联网业务运营、终端软件平台和网络应用服务的紧密结合，业务和应用平台已成为整个移动产业链的核心环节，在产业链中处于控制地位，而电信运营商的地位在产业链中初步下降。移动互联网产业链结构如图 2-7 所示。

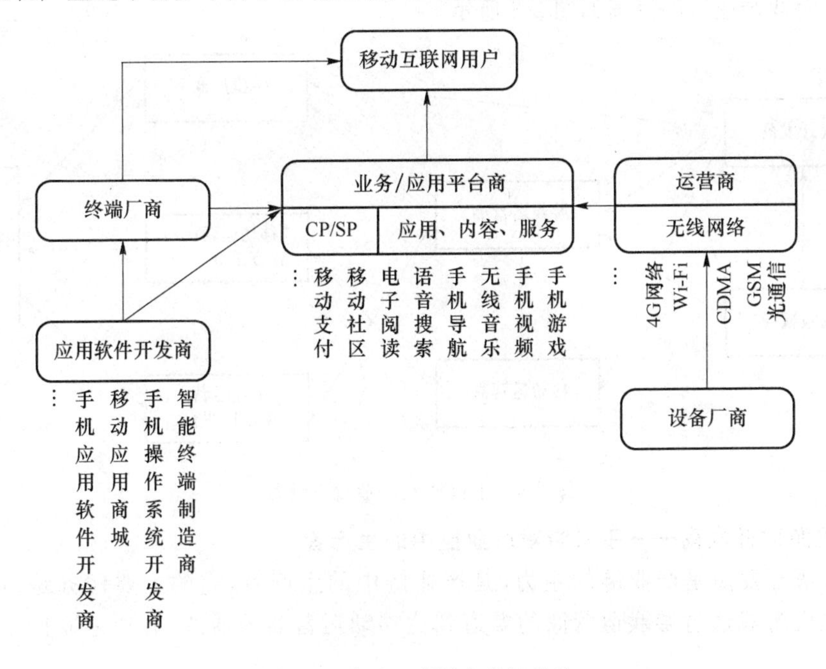

图 2-7　移动互联网产业链结构

终端厂商和应用软件开发商大举进军移动互联网领域，推升了整个产业链的竞争激烈程度，从而逐渐形成了以服务和应用为主的大商业模式、“终端与业务”一体化模式、“软件服务”模式、传统移动增值服务模式、运营商主导的共生盈利模式，其中“终端与业务”一体化模式在整个移动互联网行业中处于主导地位。

终端厂商和应用软件开发商拥有相对较低的进入成本及合作成本，使原来处于产业链后端的业务应用平台商消除了原来产业链前端环节对用户的控制力度，从而利用其优势业务和特色业务获取了更多的利润及产业发言权。同时，技术的进步也使得产业链用户控制点向终端厂商和软件开发商靠近，使强势终端厂商利用终端掌控权而获得内容运营的优势。

随着智能手机用户群的不断扩大，终端制造技术和软件开发技术的不断进步，终端和应用服务已经直接面向广大用户。如诺基亚、苹果，这些终端制造商凭借自己强大的技术优势，不断整合各种资源，在产业链上已具备强大的竞争力。以苹果公司为例，其既具备生产智能手机终端、操作系统、应用软件的实力，也具备提供各种应用和服务的能力。它首创“手机软件商店”这一概念，紧接着很多商家都建立起自己的手机软件商店，如诺基亚软件应用商店、谷歌软件应用商店等。智能终端厂商通过这种服务可以增加现有用户的黏性，也可以吸引新用户选择自己的终端和服务，使得其在产业价值链的利益分配占比持续提升。

当然，为在产业链中分得更大的蛋糕，移动运营商也在不断地加强与终端厂商的合作。例如，中国移动和联想公司合作，为广大用户提供了更好的移动互联网解决方案；中国联通、中国电信分别与苹果公司合作，通过苹果的手机来扩大用户群。这种合作和竞争还在不断演绎。

下面以手机游戏产业为例对移动互联网产业链进行分析：手机游戏产业链从上游至下游依次包括开发商、发行商、渠道商及终端玩家。成熟的运作流程为：首先游戏发行商要寻找到优质的游戏，并支付版权金或者提供最低收入保障，同时与游戏开发商签订代理协议；随后发行商利用自己丰富的游戏运营经验和完善的渠道资源将游戏通过承上启下的方式呈现在用户眼前。手机游戏产业链的流程如图 2-8 所示。

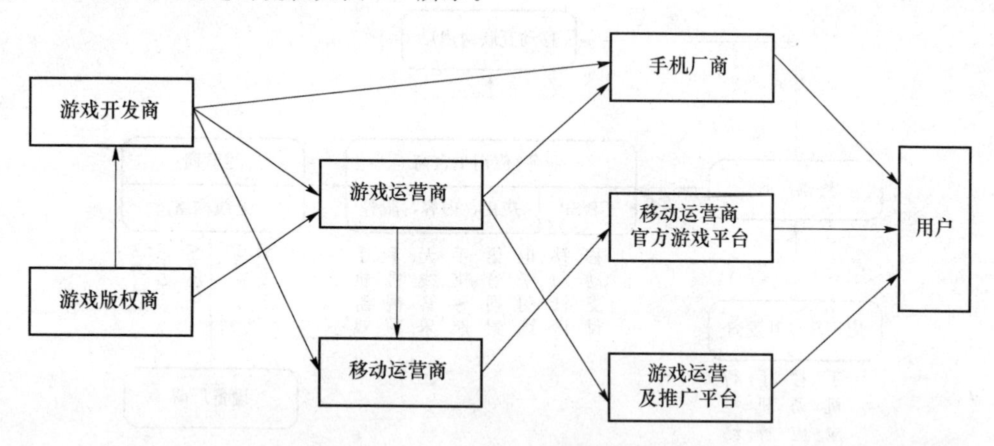

图 2-8　手机游戏产业链的流程

1. 手机游戏开发商——手机游戏产业链中的生产者

手机游戏开发商是产业链的主力，是产业链中的生产者，它的主要任务是研发游戏产品。然后手机游戏通过游戏运营商的渠道到达移动运营商的通道，并通过联网下载至用户手机。

由于手机游戏开发门槛较低，越来越多的开发创业团队投身于这片蓝海。看似火热的市场实际盈利情况却不乐观。原因为：一方面开发门槛较低，造成最终游戏产品良莠不齐，无法得到玩家的认可;另一方面,在有限的资金和人力下,要在保证产品质量的基础上兼顾运营难度较大。手机游戏开发商不直接与游戏玩家接触,游戏效果的反馈都是通过游戏运营商和移动运营商获得,所以反馈的时效性滞后,不利于跟踪服务。

2. 手机游戏运营商——手机游戏产业链的衔接者

手机游戏运营商处于产业链的中间环节,起着承上启下沟通开发者和消费者的作用。由于全国大大小小的手机开发商很多,移动运营商不可能一一与众多的游戏开发商接洽,所以手机开发商就把产品委托或者直接卖给游戏运营商,而游戏运营商作为全权代表与移动运营商合作,共同将游戏产品提供给消费者。

随着手机游戏产业链的逐渐成熟,游戏开发商逐渐发展壮大起来,凭借着手中的游戏产品可以直接与移动运营商合作而抛开游戏运营商的环节。考虑到这种威胁后,很多游戏运营商通过入股、收购兼并手机游戏开发商的方式获得了游戏开发商的资格,集开发商与运营商的功能于一身。

3. 手机终端厂商——手机游戏产业链中的载体

手机终端厂商在手机游戏产业链中相当于手机游戏载体的提供者。但是手机游戏与 PC 游戏不同,同一款手机游戏在不同品牌手机上不具备兼容性,甚至同一品牌不同型号的手机之间也不具备兼容性,这就增加了游戏开发者的成本。因为需要根据不同的手机品牌、手机型号来开发游戏,所以手机游戏的开发成本大大增加。

另外,手机用作游戏工具时,它的操作性、视觉感受、智能化程度等方面都与 PC 游戏存在着一定差距,所以目前很多手机厂商为了提升消费者在操作性、视觉效果上的满意度推出了大屏幕、触摸屏、高分辨率的智能手机,这也可满足消费者对娱乐性的需求。

4. 移动运营商——手机游戏产业链中的通道

移动运营商在手机游戏产业链中处于绝对的领导地位,它与游戏运营商、游戏开发商是领导者与被领导者、监督者与被监督者的关系。他们凭借着对移动网络的绝对控制权、有效的计费渠道及手机游戏所需要的应用平台(如短信平台、Java 平台、Brew 平台等)支撑,掌握着手机游戏产业的生杀大权。手机游戏作为移动数据业务的亮点已经引起移动运营商的广泛关注。如何利用手机游戏拉动每个用户的平均收入(Average Revenue Per User,ARPU),成为各运营商关注的焦点。

目前,移动运营商的手机游戏内容平台远远不能满足大部分手机用户想要方便了解和方便下载手机游戏的需求。在这种情况下,一些手机游戏运营商的手机游戏平台营运而生,弥补了移动运营商手机游戏平台的不足,使得用户拥有更方便的游戏获取方式和下载途径。

但是,移动运营商不甘于仅仅作为手机游戏的下载通道而存在,他们正积极地组织自己的游戏开发、运营团队,利用自己网络通道的天然优势与手机游戏开发商及游戏运营商展开竞争。中国移动在江苏投资建设手机游戏产品基地,以增强自己的手机游戏研发和服务能力,中国联通也开始建设包括手机游戏在内的六大增值业务基地。

5. 手机游戏用户——手机游戏产业链中的消费者

整个产业链的发展都是为了满足最终消费者的需求,目前手机游戏消费者以低收入、低年龄、低学历的手机游戏玩家为主。鉴于以上游戏用户群体的现状,手机游戏市场仍然具有较大的发展潜力。另外,可以根据不同年龄层对游戏产品的喜好,开发出适合不同年龄层喜爱的游戏产品,这样可提高游戏产品在不同年龄层的渗透度。

2.6 移动互联网商业模式发展趋势

移动互联网在我国发展迅猛;移动互联网的用户规模膨胀迅速;移动互联网市场空前繁荣。尽管移动互联网商业模式近年来不断创新,但总体来看依然不成熟。特别是广告类商业模式,由于手机屏幕和带宽的限制,目前还无法完全移植互联网的商业模式。随着移动通信技术的发展,以及产业价值链的相关各方对移动互联网产业认识的深入,新的商业模式将会不断涌现,产业规模将会不断扩大。预计未来移动互联网商业模式的发展将呈现以下趋势。

1. 价值链网络化

终端企业进入移动互联网业务领域以及互联网 SP 进入终端软件领域,促进了多功能终端和应用导向终端的发展,并将使得以移动终端为载体,不通过门户或搜索的移动互联网业务种类不断增多。这些业务简单易用、更新快捷,将获得各层次用户的青睐。业务种类的增多反映出社会专业化分工的细化。各类业务组成移动互联网产业价值链中的各个"节点",每个节点都是一个功能模块。整个价值链体系变得更加清晰、有序,呈现出网络化结构。

2. 盈利模式复合化

新型移动互联网业务的盈利模式更加多样化,不仅可以凭借流量和内容向用户收费,而且可以实现后向收费。后向收费的广告模式将得到快速的发展。移动互联网服务提供商不会完全按照或依赖某种单一的商业模式,更多的是组合各种模式来满足市场的需求和解除自身的资源约束。在 Web 2.0 时代,互联网上的内容主要是由用户创作。用户将自己原创的内容通过互联网平台进行展示,Blog、视频分享、社区网络都是主要的应用形式。由于用户参与到内容的创作中,与用户分成的模式将会逐渐占据一部分市场。

3. 市场主体多元化

目前运营商在整个移动互联网产业链中具有主导地位,因为他们拥有庞大的用户资源。运营商不仅扮演着接入商的角色,还扮演着服务提供商的角色,同时对终端制造行业与内容提供都有着一定的影响力和控制力,由此建立起"Walled Garden(围墙花园)",把用户圈定为自己的特有资源。随着新一代无线通信技术的发展,以及移动互联网产业价值链的不断延伸,传统的服务提供商与内容提供商的结构和组成正在发生变化,越来越多掌握优势资源或者拥有庞大用户资源的传统厂商进入了移动互联网领域,如强势的媒体机构、金融机构以及传统互联网巨头。实际上市场主体的多元化在全球已经不可避免。

4. 产业跨界融合

移动产业链融合促进移动互联网不断走向纵深,移动互联网走向纵深的推动力是产业链融合。各行各业"互联网化"和"移动互联网化"使移动互联网必定走向合作共赢。在 2G 时代,移动互联网的主要产业为彩铃精细运营、娱乐、音信互动等;到了 3G 时代,就涌现了大量的移动产业,如精确定位、健康监控、移动电子钱包、媒体直播、家庭监控、移动卫星电视;到了 4G 时代,由于有了更大的带宽,将涌现更多的移动互联网应用,并且各个产业不断融合,传媒行业、金融行业、零售行业、制造行业、教育行业、医疗行业等广泛的行业融合,将不断创造新的业务存在形式和商业模式,如图 2-9 所示。

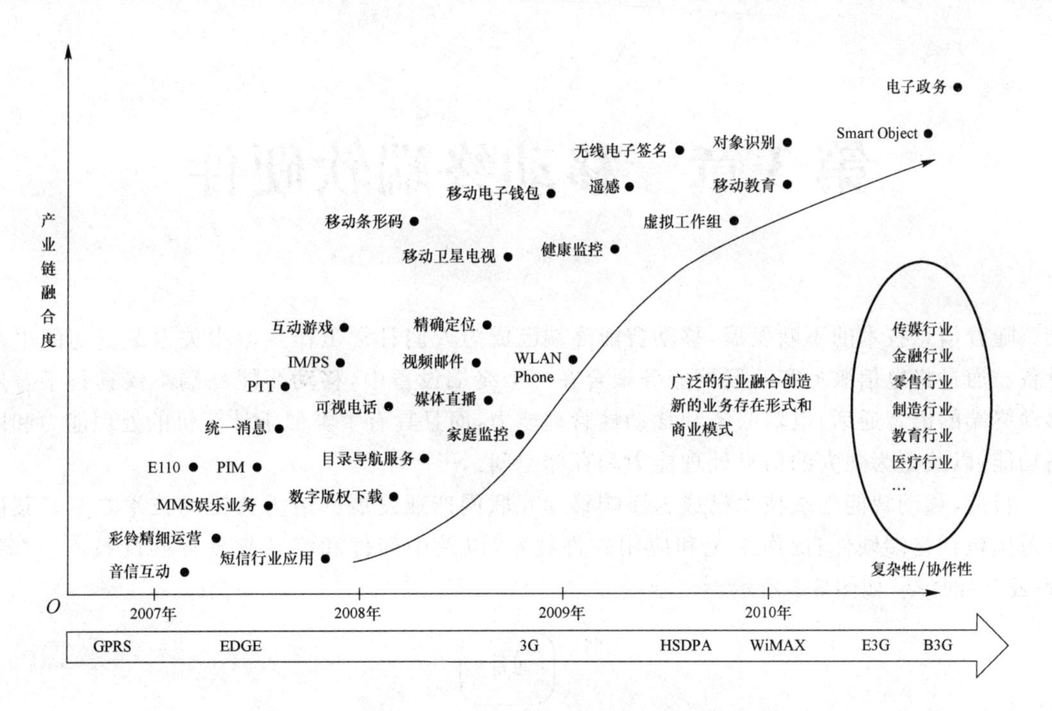

图 2-9　移动产业链融合促进移动互联网不断走向纵深

参考文献

［1］ 苏晨辉，王瑞雪. 手机游戏产业链及商业模式[J]. 通信企业管理，2014，8：75-77.

［2］ 张纪元. 移动互联网业务产业链及盈利模式研究[J]. 互联网天地，2013，4：7-11.

［3］ 陈圣举. 移动互联网商业模式浅析[J]. 移动通信，2010，34(6)：23-26.

第 3 章　移动终端软硬件

随着信息技术的不断发展,移动智能终端已成为人们日常工作生活中关系最密切的电子设备。通过将电信服务和互联网服务聚合在一个终端设备中,移动智能终端不仅具备了普通移动终端的语音通话、电信服务和移动性管理能力,而且具有了类似于计算机的处理能力和网络功能,以及更为强大的信息处理能力和存储空间。

目前,移动智能终端技术已成为影响移动互联网产业发展的最为关键的技术之一。其研究范围包括终端硬件、操作系统和应用软件技术,以及中间件和终端软硬件匹配技术。"端-管-云"中的"端"如图 3-1 所示。

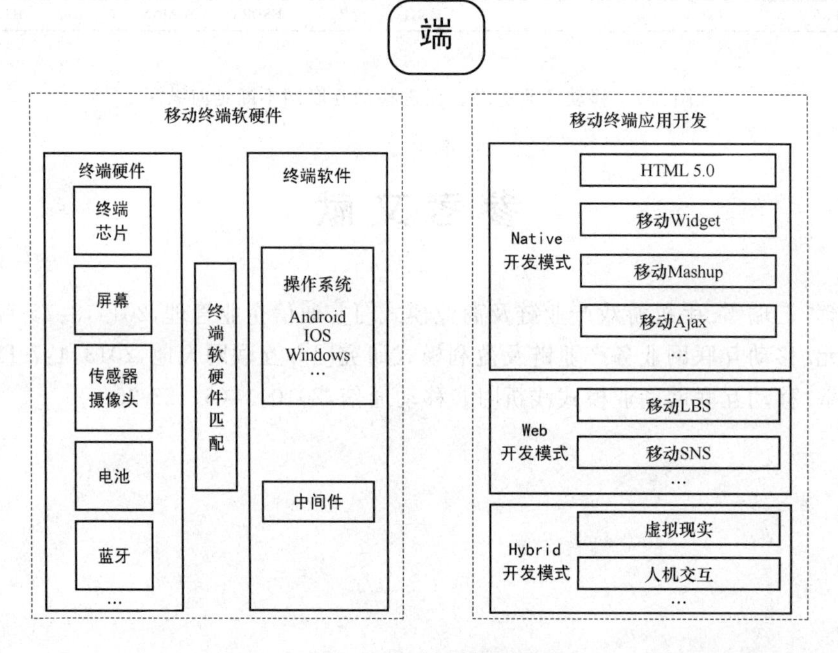

图 3-1　"端-管-云"中的"端"

在终端硬件方面,未来的移动互联网不仅支持现在意义上的手机,还支持各种电子书、平板电脑等移动互联网的终端。首先考虑终端硬件的物理特性,如 CPU 类型、处理能力、电池容量、屏幕大小等;然后是操作系统,如 iOS 系统、Window 系统以及 Andriod 系统等,不同的操作系统各有特色,相互之间的软件也不兼容,这给业务开发带来了很大的麻烦;最后是中间件,如 Java 平台、Brew 平台、Widget 等。

在应用软件方面,终端应用的开发因操作系统及开发语言的不同而存在着多种开发模式,不同的开发模式都存在着相应的关键技术。同时,这也对开发人员的开发技能提出了各种不同的要求。这就需要给出一种应用开发的统一架构,该架构包括移动互联网终端应用的统一开发框架和开发环境两部分,能够提高复用程度和抹平操作系统之间的差异,这部分内容将在第 4 章作详细介绍。

3.1　移动终端概述

移动终端或者叫移动通信终端，是指可以在移动中使用的计算机设备，广义的讲包括手机、笔记本式计算机、平板电脑、POS 机，甚至包括车载电脑。但是大部分情况下是指具有多种应用功能的智能手机以及平板电脑。一方面，随着网络和技术朝着越来越宽带化的方向发展，移动通信产业将走向真正的移动信息时代；另一方面，随着集成电路技术的飞速发展，移动终端已经拥有了强大的处理能力，它正在从简单的通话工具变为一个综合信息处理平台。这也给移动终端增加了更加广阔的发展空间。

移动终端作为简单的通信设备伴随着移动通信的发展已有几十年。自 2007 年开始，智能化引发了移动终端的基因突变，从根本上改变了终端作为移动网络末梢的传统定位。移动智能终端几乎在一瞬之间转变为互联网业务的关键入口和主要创新平台，成为新型媒体、电子商务和信息服务平台，互联网资源、移动网络资源与环境交互资源的最重要枢纽，其操作系统和处理器芯片甚至成为当今整个 ICT 产业的战略制高点。随着移动智能终端的持续发展，其影响力将比肩收音机、电视和互联网，成为人类历史上第 4 个渗透广泛，普及迅速，影响巨大，深入至人类社会生活方方面面的终端产品。

3.1.1　移动终端类型

(1) 智能手机(Smartphone)。智能手机是指“像个人计算机一样，具有独立的操作系统，可以由用户自行安装软件、游戏等第三方服务商提供的程序，通过此类程序可以不断对手机的功能进行扩充，并可以通过移动通信网络来实现无线网络接入的一类手机的总称”。手机已从功能性手机发展到以 Android、iOS 系统为代表的智能手机，是可以在较广范围内使用的便携式移动智能终端，并已发展至 4G 时代。

(2) 车载终端。车辆监控管理系统的前端设备也可以叫作车辆调度监控终端(TCU 终端)。车载终端集成定位、通信、汽车行驶记录仪等多项功能；具有强大的业务调度功能和数据处理能力；支持电话本呼叫、文字信息语音播报；具有安防报警、剪线报警及远程安全断油、断电安全保护功能；可外接计价器、摄像头、麦克风、耳机等。智能车载终端(又称卫星定位智能车载终端)融合了 GPS(Gobal Positioning System)技术、里程定位技术及汽车黑匣技术，能用于对运输车辆的现代化管理。

(3) 智能穿戴设备。智能穿戴设备是指应用穿戴式技术对日常穿戴进行智能化设计，开发出可以穿戴的设备的总称，如手表、手环、眼镜、服饰等。穿戴式智能设备是人的智能化延伸，通过这些设备，人可以更好地感知外部与自身的信息，能够在计算机、网络甚至其他人的辅助下更为高效率地处理信息，且能够实现更为无缝的交流。

(4) VR/AR 设备。①VR(Virtual Reality，虚拟现实)设备。虚拟现实头显(头戴式显示器)是一种典型的 VR 设备，它利用人的左右眼获取信息的差异性，可以引导用户产生一种身在虚拟环境中的感觉。其显示原理是左右眼屏幕分别显示左右眼的图像，人眼获取到带有差异的信息后在脑海中产生立体感。虚拟现实头显可以作为虚拟现实的显示设备，具有小巧和封闭性强的特点，在军事训练、虚拟驾驶、虚拟城市等项目中具有广泛的应用。②AR 设备。

AR是现实场景和虚拟场景的结合，所以基本都需要摄像头，在摄像头拍摄的画面基础上，结合虚拟画面进行展示和互动，如Google Glass(其实严格地来说，iPad、手机这些带摄像头的智能产品，都可以用于AR，只要在其上安装AR的软件就可以了)。

(5) 物联网终端。它是指物联网中连接传感网络层和传输网络层，实现采集数据及向网络层发送数据的设备。它具有数据采集、初步处理、加密、传输等多种功能。物联网各类终端设备总体上可以分为情景感知层、网络接入层、网络控制层以及应用/业务层，每一层都与网络侧的控制设备有着对应的关系。物联网终端常常处于各种异构网络环境中，为了向用户提供最佳的使用体验，其应当具有感知场景变化的能力，并以此为基础，通过优化判决，为用户选择最佳的服务通道。终端设备通过前端的RF模块或传感器模块等感知环境的变化，经过计算、决策得出需要采取的应对措施。

3.1.2 移动终端发展趋势

终端是移动互联网产业链中至关重要的一环，与传统通信终端不同，支持移动互联网应用的终端需要同时具备通信、互联网接入、娱乐、办公等多项功能，是个人计算机的微缩版。传统的移动终端主要是为语音通信设计的，基本不具备智能性，操作相对复杂。在移动互联网时代，移动终端有明显的变化，主要表现在：

(1) 智能化程度加大。

所谓智能终端指的是在传统终端上安装独立的操作系统，允许用户自行安装第三方服务商提供的程序，通过应用不断对手机的功能进行扩充，并可以通过有线或者无线网络实现互联网接入的一类终端。

(2) 终端形态出现多样化。

继手机终端实现智能化后，智能化的浪潮逐渐席卷了包括电视、固定电话在内的各种类型的终端。尤其是云技术出现后，很多应用的内容和计算都放在了云端，终端更多地以操作界面的姿态出现，因此未来的终端将出现“内容”一致，“外形”不同的特性。

(3) 人机交互趋于简单化和人性化。

触控屏的发展将手机的操作从硬键盘中解放出来，从而将用户已经熟悉的鼠标操作方式拓展到手机上。交互方式的简化使得上层应用的开发摆脱交互界面的限制，可以开发出更多需要进行人机交互的程序。在触控的基础上，未来智能终端还将提供更多样的人机交互方式，呈现出触控、声控、体控的共存与融合。尤其在终端形态丰富化后，统一同一个应用在不同终端上的操作方式，声控、体控的交互模式是必不可少的环节(毕竟在电视上面进行触控操作不是很符合用户习惯)。

(4) 处理性能不断提升。

从单核，到双核，再到四核，智能终端的处理性能近几年得到了很大提升，这和终端上可装载的应用越来越多密不可分。并且，现在智能终端的功能已经从当初的娱乐逐渐向集娱乐、办公为一体的方向发展，因此也对终端的处理性能提出了更高的要求。

(5) 向模块化发展。

由于终端所承载的移动数据功能越来越多，为减轻终端开发的负担，节省成本，同时支持应用业务的发展，终端设备已经出现了硬件及软件架构向通用化发展的动向，大量采用嵌入式操作系统与中间件软件，而且关键零部件也呈现出标准化的发展趋势。产业链中的芯片、模块、设计方案都可自成一体，使得新功能、新应用可以快速方便地实现。

3.1.3 移动终端特点

(1) 在硬件体系上，移动终端具备中央处理器、存储器、输入部件和输出部件，也就是说，移动终端往往是具备通信功能的微型计算机设备。另外，移动终端可以具有多种输入方式，诸如键盘、鼠标、触摸屏、送话器和摄像头等，并可以根据需要进行调整输入。同时，移动终端往往具有多种输出方式，如受话器、显示屏等，也可以根据需要进行调整。

(2) 在软件体系上，移动终端必须具备操作系统。同时，这些操作系统越来越开放，基于这些开放的操作系统平台开发的个性化应用软件层出不穷，如通信簿、日程表、记事本、计算器以及各类游戏等，在极大的程度上满足了个性化用户的需求。

(3) 在通信能力上，移动终端具有灵活的接入方式和高带宽通信性能，并且能根据所选择的业务和所处的环境，自动调整所选的通信方式，从而方便用户使用，也能适应多种制式网络，不仅支持语音业务，更支持多种无线数据业务。

(4) 在功能使用上，移动终端更加注重人性化、个性化和多功能化。随着计算机技术的发展，移动终端从"以设备为中心"的模式进入"以人为中心"的模式，集成了嵌入式计算、控制技术、人工智能技术以及生物认证技术等，充分体现了以人为本的宗旨。由于软件技术的发展，移动终端可以根据个人需求调整设置，变得更加个性化。同时，移动终端本身集成了众多软件和硬件，功能也越来越强大。

3.2 终端硬件

移动互联网终端技术中涉及的硬件部分如图 3-2 所示。

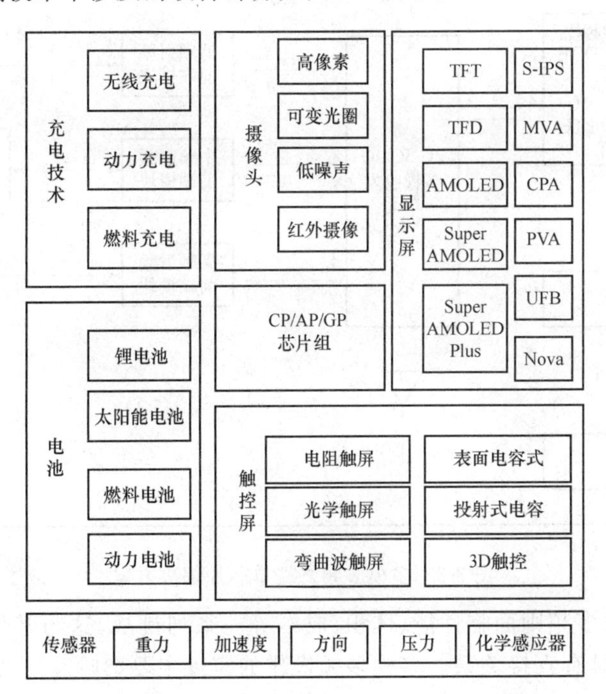

图 3-2　移动互联网终端技术中涉及的硬件部分

3.2.1 芯片

终端的核心是芯片。在终端芯片方面,其性能、制程快速提升,四核芯片标志着其计算能力迈上了新台阶,但市场普及尚需时日。在市场格局方面,高通依赖强大的应用处理器设计及与基带高集成方案稳居第一,垄断近半市场,三星、MTK分别位居第二、第三。

未来的芯片将支持HSPA+、LTE、EV-DO等多种通信协议,以满足多制式的需要。应用处理器部分将向多核及15 GHz以上更高处理频率、集成专业图形处理芯片及支持更多硬件架构和标准化接口的方向演进。从移动芯片组来看则是向多芯片组发展。总体来说,高度集成化、高速率、支持多种操作系统、多制式以及低功耗将是芯片未来的发展方向。

4G技术的产业化和商用化已取得成功,在国际环境中3G/LTE等多制式的通信网络将呈现长期共存的发展态势。针对未来全球漫游的需求,考虑到全球各国家和地区通信制式的多样化以及TDD/FDD融合组网的发展态势,可支持GSM、GPRS、EDGE、TD-SCDMA、WCDMA、CDMA2000、TD-LTE和LTE-FDD,以及多模多频将成为核心芯片及终端发展的必然趋势。

集成化与低成本化是多模多频芯片的发展方向。多模多频终端层面最关键的是芯片商的解决方案。多模多频终端单芯片解决方案如图3-3所示。移动终端尤其是手机必须在通话、功耗、体积、应用、市场等多方面不断完善且成本不断降低,达到市场规模化发展的临界点后才能实现高速增长。对于多模多频手机来讲,下游产业链的需求和厂商的激烈竞争,将大大加快上游芯片商对于LTE多模多频芯片的研发进程,推进芯片的解决方案不断成熟,价格不断降低。

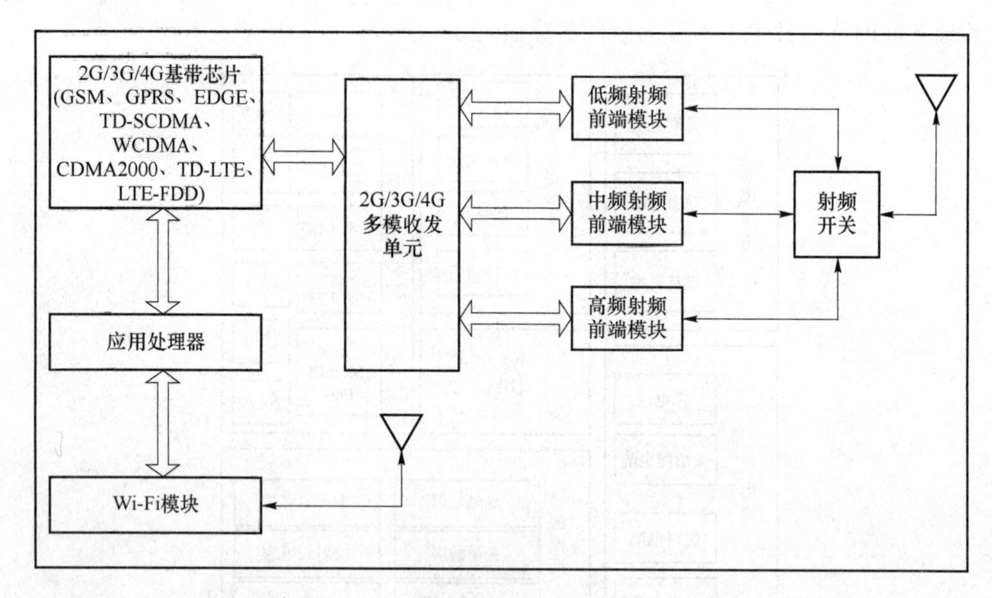

图3-3 多模多频终端单芯片解决方案

若终端支持多模多频则面临性能、体积、成本等一系列挑战,这与基带芯片、射频芯片、射频前端、天线设计均具有直接关系。多模多频操作的实现主要影响基带芯片,同时模式和频段的增加对射频芯片和功放也会产生影响。

3.2.2 屏幕

从屏幕技术发展来看，可以分为显示屏技术和触屏技术两方面。而对屏幕的评价，则可以从屏幕颜色、屏幕材质和屏幕尺寸 3 个方面进行。从显示屏技术上来看，可以从背光源演进、驱动方式演进和显示分类演进 3 个角度来分析。背光源从冷阴极荧光灯管(CCFL)演进到 LED 方式，这实现了节省电量、延长寿命，快速反应等技术性能；驱动方式从无源驱动向有源驱动方式演进，这样可以实现像素独立控制，并提高反应速度以及控制灰度的精确度；从显示分类上来说，IPS(In-Plane Switching，平面内转换)屏向 S-IPS(Super In-Plane Switching，超平面内转换)屏和 PLS(Plane-to-Line Switching，平面到线转换)屏演进，使得屏幕具有了更大的视角、更高的亮度以及更薄的厚度，而 VA(Vertical Alignment，垂直配向)屏则向 MVA(Muti-Domain VA，多象限垂直配向)屏、PVA(Patterned VA，模式化直配向)屏演进。

触屏的工作原理是当手指触摸在金属层上时，由于人体电场、用户和触摸屏表面形成了一个耦合电容，对于高频电流来说电容是直接导体，于是手指从接触点吸走一个很小的电流，通过检测电路检测这个很小的电流变化就可感触到手指的位置。以下将对不同的触摸屏技术进行简要介绍。

1. 电阻式触摸屏

电阻式触摸屏是一种传感器，它将矩形区域中的触摸点(X,Y)的物理位置转换为代表 X 坐标和 Y 坐标的电压。很多 LCD 模块都采用了电阻式触摸屏，这种屏幕可以用四线、五线、七线或八线来产生屏幕偏置电压，同时读回触摸点的电压。纯平电阻式结构如图 3-4 所示。

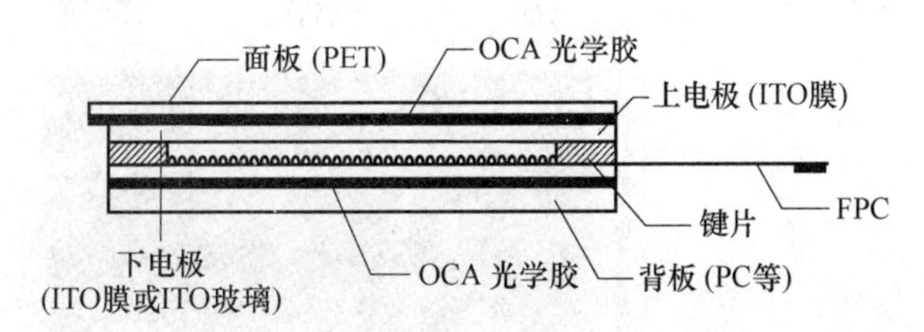

图 3-4　纯平电阻式结构

电阻触摸屏的工作原理主要是通过压力感应原理来实现对屏幕内容的操作和控制的。这种触摸屏屏体部分是一块与显示器表面非常配合的多层复合薄膜，其中，第一层为玻璃或有机玻璃底层；第二层为隔层；第三层为多元树脂表层。这种触摸屏的表面还涂有一层透明的导电层，上面再盖有一层外表面经硬化处理、光滑防刮的塑料层。多元树脂表层表面的传导层及玻璃层感应器被许多微小的隔层所分隔。轻触表层往下压时，当其接触到底层，控制器同时从 4 个角读出相称的电流并计算出手指位置的距离。这种触摸屏利用两层高透明的导电层组成触摸屏，两层之间的距离仅为 2.5 μm。当手指触摸屏幕时，平常相互绝缘的两层导电层就在触摸点位置有了一个接触，因其中一面导电层接通了 Y 轴方向的 5 V 均匀电压场，使得侦测层的电压由零变为非零，而控制器侦测到导电层接通后，进行 A/D 转换，并将得到的电压值与 5 V 相比，即可得触摸点的 Y 轴坐标，同理可得出 X 轴的坐标，这就是所有电阻技术触摸屏共同的最基本原理。

2. 表面电容式触摸屏

表面电容屏采用单层的 ITO(Indium Tin Oxides，铟锡金属氧化物)，当手指触摸屏表面时，就会有一定量的电荷转移到人体。为了恢复这些电荷损失，电荷会从屏幕的四角补充进来，各方向补充的电荷量和触摸点的距离成比例，由此可以推算出触摸点的位置。原理如图 3-5 所示。

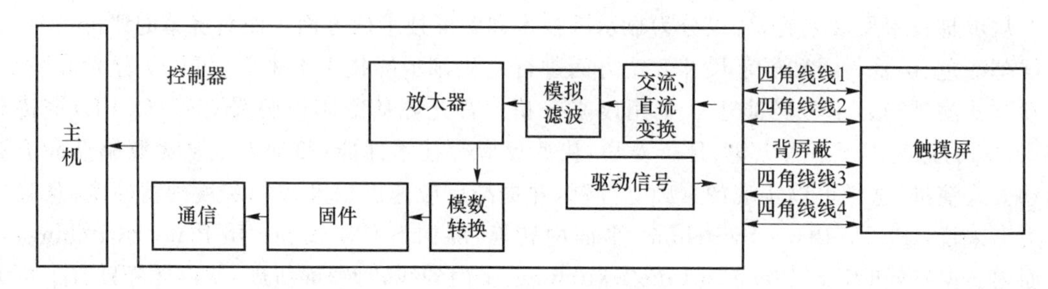

图 3-5　表面电容式触摸屏原理图

ITO 层通过显示器的前面板向外送出电场，而当手指接近时电荷图案会受到扰动。通过测量从 ITO 膜的四角收集到的或送出的电荷的改变就能检测到手指的位置，然后再使用算法将信号处理成 *X-Y* 坐标。

3. 投射式电容触摸屏

触摸屏采用多层 ITO 层，形成矩阵式分布，以 *X* 轴、*Y* 轴交叉分布作为电容矩阵，当手指触屏屏幕时，可通过两轴的扫描，检测到触碰位置电容的变化，进而计算出手指所在位置。基于此种架构，投射电容可以做到多点触控操作。投射式电容触摸屏多 ITO 层示意图如图 3-6 所示。

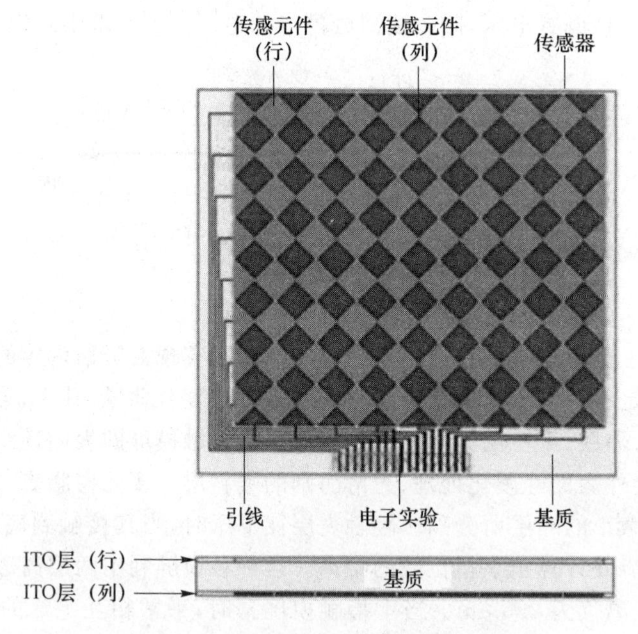

图 3-6　投射式电容触摸屏多 ITO 层示意图

4. 曲面屏幕

曲面屏幕是一种采用柔性塑料的显示屏，目前主要通过有机发光二极管(OLED)面板来实现。相比直面屏幕，曲面屏幕的弹性更好，不易破碎。OLED 具有可自发光，结构简单，质量轻，厚度薄，响应速度快，视角宽，功耗低及可实现柔性显示等特性，被誉为“梦幻显示器”。OLED 显示技术与传统的 LCD 显示方式不同，无须背光灯，采用非常薄的有机材料涂层和玻璃基板，当有电流通过时，这些有机材料就会发光。而且 OLED 显示屏幕可以做得更轻更薄、可视角度更大，并且能够显著节省电能。

OLED 的特性是可以自己发光，不像 TFT-LCD 需要背光，因此可视度和亮度均高。而且，OLED 对电压的需求低且省电效率高，加上反应快，质量轻，厚度薄，构造简单，成本低等优点，被视为 21 世纪最具前途的产品之一。OLED 采用一种薄而透明且具半导体特性的铟锡氧化物，与电力的正极相连，再加上另一个金属阴极，包成如三明治的结构。整个结构层中包括空穴传输层(HTL)、发光层(EL)与电子传输层(ETL)。当电力供应至适当电压时，正极空穴与阴极电荷就会在发光层中结合，产生光亮，依其配方的不同分别产生红、绿和蓝三原色，构成基本色彩。

5. 柔性显示屏

柔性显示器是一种由柔软的材料制成，可变型、可弯曲的显示装置。其像纸一样薄，即使切掉电源，内容也不会消失，也被叫作“电子纸”。柔性显示屏使用了 PHOLED(磷光性 OLED)技术，具有功耗低，体积小的特性。柔性显示屏如图 3-7 所示。

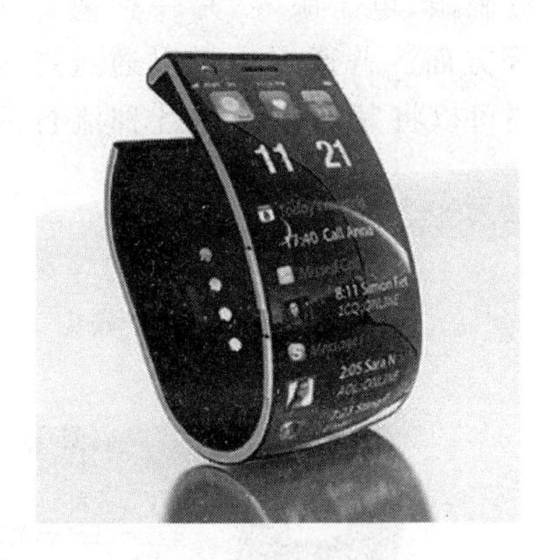

图 3-7　柔性显示屏

柔性显示器有着极为轻薄、可变形的特征，屏体平均质量仅为 20 kg/m²，比传统屏轻了 40 kg/m²。完整的柔性显示屏的厚度仅约为 0.01 mm(10 μm)，几乎是头发丝的五分之一。由于其超薄的厚度，柔性显示屏的弯折半径可以小到 1 mm，甚至比笔芯更小，而且，在弯折 5 万～10 万次后依然可以实现高质量的显示效果。柔性显示屏的显示方式多样，主要采用的是在塑料胶片等上形成有机 EL 或 OLED 层的方式。显示领域已经达成广泛的共识，有机电致发光显示技术由于与液晶和电泳技术相比拥有不可替代的优势，将广泛应用于下一代柔性显示技术，包括新型的智能手机、基于物联网的可穿戴电子设备以及智能家居等。

柔性显示技术将革命性地改变消费电子产品的现有形态，让大量的潜在应用成为可能，且对未来的人机交互方式带来深远的影响。此外，柔性显示的新型工艺技术(如印刷或辊对辊等制备工艺)将有助于未来显示产品低成本的量产制造。

3.2.3　传感器及摄像头

1. 传感器

国家标准 GB 7665-87 对传感器下的定义是“能感受规定的被测量件并按照一定的规律

(数学函数法则)转换成可用信号的器件或装置,通常由敏感元件和转换元件组成”。中国物联网校企联盟认为,传感器的存在和发展让物体有了触觉、味觉和嗅觉等感官,让物体慢慢变得活了起来。

传感器是实现移动互联网终端物联网化的关键因素之一,也是向用户提供更多功能的基础。例如,加速度感应器具备更高的精度,可提供更加准确的信息,而陀螺仪则支持 3DUI(三维用户界面)、旋转 UI 等操作。除了光线感应器、距离感应器和重力感应器等传统主流感应器外,更多的感应器,如化学感应器、气压感应器,将逐步出现在移动终端上,从而推动终端向全面感知的方向演进。传感器能将感受到的信息,按一定规律变换成为电信号或其他所需形式的信息,以满足信息的传输、处理、存储、显示、记录和控制等要求。

传感器的特点包括微型化、数字化、智能化、多功能化、系统化、网络化。它是实现自动检测和自动控制的首要环节。根据其基本感知功能分类,可分为热敏元件、光敏元件、气敏元件、力敏元件、磁敏元件、湿敏元件、声敏元件、放射线敏感元件、色敏元件和味敏元件等十大类。

2. 摄像头

摄像头又称为电脑相机、电脑眼、电子眼等,是一种视频输入设备,被广泛地运用于视频会议、远程医疗及实时监控等方面。普通人也可以通过摄像头在网络进行有影像、有声音的交谈和沟通。另外,人们还可以将其用于当前各种流行的数码影像、影音处理。摄像头组件如图 3-8 所示。

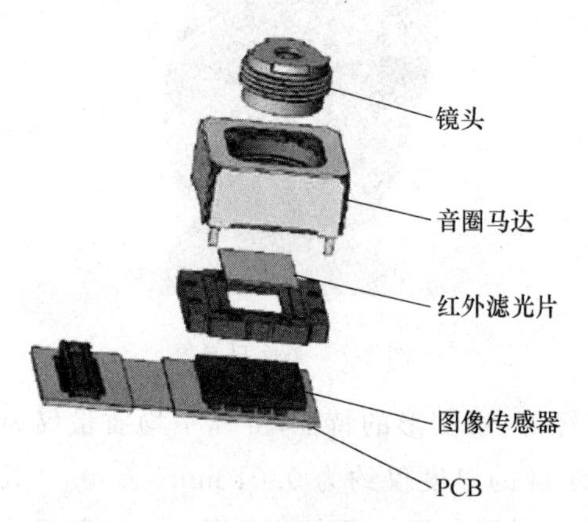

图 3-8　摄像头组件

摄像头可分为数字摄像头和模拟摄像头两大类。数字摄像头可以将视频采集设备产生的模拟视频信号转换成数字信号,进而将其储存在计算机里。模拟摄像头捕捉到的视频信号必须经过特定的视频捕捉卡将模拟信号转换成数字模式,并加以压缩后才可以转换到计算机上运用。摄像头工作原理流程如图 3-9 所示。

图 3-9　摄像头工作原理流程

镜头。一般摄像机(Camera)的镜头由几片透镜组成,分别有塑胶透镜(Plastic)和玻璃透镜(Glass)。通常摄像机用的镜头结构有:1P、2P、1G1P、1G3P、2G2P 等。透镜越多,成本越高。玻璃透镜比塑胶透镜贵,但是玻璃透镜的成像效果比塑胶透镜的成像效果要好。目前市场上针对手机配置的摄像机以 1G3P(1 片玻璃透镜和 3 片塑胶透镜组成)为主,这样做的目的是降低成本。

图像传感器(Sensor)。图像传感器是数码相机的核心,也是最关键的技术。其本质是一个半导体芯片,在其表面包含有几十万到几百万的光电二极管。光电二极管受到光照射时,就会产生电荷。目前的图像传感器的类型有两种:电荷耦合器件(Charge Couple Device,CCD)、互补金属氧化物半导体(Complementary Metal Oxide Semiconductor,CMOS)。

CCD 的优势在于成像质量好,但是由于制造工艺复杂,所以导致制造成本居高不下,特别是大型 CCD,价格非常高昂。在相同分辨率下,CMOS 价格比 CCD 便宜,但是 CMOS 器件产生的图像质量相比 CCD 来说要差一些。到目前为止,市面上绝大多数的消费级别以及高端数码相机都使用 CCD 作为感应器,而 CMOS 感应器则作为低端产品应用于一些摄像头上。CMOS 图像传感器的优点之一是电源消耗量比 CCD 低。CCD 为提供优异的影像品质,付出的代价即是较高的电源消耗量。为使电荷传输顺畅,噪声降低,需由高压差改善传感器的传输效果。但 CMOS 图像传感器是采用将每一个像素的电荷转换成电压,读取前再将其放大,这样仅利用 3.3 V 的电源即可驱动。所以它的电源消耗量比 CCD 低。

A/D 转换器。A/D 转换器即 ADC(Analog Digital Converter,模拟数字转换器),它的两个重要指标是转换速度和量化精度。由于摄像机系统(Camera System)中高分辨率图像的像素量庞大,因此其对速度转换器的要求很高。同时量化精度对应的是 ADC 将每一个像素的亮度和色彩值量化为若干的等级,这个等级就是摄像机的色彩深度。由于 CMOS 已经具备数字化传输接口,所以不需要 A/D。

数字信号处理芯片(Digital Signal Processing,DSP)。它主要是通过一系列复杂的数学算法运算,对数字图像信号参数进行优化处理,并把处理后的信号通过 USB 等接口传到 PC 等设备上。处理芯片主要包括图像信号处理器(Image Signal Processor,ISP)、图像解码器(JPEG Encoder)、USB 设备控制器(USB Device Controller)。

3.2.4　电池技术

移动终端是由多种硬件组件(处理器、储存器和 I/O 部件)构成的异构环境,这些硬件组件为各类软件提供了高性能的硬件支撑平台。软件驱动硬件完成任务的计算、数据的存储和信息的通信,导致了电池的电量消耗和系统能耗增加。因此,软件是智能移动终端能耗产生的间接原因,而硬件则是智能移动终端能耗产生的直接原因。硬件可以分为两类:功耗不可管理组件和功耗可管理组件(Power Manageable Component,PMC)。功耗不可管理组件的功耗和性能在系统设计与执行过程中都是不变的,而 PMC 是功耗状态可以控制和管理的器件,其在软件执行过程中存在多种工作状态。在不同状态下硬件组件的性能不同,功率也不同。一般情况下,硬件组件在高功耗状态时具有比低功耗状态时更高的性能。PMC 为软件提供了调节硬件工作状态的接口,为软件层的节能提供了支持。

软件层降低终端能耗的途径主要依赖于动态电源管理(Dynamic Power Management,DPM)与动态电压调节(Dynamic Voltage Scaling,DVS)两种技术。

1. DPM

DPM 技术是在不降低终端服务质量的前提下,利用系统空闲时间自适应调节硬件组件性能,进而降低系统能耗的动态电源管理技术。其技术原理如图 3-10 所示。

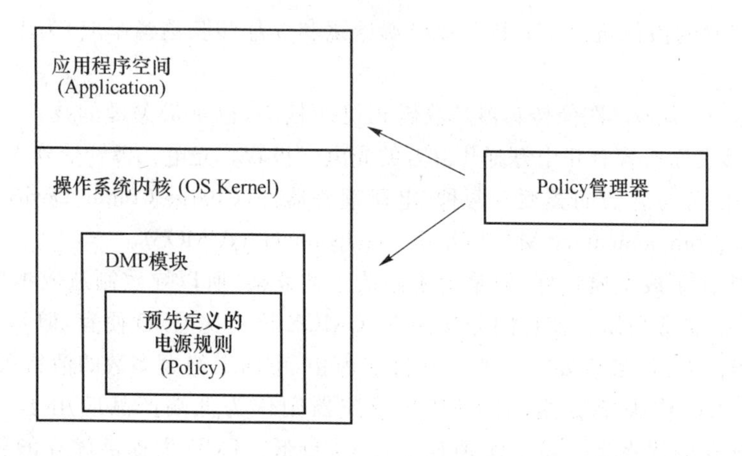

图 3-10　动态电源管理技术原理

DPM 技术是一种对系统进行动态电源管理与硬件组件功耗状态动态配置的低功耗技术。智能终端系统包含多种电源可管理组件，当系统处于空闲状态，且 PMC 上无应用程序运行时，DPM 技术通过关闭硬件模块的电源或切换硬件模块至较低的功耗状态，并动态配置 PMC 的工作状态，从而减少系统空闲时的电量浪费。例如，用户长时间不使用 GPS 和无线网络时，可以将 GPS、Wi-Fi 或 Bluetooth 等无线接口关闭以节省电量。

2. DVS

CMOS 电路的功耗是由动态功耗和静态功耗组成，而动态功耗又包含开关功耗和短路功耗。研究表明，CMOS 电路的功耗随着供电电压和工作频率的升高而增加。目前不少芯片都支持多电压/频率调节技术。DVS 技术通过调节 CMOS 电路的工作电压可有效降低系统能耗。此外，DVS 也能应用到 I/O 设备上。例如，对显示屏，可以利用 DVS 调节 OLED 电压，降低显示屏亮度，从而实现节能降耗的目的。

3.2.5　手机蓝牙与 iBeacon

2010 年 7 月，蓝牙技术联盟(Bluetooth SIG)正式采纳蓝牙 4.0 核心规范。它是蓝牙 3.0+HS 技术规范的补充，可以完全向下兼容，并将经典蓝牙技术规范、低功耗蓝牙技术规范和高速蓝牙技术规范(最高可达 24 Mbit/s 传输速度)融合在了一起。这 3 种技术规范可单独使用，也可同时运行。蓝牙技术应用场景如图 3-11 所示。

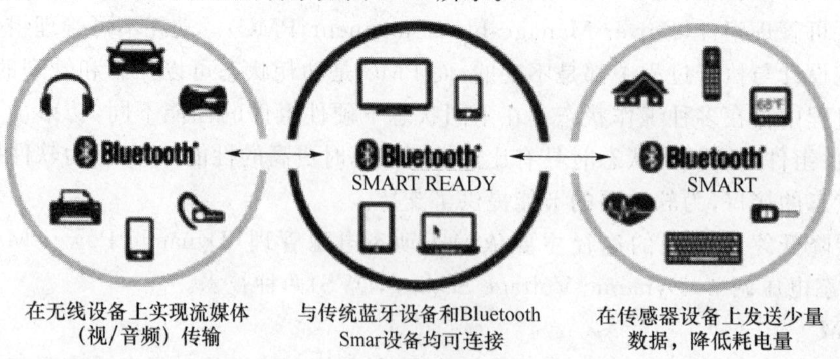

图 3-11　蓝牙技术应用场景

1. Bluetooth Smart

Bluetooth Smart 技术是蓝牙无线技术的智能、节能版本，它具有高能效的特性，可为长期使用小电池供电的可穿戴设备提供更长的使用时间；同时，Bluetooth Smart 的神奇之处在于能够与消费者现有的智能手机或平板电脑上的应用软件进行通信。

三大主流操作系统厂商纷纷在自己的产品上搭载蓝牙技术。这种趋势预示着，Bluetooth Smart 将可穿戴产品从小众、新颖转变为有用、主流的市场需求。众多便携式可穿戴产品不仅能与智能手机或平板电脑进行通信，而且还能互相通信、与互联网进行通信。各大厂商也竭尽所能地为消费者提供各种电子产品使用的便利性。

2. Bluetooth 4.2

2015 年，蓝牙技术联盟宣布正式推出蓝牙核心规格 4.2 版本。4.2 版本的主要更新内容包括隐私权限保护的改写与速度的提升以及 IP 链接的支持。4.2 版将为整个业界带来新商机，也将为消费者营造更美好的用户体验。

蓝牙 4.2 版本导入了业界领先的隐私权限设置，在降低能耗的同时，新的蓝牙规格提供政府级的信息安全保障。新增的隐私权限功能让控制权重回消费者手中，窃听者将难以通过蓝牙联机追踪设备。举例来说，当你在装有蓝牙信号发射器(Beacon)的零售商店购物时，若你未授权发射器连接你的设备，你就不可能被追踪。同时，蓝牙 4.2 版本能提升 Bluetooth Smart 设备间数据传输的速度与可靠性。由于 Bluetooth Smart 封包容量增加，设备之间的数据传输速度可较蓝牙 4.1 版本提升 2.5 倍，而且数据传输速度与封包容量增加，能够降低传输错误发生的概率并减少电池能耗，进而提升联网效率。

3. iBeacon

2013 年 6 月，苹果公司在其新品发布会上低调地披露了基于蓝牙 4.0 的无线通信技术 iBeacon，这项技术较完美地利用了蓝牙 4.0 中的低功耗技术(Bluetooth Low Energy，BLE)，实现了一定程度上的更低功耗、更高速率、更远距离的位置定位及信息传输功能。

iBeacon 是一项基于蓝牙 4.0 BLE 版协议所开发的技术。iBeacon 只是低功耗蓝牙技术的一种应用场景，并不只限于 iOS 设备使用。通过使用低功耗蓝牙技术，除了在手机之间可使用 iBeacon 进行连接之外，iBeacon 基站还可以创建一个信号区域，当设备进入该区域时，相应的应用程序(需要先安装一个配套的 APP)便会提示用户是否需要接入这个信号网络。通过能够放置在任何物体中的小型无线传感器和低功耗蓝牙技术，用户便可使用 iPhone 来传输数据。

3.2.6　智能硬件

智能硬件基本可以理解为传统硬件的互联网化，使得传统硬件受网络的控制和管理，从而使功能增多并随之具备一定的智能。智能硬件一个很明显的特征是需要联网，即通过蓝牙、Wi-Fi、4G 与互联网连接起来。连接是设备智能的基础。受限于智能硬件的计算和存储能力，其数据的计算和存储是分离的，需要依赖手机、路由器或者云。智能硬件的显示交互则需要借助手机、平板、PC、Google Glass，因为大量的智能设备根本没有屏幕。“智能硬件＋智能手机 APP＋云服务”创造出一系列全新的商业模式。这种系统的核心部件是智能硬件，从某种意义上说是嵌入式系统的升级换代。

典型的智能硬件领域有可穿戴、智能电视、智能家电、智能家居、车联网、健康医疗、酷玩设备、物联网行业应用、机器人、无人机等，部分领域有重叠，譬如电视和家居、可穿戴和健康医疗。智能硬件领域与厂家品牌对照表如表 3-1 所示。

表 3-1 智能硬件领域与厂家品牌对照表

智能硬件领域	Google	苹果	百度	阿里	三星	小米	腾讯
智能电视	Android TV、Chromecast	Apple TV	影棒、爱奇艺、TV+、百度 Inside	天猫魔盒、Smart TV 联盟、创维酷开	三星电视	小米电视、小米盒子	
智能家居	Nest、Dropcam	苹果路由器、HomeKit	小度 i 耳目、海眸科技、百度 Inside	海尔、阿里云接入美的	Smart Home 平台、自有智能家电	小米路由器、样板间探索	
智能汽车	Android Auto	Carplay	CarNet、百度 Inside				路宝 OBD 盒子
可穿戴设备	Android Wear	HealthKit、iWatch	Dulife、百度 Inside		Simband 和 SAMI 平台		
健康医疗	Google Fit	HealthKit	Dulife、百度 Inside		Simband 和 SAMI 平台		
玩法差异	更重视软件、更重视云、更重视互联互通				自行研发硬件、自行研发独立 APP		

智能手环。智能手环是一种穿戴式智能设备。通过这款手环，用户可以记录日常生活中的锻炼、睡眠等实时数据，通过部分手环还能记录饮食等实时数据，并可以将这些数据与手机、平板、iPod Touch 同步，起到通过数据指导健康生活的作用。智能手环作为目前备受用户关注的科技产品，其拥有的强大功能正悄无声息地渗透和改变着人们的生活。

谷歌眼镜。Google 眼镜是一款配有光学头戴式显示器(OHMD)的可穿戴式计算机。Google 眼镜以免手持、与智能手机类似的方式显示各种信息。穿戴者可通过自然语言的语音指令与互联网服务联系沟通。Google 眼镜的侧面配有一块触摸板(位于太阳穴和耳朵之间)，用户可以通过滑动它来控制时间线形式的用户界面。Google 眼镜内置的相机可以拍摄照片或录制 720p 的高清视频。当录制视频时，屏幕保持常亮。谷歌眼镜可以根据位置来提供相应的交通信息以及地图服务。另外，它还可以使用增强的 GPS(GPS+无线网络)来确定室内位置，从而浏览室内地图。

智能电视。包括智能电视整机、盒子在内的这类产品已经爆发，竞争十分激烈。智能电视不只是将节目内容变革，更是创造了一个客厅生态和家庭应用。这些应用可以是信息消费、生活服务、家庭社交、娱乐游戏和儿重教育，等等。键盘鼠标和触摸屏都消失了，内容从换台发展到搜索、点选。人们的需求不再只是看节目，而是消费内容。

智能家居。智能电视实际上也可算作智能家居的一部分，不过这里指的是除此之外的，如智能家电、安防、灯光等。智能电风扇、智能门锁、Wi-Fi 插座、智能电灯和智能空调，它们有不少共同点：大都没有屏幕，利用手机控制，支持远程交互。下一代真正智能的家居则是可以感知环境和用户，可以自动调整，可以真正智能起来。

智能汽车。最前沿的当属 Google 的无人驾驶汽车，它的用户在云端，通过基于大数据的自动调度系统与汽车交互。目前比较普及的则是基于汽车的应用，包括车载通信、娱乐、导航、车内环境控制、胎压监测、后向服务、空气监测等。这些应用大都有一个共同点：支持语音。因为这可以解放双手，便于驾驶员使用。不过它们却对语音交互提出几个要求：抗噪、可靠、简单。汽车的环境特征、驾驶中的交互时间和容错要求，与其他环境差别很大。

智能医疗。智能医疗是通过打造健康档案区域医疗信息平台，利用最先进的物联网技术，可实现患者与医务人员、医疗机构、医疗设备之间的互动，逐步达到医疗信息化。随着医疗卫生社区化、保健化的发展趋势日益明显，通过射频仪器等相关终端设备在家庭中进行体征信息的实时跟踪与监控，可以实现医院对患者或者是亚健康病人的实时诊断与健康提醒，从而有效地减少和控制病患的发生与发展。此外，物联网技术在药品管理和用药环节的过程中也将发挥巨大作用。

3.3 终端软件

移动互联网终端的软件方面是以智能终端操作系统为支撑，并结合其他中间件，来实现本地应用和Web应用的，其中，本地应用以“iOS＋APP”为主，Web应用以“HTML 5.0＋APP”为主。终端软件具有以下特点：

- 无形的，没有物理形态，只能通过运行状况来了解功能、特性、和质量；
- 渗透了大量的脑力劳动，人的逻辑思维、智能活动和技术水平是软件产品的关键；
- 不会像硬件一样老化磨损，但存在缺陷维护和技术更新；
- 开发和运行必须依赖于特定的系统环境，对于硬件有依赖性，为了减少依赖，开发中提出了软件的可移植性；
- 具有可复用性，软件开发出来很容易被复制，从而形成多个副本。

3.3.1 操作系统

1. iOS操作系统

iOS是由苹果公司开发的移动操作系统。苹果公司最早于2007年1月9日的Macworld大会上公布了这个系统，最初是设计给iPhone使用的，后来陆续套用到iPod Touch、iPad以及Apple TV等产品上。iOS与苹果的Mac OS X操作系统一样，属于类Unix的商业操作系统。原本这个系统名为iPhone OS，因为iPad、iPhone、iPod Touch都使用iPhone OS，所以在2010年的WWDC大会上宣布改名为iOS(iOS为美国Cisco公司网络设备操作系统注册商标，苹果改名已获得Cisco公司授权)。iOS操作系统体系结构分为4层，从高到低分别是触摸框架层(Cocoa Touch Layer)、媒体层(Media Layer)、核心服务层(Core Services Layer)、核心操作系统层(CoreOS Layer)，如图3-12所示。

(1) 触摸框架层。该层是创建iOS应用程序所需的关键框架。应用程序的可视界面以及与高级系统服务的交互功能都是构建在该层提供的接口之上，这其中最基本的就是各个界面控件。一般的开发者开发应用程序使用的接口都是该层接口。在开发应用程序的时候，为了减少程序开发的工作，同时也是出于效率考虑，Apple公司推荐尽量使用该层提供的技术支持。

(2) 媒体层。该层包含图形技术、音频技术和视频技术，这些技术相互结合就可为移动设备带来最好的多媒体体验。该层提供的接口让开发者开发基于图形、图像、音频或者视频的应用程序变得更加容易，因为它提供了统一的视图供开发者直接使用。开发者既可以使用高级框架更快速地创建高级的图形和动画，也可以通过底层框架访问必要的工具。

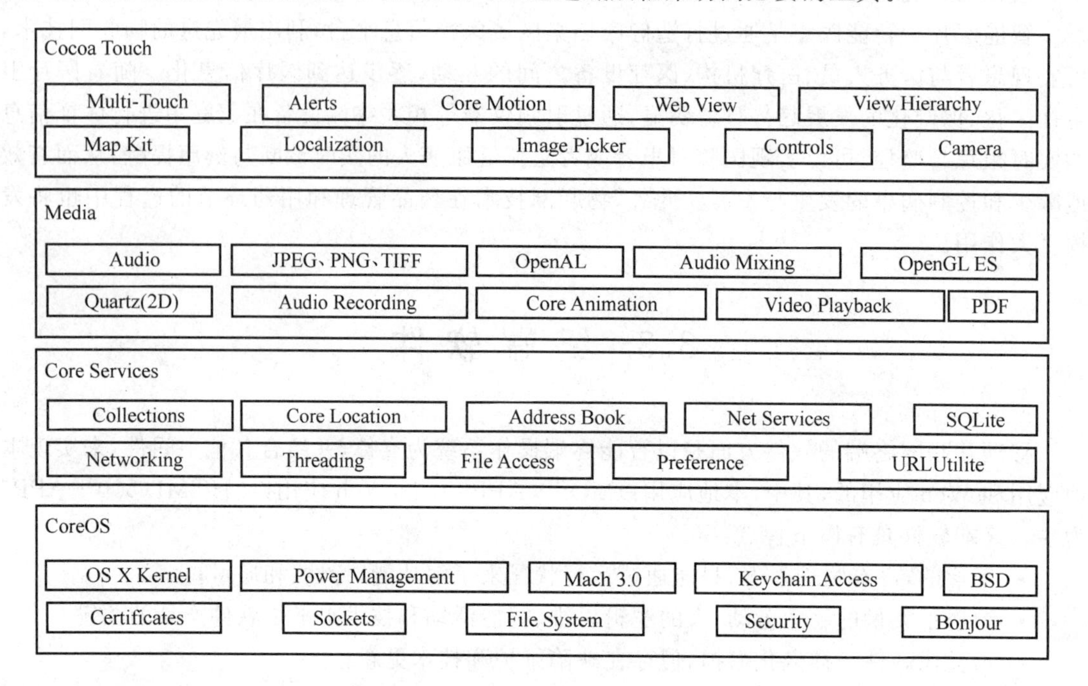

图 3-12　iOS 操作系统的体系结构

(3) 核心服务层。该层是 iOS 上层框架和系统构建的基础，它提供所有应用程序使用的基础系统服务，这些服务很多应用程序都不可以直接访问。iOS 系统的许多部分也是构建在这一层的服务之上。

(4) 核心操作系统层。该层位于 iOS 层次结构的最底层，是最为核心的系统，包括了多种硬件管理、安全管理等内容，是很多其他技术的构建基础。通常情况下，这些功能不会直接应用于应用程序，而是应用于其他框架。但是，在直接处理安全事务或和某个外设通信的时候，则必须应用到该层的框架。

2. Android 操作系统

Android 是谷歌发布的一款基于 Linux 系统的移动终端操作系统。与 iOS 的封闭性相反，Android 秉承了谷歌自由、开放的风格，鼓励用户及软件开发商自由地裁剪系统和开发应用。这一点让各个智能终端厂商能够按照自己的需求对 Android 进行二次开发，也能够让用户选择或者开发出最适合的操作系统及应用。

由于是开源、开放的系统，Android 在应用市场上没有采用准入制度，其在安全性上有所缺失，无法控制应用可能带来的入侵。虽然安全性软件能够提供一些保障，但 Android 还是可能随时面临病毒的威胁，将成为杀毒软件和病毒的主要战场。Android 操作系统的体系结构分为 4 层，从高到低分别是应用程序层(Applications Layer)、应用程序框架层(Application Framework Layer)、函数库和运行时层(Libraries & Android Runtime Layer)、Linux 内核层(Linux Kernel Layer)，如图 3-13 所示。

(1) 应用程序层。该层包含了一系列核心应用程序，如主屏幕、电子邮件、短信服务、日历、浏览器、联系人管理、地图等。这些应用程序采用 Java 语言编写，运行于 Google 自己研发的 Dalvik 虚拟机上，并且都可以被他人开发的其他应用程序所替换，使得系统更加灵活和个性化。

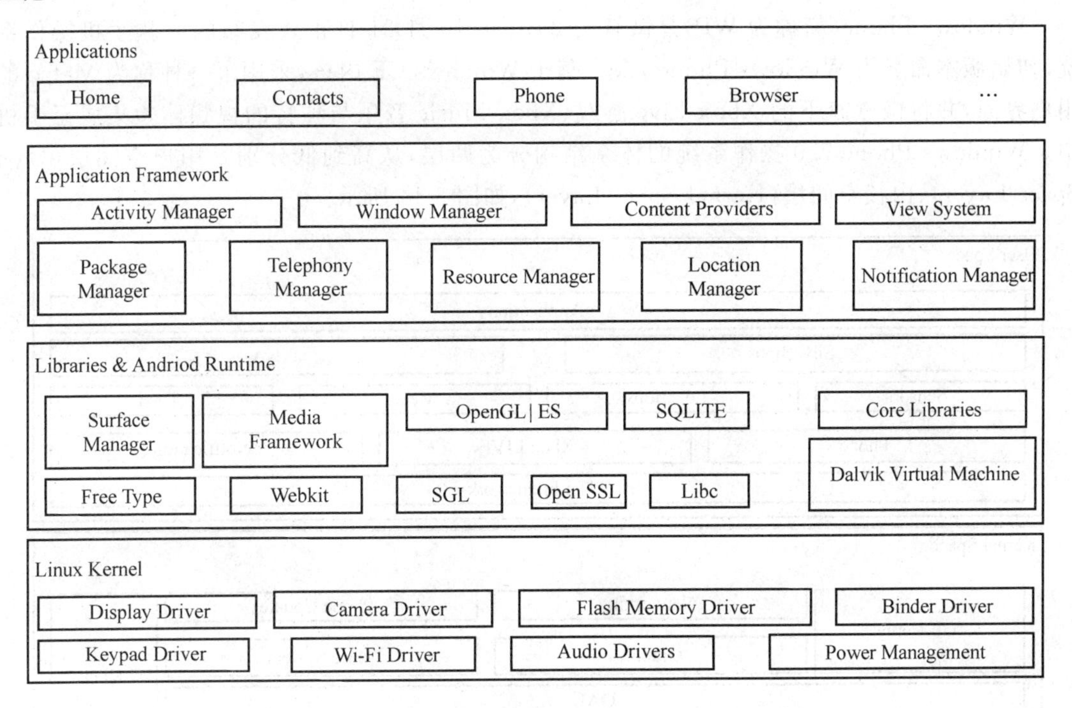

图 3-13　Android 操作系统的体系结构

(2) 应用程序框架层。该层是进行 Android 开发的基础，提供了应用程序开发的各种 API，很多核心应用程序也是通过这一层来实现其核心功能的。该层简化了组件的重用机制，开发人员可以直接使用其提供的组件来进行快速的应用程序开发，也可以通过继承实现个性化的拓展。每个应用程序都可以发布自身的功能块，而其他应用程序在遵循框架的安全性限制的前提下，可以使用 Android 已发布的功能块。由于这样的重用机制，用户可以对 Android 系统本身提供的各种应用程序组件进行替换。

(3) 函数库和运行时层。该层提供函数库和运行环境，分为两个部分。①函数库(Libraires)。由大多数开源的函数库组成，如标准的 C 函数库 Libc、OpenSSL、SQLITE 等。其中，Webkit 负责 Android 网页浏览器的运行；OpenGL|ES 图形与多媒体函数库分别支持各种影音文件的播放及图形文件的预览；SQLITE 提供了轻量级的数据库管理系统。Libraires 是应用程序框架的支撑，这些库能被 Android 系统中的各式组件使用，通过 Android 应用程序框架为开发者提供服务。②运行时(Android Runtime)。Android 采用自有的 Android Runtime 来执行 Java 应用程序，而不是使用 J2ME 来执行。Android Runtime 由核心库和 Dalvik 虚拟机两部分组成。核心库的其中一部分是功能函数，以便开发者使用 Java 语言编写 Android 应用程序时调用；另一部分是 Android 的核心库，如 Android OS、Android Net、Android Media 等。Dalvik 虚拟机主要为 Android 应用程序提供运行环境，其作用相当于 JVM。Dalvik 虚拟机是专门为移动设备设计的基于寄存器的虚拟机，支持同时执行多个虚拟机程序，执行的是. dex 文件。这种文件可由转换工具对 Java 字节码进行转换后得到。

(4) Linux 内核层。该层基于 Linux 内核实现，它负责硬件驱动、网络管理、电源管理、系统安全内存管理等。该层在软件层和硬件层之间建立了一个抽象层，使得应用程序开发人员无须关心硬件细节。

3. Windows Phone 操作系统

Windows Phone(简称为 WP)是微软于 2010 年 10 月 21 日正式发布的一款手机操作系统,初始版本命名为 Windows Phone 7.0。基于 Windows CE 内核,采用了一种称为 Metro 的用户界面,并将微软旗下的 Xbox Live 游戏、Xbox Music 音乐与独特的视频体验集成至手机中。Windows Phone 7.0 操作系统的体系结构分为两层,从高到低分别是用户空间层(User Space Layer)、内核空间层(Kernel Space Layer),如图 3-14 所示。

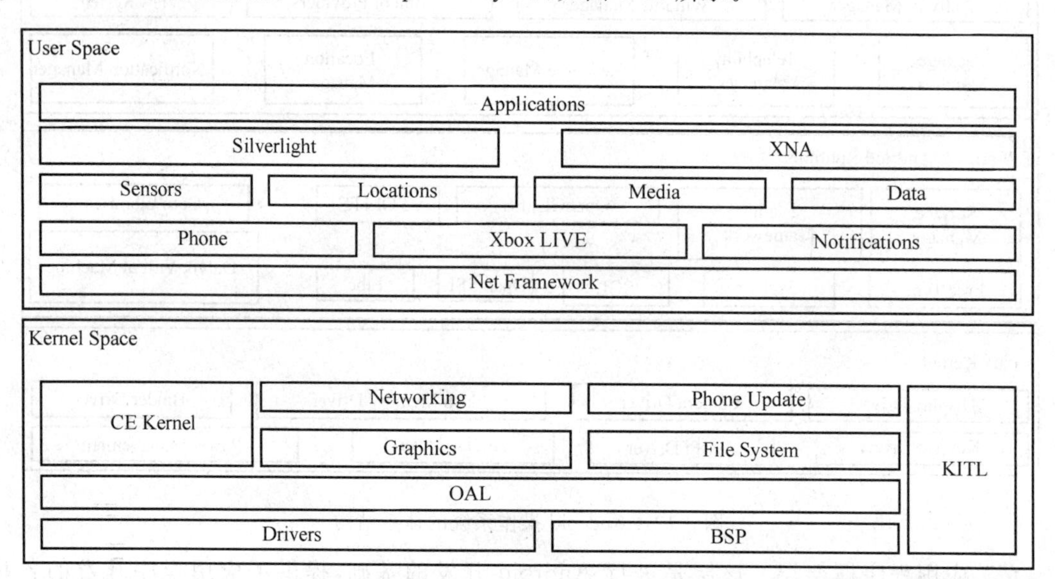

图 3-14 Windows Phone 7.0 操作系统的体系结构

(1) 用户空间层。该层为应用程序提供独立于用户界面的支持,为应用程序开发提供两个开发平台:SliverlightFramework 和 XNA Framework。Silverlight 是以 XAML 文件为基础的应用程序设计框架,用来开发基本应用、网络应用、多媒体应用和控件。XNA 则是用来开发基础的游戏设计框架,用来开发 2D 游戏、3D 游戏和游戏控件。Sliverlight 和 XNA 都是基于.NET 平台。所有.NET 平台下的应用程序都在用户空间中运行。

(2) 内核空间层。该层基于 Windows Embedded CE 6.0 内核,提供基本的系统服务,包括内存模型及管理、进程/线程的调度、主板支持包、驱动程序,原始设备制造商(OEM)适配层、其他系统调用等。WP7 通过一个统一的内核去管理,而其他子系统通过加载为动态链接库文件(DLL)的形式去实现其功能。操作系统内核、驱动和系统服务在内核空间中执行。

4. 其他操作系统

(1) webOS 系统

Palm 公司开发的 webOS 是一个嵌入式操作系统,以 Linux 内核为主体,并加上部分 Palm 公司开发的专有软件。它主要是为 Palm 智能手机而开发的。该平台于 2009 年 1 月 8 日的拉斯维加斯国际消费电子展宣布给公众,并于 2009 年 6 月 6 日发布。该平台是事实上的 Palm OS 的继任者,webOS 将在线社交网络和 Web 2.0 一体化作为重点。第一款搭载 webOS 系统的智能手机是 Palm Pre,它于 2009 年 6 月 6 日开始发售。由于 Palm 被惠普(HP)收购,webOS 被收归于 HP 旗下。2011 年 8 月 19 日凌晨,在惠普第三季度财报会议上,惠普宣布正式放弃围绕 TouchPad 平板电脑和 webOS 手机的所有运营。

（2）MeeGo系统

MeeGo是一种基于Linux的自由且开放的源代码的便携设备操作系统。它在2010年2月的全球移动通信大会上发布，主要推动者为诺基亚与英特尔。MeeGo融合了诺基亚的Maemo及英特尔的Moblin平台，并由Linux基金会主导。MeeGo主要定位在移动设备、家电数码等消费类电子产品市场，可用于智能手机、平板电脑、上网本、智能电视和车载系统等平台。2011年9月28日，在诺基亚宣布放弃开发MeeGo之后，英特尔也正式宣布将MeeGo与LiMo合并成为新的系统——Tizen。2012年7月，在诺基亚的支持下，Jolla Mobile公司成立。Jolla Mobile公司基于MeeGo研发了Sailfish OS，并将在中国发布了新一代的Jolla手机。

5. 主流操作系统的共性与差异

（1）共性

Android、iOS、WP都采用了层次化平台式架构，以操作系统为核心，上层集成必要的中间件、应用软件平台，并向第三方开放API接口。

在层次结构的操作系统中，系统由若干个层次构成，每一层都构建在其下的一层之上。最底层就是硬件裸机，最高层则是应用程序。每一层中包含了若干的数据和操作，所有的层次内的数据以及部分层次内的操作对其他层是不可见的。每一层均公布了一定的接口以供其他层调用，这些接口也是外层访问该层唯一的途径。层与层之间的调用关系严格遵守调用规则，每一层只能够访问位于其下层所提供的服务，利用它的下层提供的服务来实现本层的功能，并为在其上的层次提供服务。每一层不能够访问位于其上的层次所提供的服务。

Android、iOS、WP高层框架为底层构造提供面向对象的抽象。这些抽象可以减少需要编写的代码行数，同时还能对复杂功能进行封装，从而让编写代码变得更加容易。层次模式减少了各层之间的依赖性，方便各层的独立开发和调试。其好处是使得层与层互相分离，明确各层的分工，保证了层与层之间的低耦合。当下层内或者层下发生改变时，上层应用程序无须改变。

（2）差异

从目前移动操作系统的成功要素来看，产业生态体系的重要性远远超过于技术本身。移动操作系统之战将会集中于生态系统的竞争，即由软件、硬件、应用程序和服务一体化构成的系统。Android、iOS、WP采取不同的策略来构建自己移动操作系统的生态系统。

Apple采取的是封闭策略，从手机芯片、操作系统到应用商店均是Apple的私有产品，这就控制了产业链大部分的利润。Apple通过优秀的用户体验、系统的稳定性和开发的简易性吸引了大量的应用开发商。

Android则采取和Apple背道而驰的开源、开放路线，很好地满足了广大终端制造厂商渴望寻找一个低成本开放平台的需求。Android的开源策略使得终端价格更为便宜，也满足了数量相当可观的一部分消费者。Android的应用开发商特性和Apple有较大的区别：Apple的应用开发商多为中小软件企业或个人工作室，他们希望通过APP的下载获得收益；Android的应用开发商多为互联网企业，他们希望通过Android应用延伸其在移动互联网的用户渠道。

Microsoft走的是中间路线——核心系统软件平台封闭，但提供给硬件制造商和第三方开发者一些API接口。基于WP的开发应用可以很容易地平移到微软平板电脑和传统计算机上，这是其他平台所不具备的优势，但昂贵的许可权（License）阻止了大多数厂商选择它。

3种操作系统的比较如表3-2所示。

表 3-2 Android、iOS、Windows Phone 7.0 操作系统的比较

项目	Android	iOS	Windows Phone 7.0
支持的 CPU 架构	ARM、X86	ARM	ARM
OS 内核	Linux 2.6 内核	Mac OS X 的 Mach 内核	Windows CE 6.0 内核
OS 底层内存管理	有	有	有
内存模型	分页,可选的 SD 卡交换区	分页,没有基于磁盘的备份存储	分页,没有交换区
管理运行时	Dalvik	无	.NET 框架公共语言(CLR)
应用程序沙盒	有	有	有
跨应用程序通信	Internet、广播接收器、内容提供器和服务	有限的,使用自定义的 URL	启动器和选择器

3.3.2 中间件技术

中间件是提供系统软件和应用软件之间连接的软件,以便于软件各部件之间的沟通,在现代信息技术应用框架如 Web 服务、面向服务的体系结构等应用中比较广泛。例如,数据库、Apache 的 Tomcat,IBM 公司的 WebSphere、BEA 公司的 WebLogic 应用服务器以及 Kingdee 公司的 Apusic 等都属于中间件。

中间件主要完成对底层系统能力的封装,使应用层可以通过系统中间件的桥梁和系统通信;可提供能力接入、能力暴露、安全控制和能力封装功能,从而避免应用组件直接和 OS(操作系统)层交互;可实现应用组件与应用开发语言无关,减少对 OS 层依赖;可将复杂协议处理、分割内存空间、网络故障、并行操作等问题和应用程序隔离开,为上层应用软件提供运行和开发环境。中间件已经成为构建现代分布式应用、集成系统中一种不可或缺的成分。

通常意义下,中间件具有以下一些特点:可满足大量应用的需要;运行于多种硬件和 OS 平台;支持分布式的计算;提供跨硬件和 OS 平台的透明性的应用和服务的交互功能;支持标准的协议和接口。

中间件的基本特征包括封装性、平台无关性、语言无关性。中间件实现对象的跨平台应用时,向外部提供统一的方法调用接口,从而降低了应用系统的复杂性。跨平台统一接口的调用,使应用程序开发变得标准化且具有很高的可移植性,缩短了开发周期,降低了开发成本。同时,由于中间件的语言无关性,开发人员可以利用对方的编程技能和成果。

由于中间件需要屏蔽分布环境中异构的操作系统和网络协议,它必须能够提供分布环境下的通信服务。我们将这种通信服务称之为平台。基于目的和实现机制的不同,我们将平台主要分为以下几类。

1. 远程过程调用

远程过程调用(Remote Procedure Call,RPC)是一种广泛使用的分布式应用程序处理方法。一个应用程序可以使用远程过程调用来“远程”执行一个位于不同地址空间里的过程,并且从效果上看和执行本地调用相同。事实上,一个 RPC 应用分为两个部分:Server(服务器)和 Client(客户端)。Server 提供一个或多个远程过程;Client 可向 Server 发出远程调用。Server 和 Client 可以位于同一台计算机上,也可以位于不同的计算机,甚至运行在不同的操作系统之上。它们通过网络进行通信。相应的 Stub(为屏蔽客户调用远程主机上的对象而模拟

的本地对象,也叫作存根)和运行支持提供数据转换和通信服务,从而屏蔽不同的操作系统和网络协议。在这里RPC通信是同步的,采用线程可以进行异步调用。

在RPC模型中,Client和Server只要具备了相应的RPC接口,并且具有RPC运行支持,就可以完成相应的互操作,而不必限制于特定的Server。因此,RPC为Client/Server分布式计算提供了有力的支持。同时,远程过程调用RPC所提供的是基于过程的服务访问,Client与Server进行直接连接,没有中间机构来处理请求,因此也具有一定的局限性。例如,RPC通常需要一些网络细节以定位Server;在Client发出请求的同时,RPC要求Server必须是处于激活状态。

2. 面向消息的中间件

面向消息的中间件(Message Oriented Middleware,MOM)指的是利用高效可靠的消息传递机制进行平台无关的数据交流,并基于数据通信来进行分布式系统的集成。通过提供消息传递和消息排队模型,它可在分布环境下扩展进程间的通信,并支持多种通信协议、语言、应用程序、硬件和软件平台。目前流行的MOM中间件产品有IBM的MQSeries、BEA的MessageQ等。消息传递和排队技术有以下3个主要特点。

(1) 通信程序可在不同的时间运行。

程序间不在网络上直接通话,而是间接地将消息放入消息队列,因为程序间没有直接的联系,所以它们不必同时运行。消息放入适当的队列时,目标程序甚至根本不需要正在运行;即使目标程序在运行,也不意味着要立即处理该消息。

(2) 对应用程序的结构没有约束。

在复杂的应用场合中,通信程序之间不仅可以是一对一的关系,还可以进行一对多和多对一方式,甚至是上述多种方式的组合。多种通信方式的构造并没有增加应用程序的复杂性。

(3) 程序与网络的复杂性相隔离。

程序将消息放入消息队列或从消息队列中取出消息进行通信。与此关联的全部活动,如维护消息队列、维护程序和队列之间的关系、处理网络的重新启动和在网络中的移动消息等都是MOM的任务。程序不直接与其他程序通话,因此它们不涉及网络通信的复杂性。

3. 对象请求代理

随着对象技术与分布式计算技术的发展,两者相互结合形成了分布对象计算,并发展为当今软件技术的主流方向。1990年底,对象管理集团OMG首次推出对象管理结构(Object Management Architecture,OMA),对象请求代理(Object Request Broker,ORB)是这个模型的核心组件。它的作用在于提供一个通信框架,透明地在异构的分布计算环境中传递对象请求。CORBA(通用对象请求代理体系结构)规范包括了ORB所有的标准接口。1991年推出的CORBA 1.1定义了接口描述语言OMGIDL和支持Client/Server对象在具体的ORB上进行互操作的API。CORBA 2.0规范描述的是不同厂商提供的ORB之间的互操作。

ORB是对象总线,它在CORBA规范中处于核心地位,定义了异构环境下对象透明地发送请求和接收响应的基本机制,是建立对象之间Client/Server关系的中间件。ORB使得对象可以透明地向其他对象发出请求或接受其他对象的响应。这些对象可以位于本地也可以位于远程机器。ORB负责截获这一请求,并找到可以实现请求的对象、传送参数、调用的相应方法、返回结果等。Client对象并不必知道同Server对象通信、激活或存储Server对象的机制,也不必知道Server对象位于何处,它是用何种语言实现的,使用什么操作系统或其他不属于对象接口的系统成分。

值得指出的是 Client 和 Server 角色只是用来协调对象之间的相互作用,根据相应的场合,ORB 上的对象可以是 Client,也可以是 Server,甚至兼有两者。当对象发出一个请求时,它是处于 Client 角色;当它在接收请求时,它就处于 Server 角色。大部分的对象都是既扮演 Client 角色又扮演 Server 角色。另外,由于 ORB 负责对象请求的传送和 Server 的管理,而 Client 和 Server 之间并不直接连接,因此,与 RPC 所支持的单纯的 Client/Server 结构相比,ORB 可以支持更加复杂的结构。

4. 事务处理监控

事务处理监控(Transaction Processing Monitors,TPM)最早是出现在大型机上,为其提供支持大规模事务处理的可靠运行环境。随着分布计算技术的发展,分布应用系统对大规模的事务处理提出了需求,如商业活动中大量的关键事务处理。事务处理监控界于 Client 和 Server 之间,可进行事务管理与协调、负载平衡、失败恢复等,以提高系统的整体性能。它可以被看作是事务处理应用程序的"操作系统"。总体上来说,事务处理监控有以下功能。

(1) 进程管理功能。它包括启动 Server 进程、为其分配任务、监控其执行并对负载进行平衡。

(2) 事务管理功能。它可以保证在 TPM 监控下事务处理具有原子性、一致性、独立性和持久性。

(3) 通信管理功能。它为 Client 和 Server 之间提供了多种通信机制,包括请求响应、会话、排队、订阅、发布和广播等。

事务处理监控能够为大量的 Client 提供服务,如飞机订票系统。如果 Server 为每一个 Client 都分配其所需要的资源的话,那 Server 将不堪重负。但实际上,在同一时刻并不是所有的 Client 都需要请求服务,而一旦某个 Client 请求了服务,它就希望得到快速的响应。事务处理监控在操作系统之上提供一组服务,对 Client 请求进行管理并为其分配相应的服务进程,使 Server 在有限的系统资源下能够高效地为大规模的客户提供服务。

3.4 终端硬件与软件匹配

对以 PC 和消费电子产品为代表的信息终端产品而言,其对软硬件匹配的需求由来已久,这主要涉及两个方面的内容:一是通过软硬件匹配,保证 CPU、GPU、硬盘、屏幕等在内的各类核心硬件及摄像头、传感器等外设模块在功能上可用,可以通过操作系统或者各种特定嵌入式操作系统实现对硬件资源和能力的统一调用和管理;二是通过良好的软硬件匹配,使得软件能够更好地反映硬件的差异化能力,最终反映在应用服务上,为用户提供最优的使用体验。终端软硬件匹配实现如图 3-15 所示。

在移动智能终端上,对软硬件匹配的需求更为凸显。其主要原因如下:

首先,移动智能终端的硬件平台林立,区别于 Intel 一统天下的局面。虽然从宏观上说,对于移动智能终端市场 ARM 一统天下(95%的智能手机+80%的平板电脑),但从微观上讲,同样基于 ARM 架构,移动智能终端芯片仍然形成了封闭发展、百家争鸣的态势。现阶段移动智能终端存在 Intel、高通、NVIDIA、博通等多个终端硬件平台,不同平台均是基于私有标准自行演进和发展的,在性能和所支持的技术方面存在较大的差异性。终端硬件平台的标准林立且封闭发展的局面,使得移动 OS 需要针对不同的硬件平台进行专门的适配。

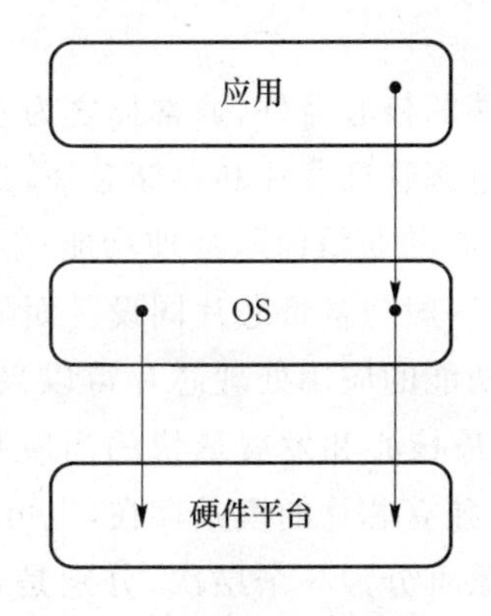

图 3-15　终端软硬件匹配的实现

其次，与 PC 发展过程中 Windows 占据操作系统的绝大多数市场份额相比，移动智能终端领域目前仍存有多个系统软件平台，且不断有新的软件平台涌现，不同的软件平台不仅需要针对下层的硬件平台逐一实现匹配，其上层的应用更是受限于不同软件平台间的差异性特征而封闭发展。移动 OS 的有效适配能够保证硬件发挥其性能的最佳优势。例如，Android 就专门针对 ARM 进行了很多的优化适配工作，同时，根据 ARM 核心技术的创新演进，积极跟进 Android 操作系统层面的支持，如支持多核、增强多媒体性能及硬件安全技术等，从而保证硬件性能的最佳体现。应用、OS、硬件平台彼此之间需要逐一匹配，使得应用创新受限于不同的平台，并且使得某些特定的应用因为需要特定的硬件平台能力或者终端操作系统的支持而不能广为推广。

3.4.1　软硬件匹配的技术框架

移动智能终端软硬件匹配涉及的技术来源于移动智能终端技术框架的部分特定内容。从技术角度来看，移动智能终端软硬件匹配的技术框架包括 4 个部分，如图 3-16 所示。

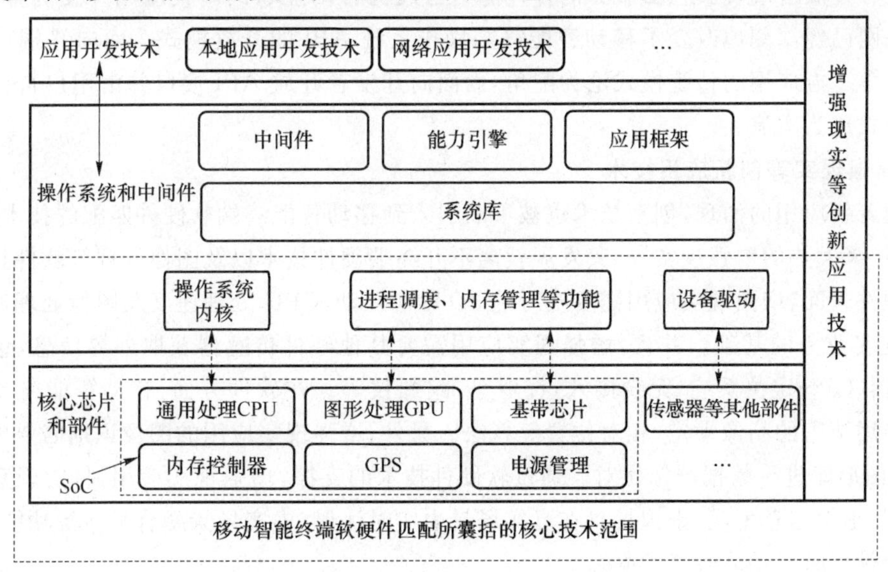

图 3-16　移动智能终端软硬件匹配技术框架

1. 核心芯片和部件

集成电路(IC)是移动智能终端的核心器件,通常称之为芯片(Chip)。一般来说,传统手机芯片包含了基带芯片、射频芯片、电源管理芯片和存储芯片,其中,基带芯片相当于传统手机的CPU,能够实现传统移动终端最核心的通信信号处理功能;射频芯片负责信号的收发;存储芯片负责数据的存储;电源管理芯片一般与基带芯片同设。而随着智能终端的快速发展,支持操作系统、应用软件以及音/视频等功能的应用处理芯片得以兴起,它们与基带芯片一起成了智能手机的 CPU。目前芯片平台中最核心和发展最快的当属基带芯片与应用处理芯片。在产品形态上,上述各类模块可以采取独立芯片的模式存在,也可将多种功能模块高度集成以 SoC(片上系统)模式提供。其技术体系可分为 3 个层次,分别是处理器 IP 核技术、芯片工艺和材料技术、芯片设计技术。

2. 操作系统和中间件

操作系统是终端软件平台体系的核心,其向下适配硬件系统发挥终端基础效能,向上支撑应用软件决定用户最终体验。操作系统由内核、系统库、中间件、能力引擎以及应用框架组成。开放成为移动操作系统的主旋律,开放模式可以聚集产业链,实现协同创新,打造完备业务生态系统。例如,苹果公司正是通过应用商店的开放运作获得成功。开源成为移动操作系统的主模式,极大降低了第三方的进入门槛,提升了产业链上下游支持效率,免费的系统软件调动了产业多方的积极性。谷歌 Android 就是开源模式的典范。为了兼顾运行效率和开发效率,各操作系统进行了不同的技术选择。Android 为提升开发效率,选择了 Java 路线,但这提升了对硬件的要求,使得系统需要在 600 MHz 以上的芯片平台上才可较顺畅地运行;iOS、WP7、Bada 选择原生语言,这对硬件平台的要求降低,但应用软件的开发过程较使用 Java 开发的复杂。

3. 应用开发技术

通过 API(运行在上层的程序可通过 API 获取下层平台拥有的各种能力与信息)面向第三方开发者开放终端、网络、云服务的各种能力已成为移动互联网时代应用开发的重要趋势。移动互联网已经深刻地改变了移动智能终端操作系统 API 的开放模式。面向终端厂商通过预置引入第三方应用的传统模式沦为配角,而面向开发者开放 API 接口并由用户自行安装应用的新模式成为主流。

4. 增强现实等创新应用技术

伴随着新应用的涌现,创新技术也被不断引入到移动智能终端软硬件匹配的技术框架中。例如,近年来大热的增强现实等,其发展就离不开终端硬件技术以及图像处理等软件技术的支撑。在硬件方面,增强现实应用需要实时的 3D 影像互动,CPU 处理速度及图像处理速度是发展增强现实业务的基础。并且,增强现实应用需要其他硬件传感器获取外界信息,包括摄像头、加速器、GPS 定位系统、无线接入点、罗盘、陀螺仪等。在软件方面,移动智能终端增强现实需要使用缜密的图像锁定、相对位置等算法。另外,增强现实应用的图像识别需要庞大而完善的 3D 图形库进行数据图像比对。通过软硬件技术的支撑,增强现实应用,将实现真实场景图像采集、虚拟信息生成、虚拟场景在真实场景中实时注册、虚实场景融合显示等功能,并最终为用户提供实时互动体验。

3.4.2　移动智能终端软硬件匹配所带来的影响和变革

1. 对技术发展的影响

技术创新潜能正加速释放。类似于增强现实、3D 视频、手势感知等高端应用对终端能力的需求大幅提升。移动智能终端的发展存在着瓶颈，计算、存储、待机时间等因素在很长时间内仍然将制约应用的发展。同时，终端适配能力也将成为影响移动智能终端普及的重要因素。软硬件匹配技术的发展，不仅能优化终端能力的应用，也能够提升软件和硬件的市场应用。

2. 对应用服务的影响

应用服务的创新局限于派系林立的个体平台，平台之间具有极强的内部关联。以 iPhone 4S 中的创新应用 Siri 为例，其具体的实现是通过众多技术的结合，总体来看这些技术包括两大类，即人工智能和云计算。

首先是前端（面向用户）的用户交互技术（从表象来看，也就是我们平时所说的人机交互），其主要包括语音识别及语音合成技术。语音识别技术把用户的口语转化成文字，这其中需要强大的语音知识库，因此需要用到云计算。而语音合成则是把返回的文字结果重新转化成语音输出，这一步理论上在本地就能完成。其良好的语音识别的实现得益于 A5 处理器中整合的 Audience 新一代降噪技术，使得用户能够伸直手臂使用手机通话，无需将手机直接放至嘴边。整合 Siri 助理软件，并常驻系统，在某些特定应用场景下，如出现新短消息之后，交互由 Siri 发起，实现对各种终端能力的管理和调用。

其次是后台技术，它主要是为了处理用户的请求，并返回最匹配的结果。基本的结构可能是先分析用户的输入，然后根据输入类型，分别采用对应的后台进行处理。这些对应的后台包括以谷歌为代表的网页搜索技术，以 Wolfram Alpha 为代表的知识搜索技术（或知识计算技术，百度框计算与之有些类似），以维基百科为代表的知识库技术（包括其他百科，如电影百科），以 Yelp（可以理解为国外的大众点评网）为代表的问答以及推荐技术。当然，未来也许还会有更多的后台技术。

3. 对移动智能终端产业的影响

产业布局重构，内部强关联的协调发展需求凸显。不管是苹果主导的“终端硬件＋系统软件＋应用程序商店”封闭式一体化整合，还是谷歌主导的“以开源手机操作系统为核心”的开放、互联网式一体化整合，亦或是微软主导的“以闭源操作系统为核心，以原有产业生态和知识产权为武器”的多要素一体化整合，均证明了牢牢把控智能终端操作系统这一核心环节，以此为中心向产业上下游渗透，打造涵盖应用服务、软件、硬件在内的纵向一体化模式成为移动互联网产业发展的主导趋势。移动互联网三大“软件＋硬件”的阵营初步形成。在当前软件和硬件都在不断快速发展并远未达到稳定状态的情况下，“软件＋硬件”可以构成更好的用户体验成为业界巨头的共识，如图 3-17 所示。

4. 对 IT 制造业的影响

引领模式的创新浪潮深刻影响了整个 IT 制造业。软硬件匹配技术大幅降低了 IT 制造业的研发成本，加速了技术发展创新，使得 IT 制造业将逐步迈入融合应用时代。现有的移动智能终端软硬件按匹配的模式对 PC 发出挑战，原有的芯片制造模式正发生巨大改变。在 PC 刚刚诞生之时，所有的图形均先交由 CPU 处理，然后再通过显示接口输出。而随着时代的推进，图形的构成越来越复杂，此时专为图形处理而生的 GPU 开始崭露头角，并逐渐形成了今天的 CPU 与 GPU 独立存在的境况。

图 3-17　移动互联网三大"软件+硬件"阵营

与此同时,Intel 旗下 CPU 研发部门将会重组,此前 Core 和 Atom 系列架构研发分属于两个不同的团队。伴随着 SoC 的发展趋势,这一分工正在逐步调整,Core 与 Atom 系列 CPU 研发团队多数机能将合并,除原有的材料科学制造工艺相同外,还将共享 SoC 基础架构及第三方功能模块等。同时,随着工艺和技术进步,设计方向也在逐渐走向统一,Core 系列将变得更节能,Atom 系列的性能也会越来越高,最终一切都将 SoC 化,彻底改变了原有 PC 芯片的设计和发展模式(如图 3-18 所示)。

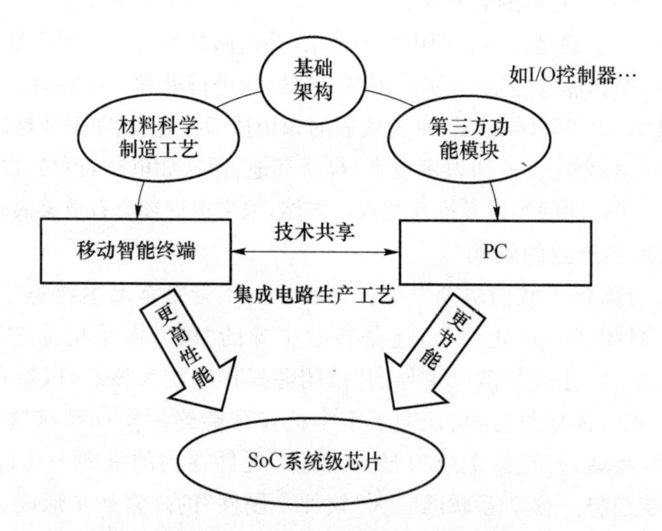

图 3-18　移动智能终端芯片与 PC 芯片未来发展的关系

参考文献

[1]　梁柏青,魏颖琪,罗暄. 移动终端软件发展趋势探讨[J]. 电信科学,2013,29(5):6-10,18.
[2]　李亦豪. 智能移动终端软件发展趋势及质量管理研究[J]. 软件,2014,35(8):116-120.
[3]　刘韬,王文东. 移动互联网终端技术[J]. 中兴通讯技术,2012,18(3):1-5.

[4] 崔力升. 中间件技术的综述[J]. 科技视界,2014,3:198,288.
[5] 周兰. 移动智能终端软硬件匹配研究[J]. 信息通信技术,2012,6(4) :35-40.
[6] Bauman C,赵立晴,熊绍珍. 如何选择表面电容式触摸显示屏控制器. 现代显示,2008,10:21-25.

第4章　移动互联网终端应用开发

在智能终端时代，有趣的移动终端应用层出不穷，且原来在PC和互联网上的信息化应用、互联网应用均已出现在手机平台上。一些前所未见的应用也开始出现，并日渐增多。移动应用开发是为小型、无线计算设备编写软件的流程和程序的集合。移动应用开发类似于Web应用开发，起源于更为传统的软件开发。

苹果的iOS、谷歌Android和微软的Window Phone是3种主流的移动终端操作系统。在此之上，各厂商都创建了相应的移动互联网终端应用生态环境：操作系统厂商提供操作系统层的开放接口和开发平台，第三方专业应用开发商或个人开发者基于开放接口和开发平台进行应用的开发，而在享受丰富的移动互联网应用的同时，也贡献出个人的商业价值。移动互联网终端应用的开发因操作系统及开发语言的不同而存在着多种开发模式，而不同的开发模式都存在着相应的关键技术。同时，这也对开发人员的开发技能提出了不同的要求。为了提高应用的用户覆盖率，每一款移动应用都会尽可能地支持iOS和Android操作系统，甚至支持Windows Phone操作系统。然而我们知道，各类操作系统平台在开发语言、开发工具等方面存在着巨大的差异，技术门槛高，移植工作量大，开发成本也比较高。特别地，由于操作系统间存在的较大差异，使得专业的应用开发商不得不将不同操作系统类型的移动应用交由多个专业团队开发，但不同团队研发的不同操作系统的版本很容易出现用户体验不一致等问题。

本章旨在给出一种应用开发的统一架构。其包括移动互联网终端应用的统一开发框架和开发环境两部分，目的在于最大限度地降低技术门槛，提高复用程度和抹平操作系统差异。该架构不仅能支持移动应用的开发，还将支持未来陆续推向市场应用的开发，使得技术资产能够得到复用并持续增值。

4.1　移动终端应用开发模式

从总体上讲，现有的移动互联网终端应用开发方式主要有原生(Native)开发模式、Web开发模式和混合(Hybrid)开发模式3种类型。这3种不同的开发模式，各自具有自身的优缺点，因而也各自有着不同的应用场景。移动互联网终端应用开发关键技术及其对应的开发模式如表4-1所示。

表4-1　移动互联网终端应用开发关键技术及其对应的开发模式

开发模式	Native开发模式	Web开发模式	Hybrid开发模式
关键技术	HTML 5.0技术、 移动Ajax、 移动Widget、 移动Mashup	移动LBS、 移动SNS	虚拟现实技术、 人机交互技术

4.1.1　终端应用开发的 3 种模式

1. Native 开发模式

Native 开发模式也称原生应用开发模式，开发者需要根据不同的操作系统来构建不同的开发环境，学习不同的开发语言及适应不同的开发工具。原生应用开发模式如图 4-1 所示。

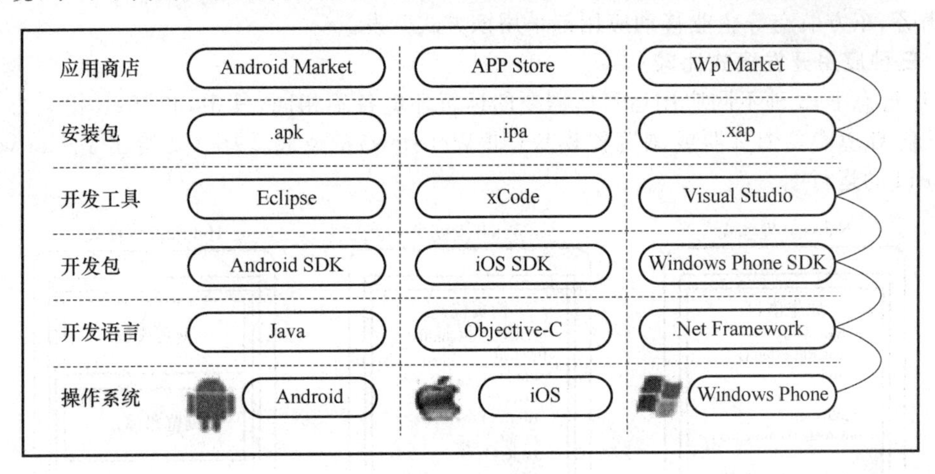

图 4-1　原生应用开发模式

原生应用开发模式最大的优点是，根据基于操作系统提供的原生应用程序接口，开发人员可以开发出稳定、高性能、高质量的移动应用。其缺点是，需要具备多种不同的开发语言和开发工具，且开发、更新、维护的周期长。所以对于专业性要求比较高的移动应用，大都需要有具有较高技术水平的团队作为保障，同时团队内部不同操作系统版本的应用开发人员之间的工作需要密切合作，确保版本质量较好及不同版本被消费者使用时具有一致性的用户体验。这会导致团队间的沟通协调成本较高。

原生应用开发模式适用场景是针对那些高性能、快速响应类的面向广大用户的终端应用。例如，有些 3D 游戏类应用需要提供实时响应的用户界面，对这类 APP 而言，Native 开发模式可以充分展示其性能和稳定性的优势，只要投入足够的研发成本，就可以开发出高质量的 APP。

2. Web 开发模式

超文本标记语言(HTML 5.0)技术的兴起给 Web 开发模式注入了新的生机。由于浏览器作为移动终端的基本组件以及浏览器对 Web 技术的良好支持能力，以及熟悉 Web 开发技术的人才资源丰富，使得 Web 开发模式具有开发难度小，成本低，周期短，使用方便，维护简单等特点，非常适合企业移动信息化的需求。特别是上一轮的企业信息化在 PC 端大多选择了浏览器/服务器(B/S)架构，这样就能和 Web 开发模式通过手机浏览器访问的方式无缝过渡，重用企业现有资产。对于性能指标和触摸事件响应不苛刻的移动应用，Web 开发模式完全可以采用 Web 技术实现，但是对于功能复杂，实时性能要求高的应用，Web 开发模式还无法达到 Native 开发模式的用户体验。

3. Hybrid 开发模式

Hybrid 开发模式是一种结合 Native 开发模式和 Web 开发模式的混合模式，通常基于跨平台移动应用框架进行开发，比较知名的第三方跨平台移动应用框架有 PhoneGap、Appcan 和 Titanium。这些引擎框架一般使用 HTML 5.0 和 Javascript 作为编程语言，调用框架封装的底层功能，如照相机、传感器、通讯录、二维码。HTML 5.0 和 Javascript 只是作为一种解析语言，真正调用的都是类似 Native 开发模式经过封装的底层操作系统或设备的能力，这是 Hybrid 开发模式和 Web 开发模式的最大区别。

企业移动应用采用 Hybrid 开发模式技术开发的原因为：一方面开发简单；另一方面可以形成一种开发的标准。企业封装大量的原生插件(Native Plugin)，如支付功能插件，供 Javascript 调用，并且可以在今后的项目中尽可能地复用，从而大幅降低开发的时间和成本。Hybrid 开发模式的标准化给企业移动应用开发、维护、更新都带来了极高的便捷性。例如，工商银行、百度搜索、街旁、东方航空等企业移动应用都采用该方式开发。

4. 三种应用开发模式比较

在运行态下，3 种不同应用运行所需要的运行环境各不相同，其中，和 Web 相关的应用模式，其运行环境需要浏览器或浏览器模块(如 Webview)的支持。图 4-2 给出了 Native、Web 和 Hybrid 的运行图。

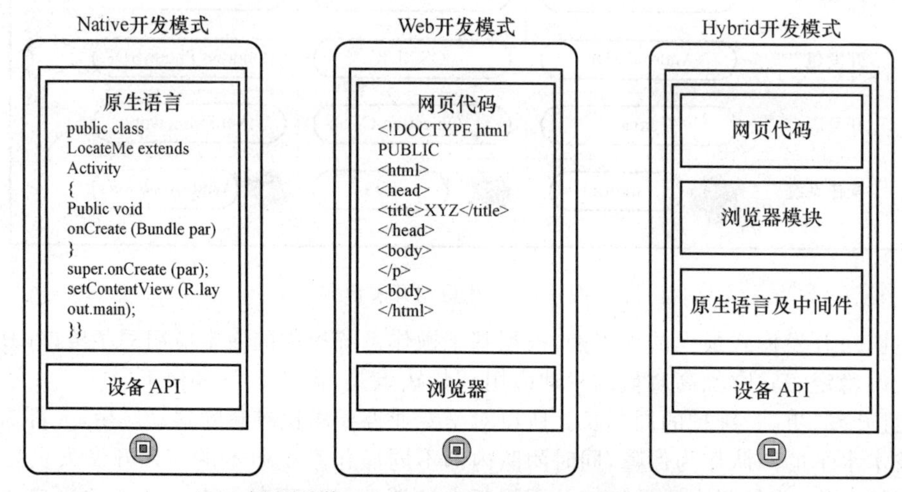

图 4-2　Native、Web 和 Hybrid 的运行图

下面，我们从不同的维度，对 3 种不同类型的移动应用开发模式进行分析和比较，并对其适用场景作简要说明。3 种不同开发模式的比较如表 4-2 所示。

表 4-2　三种不同开发模式的比较

特　性	Native 开发模式	Web 开发模式	Hybrid 开发模式
开发语言	原生语言	HTML 5.0/JS/CSS	HTML 5.0/JS/CSS+原生语言
跨平台性	不支持	支持	支持
设备访问能力	高	低	较高
开发难度	高	低	较低
性能	高	低	较高
应用体验	好	一般	较好
兼容性	差	好	较好
适用范围	适用范围广	适用于移动办公、企业应用、资讯应用等	适用范围较广

每一种开发模式都有自己的优缺点，企业或开发者需要根据用户的需求、自身的技术储备能力、产品上线的时间压力、成本等多个因素综合考虑，选择适用的开发模式。最优的开发模式不是一成不变的，而是在于选择、搭配灵活的架构解决方案。

4.1.2　终端应用开发架构

如图 4-3 所示，移动互联网终端应用开发的统一架构包括移动互联网终端应用的统一开发框架和开发环境两部分。对统一开发框架而言，采用分层的架构减少了模块间的耦合；应用组件、系统中间件具有良好的扩充性，能够更好地应变未知的需求；框架具有高复用性，可以有效地节省开发工作量，提高开发效率。开发环境是应用开发人员感知到的最前端，让开发者可以通过简单易用的开发工具，基于开发框架和模板开发，快速构建移动应用，同时开发工具中需要集成终端模拟器和仿真测试环境，这样便于离线开发和测试，可进一步提升效率。

统一开发框架主要分为系统中间件和应用组件。系统中间件主要完成对底层系统能力的封装，使应用层可以通过系统中间件的桥梁与系统通信，提供能力接入、能力暴露、安全控制和能力封装功能，从而避免应用组件直接和 OS 层交互，屏蔽开发语言的差异性，减少对 OS 层依赖。此外，跨平台的统一接口调用，可以缩短开发周期，降低开发成本。应用组件层主要提供了可复用的应用组件，包括能力组件、可视化组件等。能力组件主要提供应用基础类服务，如企业应用的安全数据加密、对应用进行日常的日志记录；同时还提供系统层面的服务方法，如使用手机的通讯录向好友发短信或者打电话。可视化组件主要提供用户可感知的组件，而展现层提供了 Native 和 Web 可视化组件。为了满足各个应用展现的要求，弥补目前游戏和社交等应用交互性的不足，开发者可以根据自己的需求选择不同的展现组件。

此外，终端应用还需要通过远程调用接口与各种云服务提供的数据存储、服务能力进行交互，让终端应用开发统一平台和云计算服务有机地结合，为用户提供更加丰富和快捷的功能。

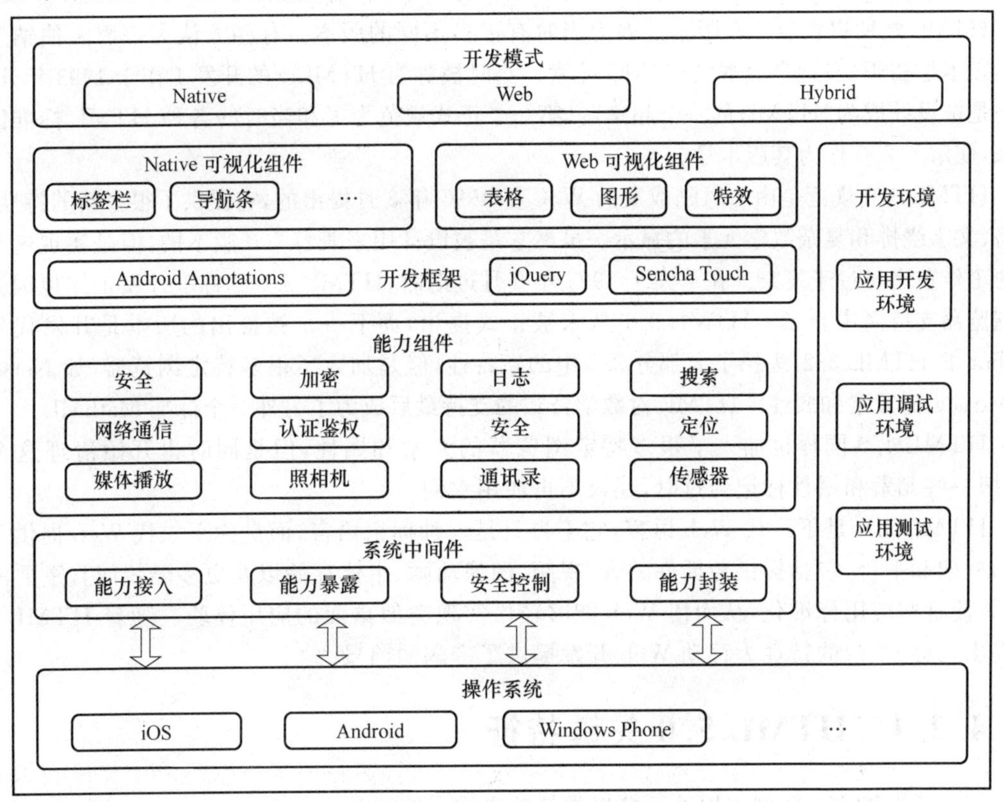

图 4-3　移动互联网终端应用开发的统一架构

4.2 HTML 5.0 技术

超级文本标记语言是标准通用标记语言的一个应用，也是一种规范或一种标准，它通过标记符号来标记要显示的网页中的各个部分。网页文件本身是一种文本文件，通过在文本文件中添加标记符，可以告诉浏览器如何显示其中的内容（如文字如何处理，画面如何安排，图片如何显示）。浏览器先按顺序阅读网页文件，然后根据标记符解释和显示其标记的内容，对书写出错的标记将不指出其错误，且不停止其解释执行过程。所以编制者只能通过显示效果来分析出错原因和出错部位。但需要注意的是，不同的浏览器对同一标记符可能会有不完全相同的解释，因而可能会有不同的显示效果。

超级文本标记语言（HTML）的发展历程如下：

超文本标记语言（第一版）——在 1993 年 6 月作为互联网工程工作小组（IETF）工作草案发布（并非标准）。

HTML 2.0——1995 年 11 月作为 RFC 1866 发布，在 RFC 2854 于 2000 年 6 月发布之后被宣布已经过时。

HTML 3.2——发布于 1997 年 1 月 14 日，是 W3C 推荐的标准。

HTML 4.0——发布于 1997 年 12 月 18 日，是 W3C 推荐的标准。

HTML 4.01（微小改进）——发布于 1999 年 12 月 24 日，是 W3C 推荐的标准。

HTML 5.0——分布于 2014 年 10 月 28 日，是 W3C 推荐的标准。

HTML 之所以没有 1.0 版本是因为当时有很多不同的版本。有些人认为蒂姆・伯纳斯・李的版本是初版，但这个版本没有 IMG 元素。当时被称为 HTML+的开发工作于 1993 年开始，最初是被设计成为“HTML 的一个超集”。第一个正式规范为了和当时的各种 HTML 标准区分开来，使用了 2.0 作为其版本号。

HTML 3.0 规范是由当时刚成立的 W3C 于 1995 年 3 月提出的，它提供了很多新的特性，如表格、文字绕排和复杂数学元素的显示。虽然它是被设计用来兼容 2.0 版本的，但是实现这个标准的工作在当时过于复杂。在草案于 1995 年 9 月过期时，HTML 3.0 的标准开发工作也因为缺乏浏览器支持而中止了。HTML 3.1 从未被正式提出，而下一个被提出的版本是开发代号为 Wilbur 的 HTML 3.2，去掉了大部分 3.0 中的新特性，但是加入了很多特定浏览器（如 Netscape 和 Mosaic）的元素和属性。HTML 对数学公式的支持最后成为了另外一个标准 MathML。

HTML 4.0 同样也加入了很多特定浏览器的元素和属性，但是同时也开始清理这个标准，把一些元素和属性标记为过时，建议不再使用它们。

HTML 5.0 是下一代 Web 语言，它不再只是一种标记语言，而是为下一代 Web 提供了全新的框架和平台，包括提供免插件的音/视频、图像动画、本体存储以及更多酷炫而且重要的功能，并使这些应用标准化，从而使 Web 能够轻松实现类似桌面的应用体验。随着 HTML 5.0 的提出，其跨平台的特性为移动 Web 开发提供了广阔的前景。

4.2.1 HTML 5.0 关键特征

(1) 可为移动互联网应用的开发提供基础离线存储的能力。

相比于桌面应用程序，移动设备的网络连线不稳定，而且有时并无网络可以使用，此时离线存储能力显得尤为重要。HTML 5.0 强大的功能就是可在离线时应用，即将应用数据缓存到本地浏览器中，这样掉线时一样可以浏览网页。

其实，离线 Web 应用就是一个 URL 列表，列表中的 URL 可以指向 HTML、CSS、JavaScript、图片或者其他资源。该列表被称为 Manifest File。通过创建 Cache Manifest 文件，可以轻松创建 Web 应用的离线版本。当使用离线 Web 时，会引入这一清单，浏览器会从清单文件中读取相应的 URL 信息，并下载相应的资源将其缓存到本地。因此，在离线状态下访问 Web 应用时，浏览器就会自动切换到从本地直接读取这些资源，从而能够脱离网络使用。

(2) 使得原生音/视频的嵌入更加灵活。

在 HTML 5.0 中，增加了<audio><video>标签，用来在 Web 网页中嵌入音/视频播放功能，而无须 Flash 和其他嵌入式插件的支持，避免了原生开发方式下文字和音/视频混排需要拆分处理的问题，也解决了移动终端浏览器不支持 Flash 插件而导致音/视频内容无法观看的问题。

(3) 增强了用户交互能力。

HTML 5.0 增加了拖拽、撤销历史操作、文本选择等交互动作接口，增强了 Web 应用的用户交互能力，适配了移动用户的操作习惯。

(4) 具有专为移动化平台定制的表单元素。

现在流行的移动设备大多采用触摸方式进行输入，并且有一个虚拟的触摸键盘。由于移动设备本身屏幕较小，按键大小和布局对用户的影响非常大，按键过大或过小都会降低用户体验感。如果能做到输入不同的内容显示不同的键盘，那么在提高用户体验感的同时也提高了输入效率。HTML 5.0 的表单元素很好地解决了这一问题。不同元素与键盘的对应关系如表 4-3 所示。只需要简单的声明，即可完成对不同样式键盘的调用，简捷方便。

表 4-3　HTML 5.0 表单元素与对应的键盘

类　型	用　途	键　盘
Text	正常输入内容	标准键盘
Tel	电话号码	数字键盘
E-mail	电子邮件地址文本框	带有@和.的键盘
URL	网页 URL	带有.com 和.的键盘
Search	用户搜索引擎	标准键盘
Range	特定值范围内的数值选择器	滑动条或转盘

(5) 具有移动特色的地理定位 API。

地理定位是移动终端的特色和优势，目前嵌入移动定位的应用越来越多，并不仅局限于导航和地图应用。HTML 5.0 的定位 API 可以综合使用 GPS、Wi-Fi、手机等多种定位方式，使定位更加准确、灵活，成功克服只用 GPS 定位和基站定位的缺陷。

(6) 引入了 Canvas 绘图功能。

目前要在网页上绘图几乎不可能，就连绘制最基本的图形都很难实现。HTML 5.0 引入的 Canvas 绘画功能，为开发人员提供了动态产出和图形渲染功能。开发人员不再依赖 Flash 进行动画绘制，利用 Canvas 就可以直接在网页上高效快速地绘制图形、图表，从而减少了网络传输，提高了效率。

(7) 具有适用于移动设备显示的标签和样式。

移动终端区别于PC设备的一个重要特征就是移动终端具有多样的设备尺寸和屏幕分辨率。如何让Web页而能适应各种尺寸的屏幕,让很多Web开发人员相当纠结。HTML 5.0已经为开发者考虑到了这一问题,在网页的头部加上语句<meta name = "viewport" content = "width = device-width; user-scalable = 0;"/>,这就可以使网页适配设备屏幕。而且,在CSS3中,可使用媒体查询(Media Query)为不同分辨率的终端定制不同的显示样式。

4.2.2 HTML 5.0应用案例分析

HTML 5.0技术的出现将宣告浏览器对Flash依赖的结束。此前,用户在网页中要实现一个视频功能,必须在本地安装Flash插件。而HTML 5.0里面的Video技术,能让视频网站不再需要安装插件,就可以实现视频播放。HTML 5.0技术可以让应用通过浏览器而不是特定的操作系统来运行。支持HTML 5.0技术的浏览器能够完成几乎所有本地应用(Native APP)胜任的任务,包括编辑文档、访问社交网络、看电影、玩游戏或听音乐等。所有具备浏览器的设备都会拥有这些功能;不但如此,消费者还可以访问以远程方式存储在"云"中的各种内容,不受位置和设备的限制。

案例一 WebRTC

WebRTC是基于HTML 5.0标准的开源技术,应用于基于浏览器的实时视频通信,旨在创造一个几乎所有上网设备(如电话、电视和计算机等)都可以在一个共同的平台上相互通信的环境。虽然这个目标还没有实现,但是已经取得了重大的进步。WebRTC原理如图4-4所示。

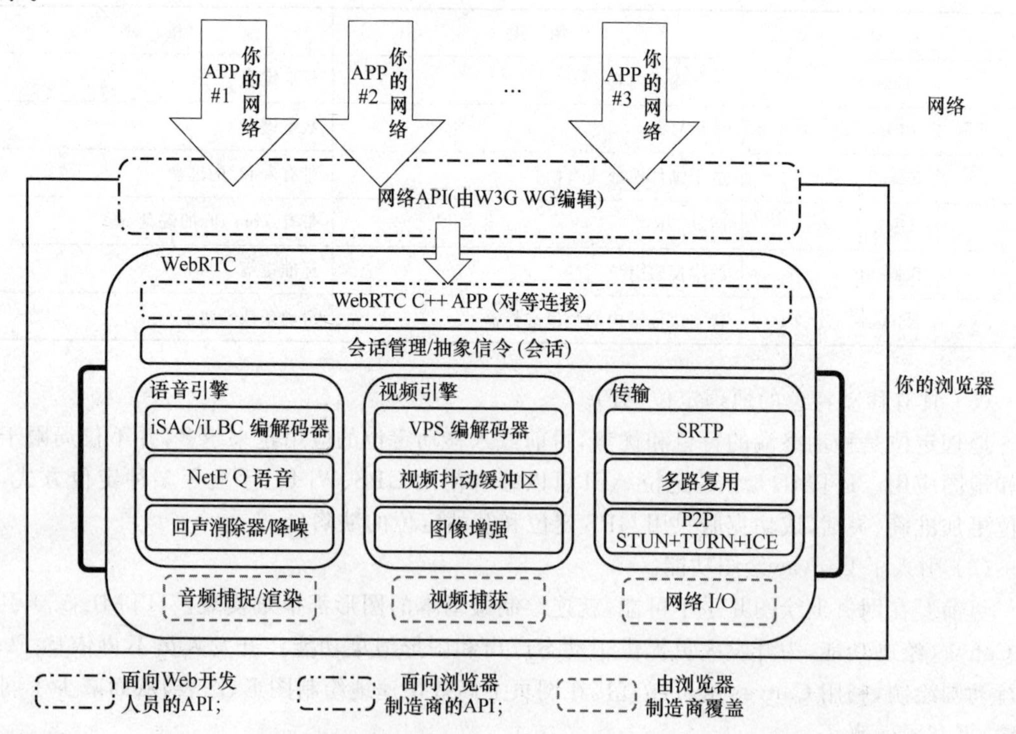

图4-4 WebRTC原理图

从任何一台PC上发起WebRTC会话都很简单，只需打开兼容的浏览器(Chrome、Firefox和Opera 18)并登录到诸如Bistri等WebRTC视频聊天站点即可。这种简易性与之前相互竞争的实时通信产品相比是一个巨大的变化，因为即使是简单的面向客户的产品(如Skype)也要求你下载程序并且进行设置。当多种类型的设备整合在一起时，就会变得很复杂。WebRTC可以避免这一点，在所有设备上提供相同的体验——前提是提供了支持。

总体而言，WebRTC的支持意味着浏览器必须要与3个重要的应用程序接口兼容：get User Media (AKA Media Stream)、RTC Peer Connection和RTC Data Channel。第一个接口可以从用户设备上捕捉视频和音频数据，将其转化为可用的JavaScript对象。同时，RTC Peer Connection可以使浏览器直接连接到其他浏览器或对等物。RTC Data Channel可以实现任意数据的对等交换，而且等待时间短，吞吐量高，最适合用于诸如文件传输和实时文本聊天等应用程序。

这里的理念是，为这3个应用程序接口提供完全支持的任何浏览器都可以提供相同的WebRTC体验，不论设备如何。遗憾的是，一些浏览器虽然宣称支持WebRTC，但是事实上它们只支持get User Media-Opera 18。尽管存在一些小缺陷，WebRTC仍然是HTML 5.0的最成功应用之一。

案例二　Wijmo

Wijmo是一个基于jQuery UI的UI部件的套件，完全支持HTML 5.0。Wijmo部件进行了优化客户端的Web开发和利用了jQuery优越的性能和易用性的力量。所有的Wijmo部件都配备了20多个主题，并支持ThemeRoller。

Wijmo主要特点有：

(1) 完全支持HTML 5.0

Wijmo是基于HTML 5.0、jQuery、CSS3和SVG的一个控件包，能够满足构建当今Web系统的需求。基于Wijmo，您的系统运行将更加快速和流畅，外观也会更加吸引人。

(2) 丰富的主题

Wijmo中所有新的控件都是在符合最新的UI设计潮流的基础上，对新的以及改良后的主题进行封装。优美、专业的控件外观会让您的应用程序引人注目。您可以使用Studio for ASP NET Wijmo控件包内置的6个主题，同时您还可以使用jQuery UI项目提供的30多个主题，甚至可以使用ThemeRoller创建属于您自己的系统主题。

(3) 跨浏览器支持

您再也不必为跨浏览器的问题而烦恼，Wijmo确保您的UI可以在所有标准浏览器上正常运行。支持的浏览器包括IE6及其更高版本、Firefox3及其更高版本、Safari3及其更高版本、Chrome和Opera。

(4) 基于jQuery UI

Wijmo是基于jQuery和jQuery UI构建出一整套组件集合。正是得力于轻量级的jQuery UI框架，Wijmo中的每个组件都拥有丰富的功能，以及易使用、极佳的性能。

(5) 更高的效率

对Wijmo的实际测试结果显示，该套包中的每个控件的设计效果普遍比传统的ASP NET控件效果更好，接近于Sliverlight的界面效果；而且在数据方面，由于前台采用了JSON数据绑定，Ajax技术对于数据的加载，更适用于Web应用程序的开发，其可减少服务器响应，加强客户端交互操作的效率。

4.3 移动Ajax技术

Ajax的是异步JavaScript及XML，英文全称为Asynchronous JavaScript and XML。Ajax不是一种新的编程语言，而是一种用于创建更好更快以及交互性更强的Web应用程序的技术。通过Ajax、JavaScript可使用JavaScript的XMLHttpRequest对象直接与服务器进行通信。通过这个对象JavaScript可在不重载页面的情况与Web服务器交换数据。Ajax在浏览器与Web服务器之间使用异步数据传输（HTTP请求），这样就可使网页从服务器上不再请求整个页面，而是只请求少量的信息。Ajax可使因特网应用程序更小、更快、更友好。

随着手机、PDA等嵌入式设备的快速普及，越来越多的终端用户通过移动设备上的Web应用程序和Internet连接。Ajax技术的出现利用了一系列成熟的技术。HTTP、XHTML、XML、CSS、DOM（Document Object Model，文档对象模型）和具有异步性的JavaScript对象Xml Http Request（XHR）的结合避免了传统模式下的同步等待和传输处理冗余数据，给用户以“无缝隙”的交互体验。正是由于Ajax技术实现了异步交互、局部更新和按需处理数据的功能，将Ajax技术应用在移动设备上必将改善移动Web应用由于带宽限制产生的无线网络传输延迟和并发请求处理效率问题。

4.3.1 移动Ajax工作原理

在经典的浏览器与服务器的交互方式中，先由用户触发一个HTTP请求到服务器，然后服务器对其进行处理后再返回一个新的网页到浏览器。每当服务器处理浏览器提交的请求时，客户都只能空闲等待，并且哪怕只是一次只需从服务器端得到很简单的一个数据的交互，都要返回一个完整的Web页，这造成用户每次都要浪费时间和带宽重新读取整个页面。

Ajax的工作原理就是相当于在浏览器和服务器之间加了一个中间层，使用户操作与服务器响应异步化。而这一中间层所要做的工作都是由Ajax引擎（Ajax Engine）来完成。传统网络应用模型与Ajax网络应用模型工作原理对比如图4-5所示。

实际上，Ajax引擎就是一些复杂的Javascript程序，这些程序先通过调用XML Http Request对象的属性和方法来与服务器端进行数据交互，然后再通过DOM来解析处理XML文档和部分更新的HTML页面的内容。

通过Ajax引擎这样的一个中间层，浏览器就可以实现与服务器端的异步通信。当用户通过浏览器提交请求时，请求数据将发送给Ajax引擎。Ajax引擎先捕获用户输入的请求数据，然后再向服务器发送请求，此时，浏览器不用等待服务器的响应。因此用户可以继续输入数据。同时用户屏幕上的表单也不会闪烁、消失或延迟。服务器处理完用户请求之后，返回处理结果并改变HTTP就绪状态。一旦HTTP的就绪状态发生改变，Ajax引擎就会调用相对应的回调函数来接收这些处理结果，并将它们更新到页面的指定部分。浏览器无须刷新整个页面就能更新页面的部分内容，这样就会让用户感觉应用程序是立即完成的，表单没有提交而页面的部分内容就发生了改变，使得Web浏览器看起来就像是即时响应的桌面应用程序一样。

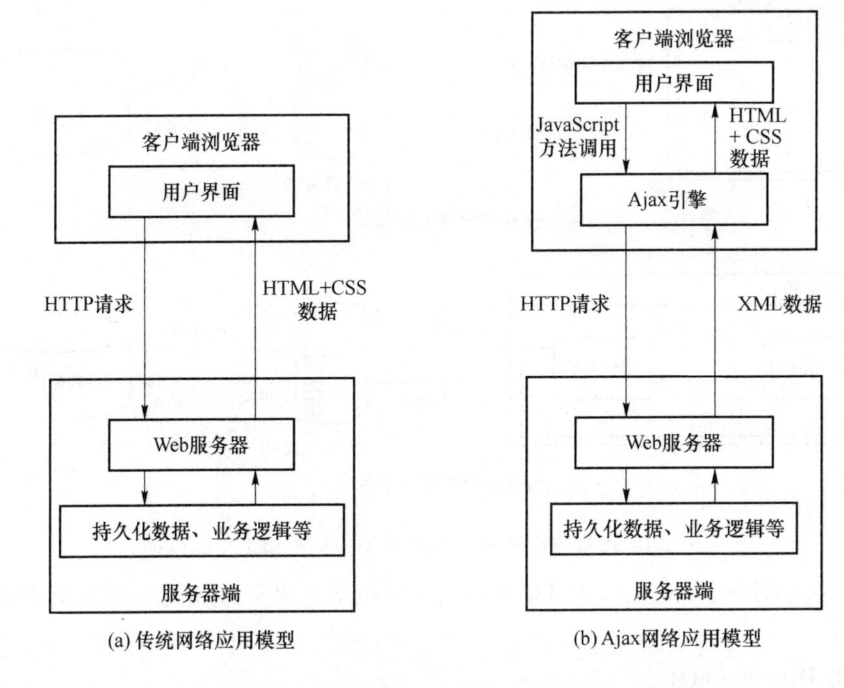

图 4-5　传统网络应用模型与 Ajax 网络应用模型的工作原理对比

4.3.2　移动 Ajax 特点及其关键技术

通过对比 Ajax 的网络模式与传统的网络模式，可以使 Ajax 的工作特点更容易被理解。传统的 Web 模式中，用户首先向 Web 服务器发送请求，然后服务器分析用户请求的内容后执行响应的任务，并向用户返回结果。由于是"请求-等待-请求"的模式，在这一循环的过程中，用户必须等待，这时浏览器显示空白页，直到服务器返回数据后才重新绘制页面。因为用户得不到立即的反馈，让他们感觉上不同于桌面应用，这是一种不连贯的用户体验，也是网络应用交互性差的原因所在。

Ajax 采用异步交互，服务器处理提交数据的同时，客户端无须等待。由于数据的发送和接收都在后台完成，用户浏览器端显示的内容不会闪烁、消失或延迟，也不会出现"白屏"。Ajax 在真正意义上实现了按需取数据、局部更新页面的功能，从而提高了应用程序的效率，节约了网络资源。传统网络应用模型与 Ajax 网络应用模型工作流程对比如图 4-6 所示。

我们可以把服务器端看成一个数据接口，它返回的是一个纯文本流。当然，这个文本流可以是 XML 格式，可以是 HTML，可以是 Javascript 代码，也可以只是一个字符串。这时候，XML Http Request 向服务器端请求这个页面，服务器端将文本的结果写入页面，这和普通的 Web 开发流程是一样的，不同的是，客户端在异步获取这个结果后，不是直接显示在页面，而是先由 Java Script 来处理，然后再显示在页面。

下面介绍 Ajax 的几个核心技术。

1. JavaScript

JavaScript 是 Ajax 的核心技术之一，在 Ajax 中，它负责所有算法运行事件的处理和数据的请求分发。大部分应用领域逻辑和控制编码也存在于 JavaScript 中，因此 JavaScript 能够

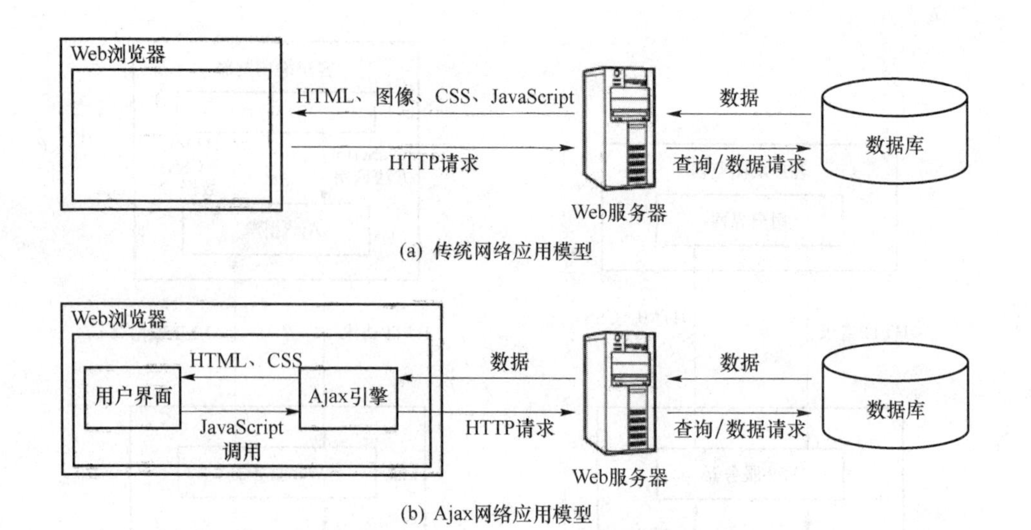

图 4-6　传统网络应用模型与 Ajax 网络应用模型工作流程对比

作为编写 Ajax 引擎的脚本语言，把其他各项技术有机结合起来，并把各种功能强大的 Web 对象串联起来。

2. XML Http Request

Ajax 技术之中，最核心的技术就是 XML Http Request，它最初的名称叫作 XMLHTTP。它是微软公司为了满足开发者的需要，1999 年在 IE 5.0 浏览器中率先推出的。后来这个技术被上述的规范命名为 XML Http Request。简而言之，XML Http Request 为运行于浏览器中的 JavaScript 脚本提供了一种在页面之内与服务器通信的手段。页面内的 JavaScript 可以在不刷新页面的情况下从服务器获取数据，或者向服务器提交数据。而在这个技术出现之前，浏览器与服务器通信的唯一方式就是通过 HTML 表单的提交，这一般都会带来一次全页面的刷新。

XML Http Request 是 XMLHTTP 组件的对象。通过这个对象，Ajax 可以像桌面应用程序一样只同服务器进行数据层面的交换，而不用每次都刷新界面，也不用每次将数据处理的工作都交给服务器来做。这样既减轻了服务器的负担又加快了响应速度、缩短了用户等待的时间。

3. 文档对象模型

DOM 是文档对象模型的简称，它定义和提供了一组可以通过 JavaScript 访问的 API，用来表示文档和访问、操作构成文档的元素。我们可以利用它来操作 HTML 的元素，这些被操作的元素能够组成应用的可视化界面。因此在 Ajax 中，DOM 也发挥着重要作用，在不刷新的情况下负责对已经载入的页面进行动态更新，从而实现数据的动态显示和交互。

DOM 把 HTML 文档的层次结构看成是树形结构，而 HTML 文本中的标签和标签内容都可以看成是树的节点。在 Ajax 应用程序中或任何其他 JavaScript 中，可以使用这些节点产生下列效果：移除元素及内容、突出显示特定文本、添加新图像元素等。因为都发生在客户端，所以这些效果可以立即发生，而不用与服务器通信。最终结果通常是应用程序感觉起来响应更快，因为当请求转向服务器时以及解释响应时，Web 页面上的内容更改不会出现长时间的停顿。

4.3.3 移动 Ajax 应用案例分析

Ajax 的技术特点在于异步交互、动态更新 Web 页面，因此它的适用范围是交互较多、频繁读取数据的 Web 应用。其经典应用主要有如下两种。

案例一　Google Maps

Google 公司推出了世界范围内的地图搜索服务，把这种技术带来的好处展示给了全世界的用户。在地图展示区中，用户可以用鼠标进行拖动、放大、缩小地图。地图中的鼠标移动到相应位置会出现即时获取的提示信息，而这些信息不是预先下载到本地的。这些功能体现了 Ajax 按需取数据和局部刷新的原则。

案例二　Gmail

Gmail 是 Google 推出的电子邮件系统，从发布之日起就收到了业界极大的关注。它实现了自动保存邮件内容、收件人地址提示等桌面应用才有的功能，非常实用。它还有很多细微而贴心的小功能，虽然改进很小，但意义重大。Gmail 邮件系统在实现中大量使用了 Ajax 技术，浏览器不再仅仅用来呈现页面内容，更重要的是用来承载一个功能丰富的应用系统。

4.4 移动 Widget 技术

Widget 中文叫微巨或微技，它通过和远端服务器互动，在客户端上自动显示和更新本地和远端的数据。Widget 本身上并不是一种新的技术，而是对已有技术应用的改良，本质上是“JavaScript＋HTML”的组合应用。根据 Widget 运行终端的差异，Widget 分为 PC Widget 和 Mobile Widget。PC Widget 是指运行在计算机上的 Widget，而 Mobile Widget 指的是运行在移动设备上的 Widget。

移动 Widget 其实就是一种特殊的“网页”，能够脱离浏览器使用。每一个移动 Widget 都是基于 Web 技术的小型用户界面，能够展示动态联网信息，或与操作系统互动，实现某些功能。由于手机屏幕和性能的限制，移动 Widget 通常被设计成简单的应用，一个 Widget 通常只实现一个功能，如展示天气、新闻、时钟等信息。用户可以把喜欢的 Widget 放到手机主屏幕上，这样，每次不用打开浏览器就可以看到从移动互联网上推送过来的信息，而且这些 Widget 都是可以同时使用的。这对用户来说，确实方便很多。

4.4.1 移动 Widget 平台架构

如图 4-7 所示，移动 Widget 平台主要由两大功能模块组成。

(1) 运行管理模块

这是平台的核心功能，实现了整个 Widget 的业务逻辑，包括前置模块、门户展现、业务运营、安全管理等。通过该模块，运营者将完成整个 Widget 生命周期的管理，业务开发者、SP 以及用户的管理。

(2) 能力封装接入模块

该模块负责对运营商网络的资源(包括业务能力、接入、运营数据等)进行封装,并向 Widget 开发者屏蔽底层网络。能力封装接入模块可以提供包括 Web Service 在内的多种封装形式(用于 Widget 对网络能力的调用)。

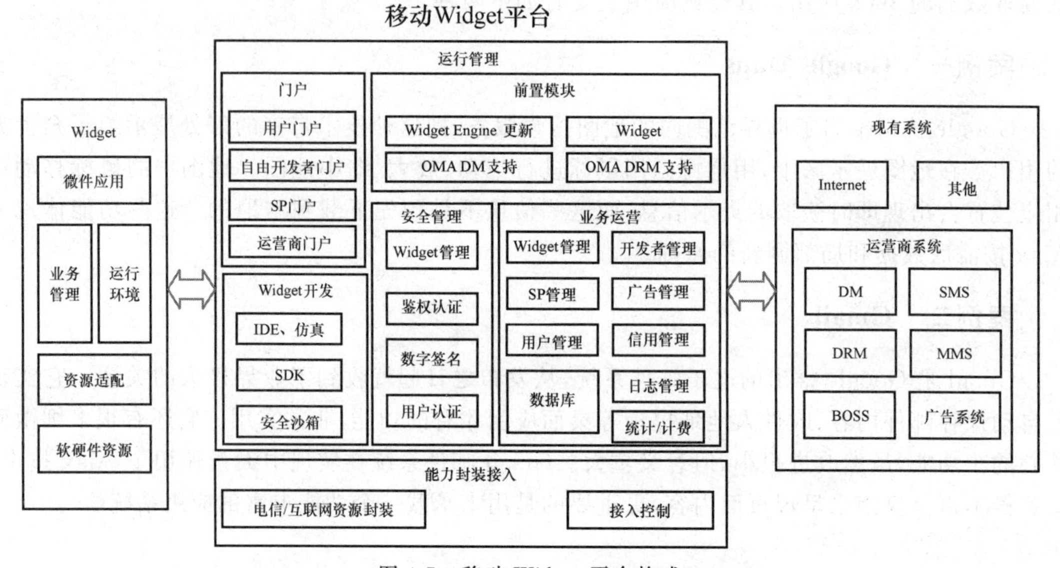

图 4-7 移动 Widget 平台构成

4.4.2 移动 Widget 关键技术及其特点

移动 Widget 依赖的技术有 Ajax、HTML、XML、JavaScript 等 Web 2.0 技术,以及压缩、数字签名、编码等信息技术。它用 Web 技术来创建,用 HTML 来呈现内容,用 CSS 来定制风格,用 JavaScript 来表现逻辑。Widget 应用汲取了基于 BS 和 CS 架构应用的各自优点。它并不完全依赖网络,它的软件框架可以存在本地,而内容资源可以从网络获取,程序代码和 UI 设计同样可以从专门的服务器更新,保留了 BS 集构的灵活性。

移动 Widget 具有以下几个方面的特点。

(1) 技术门槛低

移动 Widget 开发采用 Web 语言,开发简单,技术门槛相对较低。简单来讲,会写网页就会开发 Widget。当下流行的、现成的网页开发工具都可以用于 Widget 的开发和调试。同时,互联网有无数免费的 Web 应用资源,为 Widget 应用开发提供了巨大的资源库,可以供开发者学习、参考、利用,实现快速将互联网 Web 应用移植成移动 Widget,即手机应用。

(2) 可跨平台运行

移动 Widget 应用基于标准的 Web 技术,遵循开放统一的 API 规范,支持应用的屏幕自适应,无须终端适配、移植,真正实现了"一次开发,到处运行",以及具有可跨不同终端操作系统平台运行的能力,大大降低了开发者的成本。

(3) 用户体验佳

移动 Widget 应用支持 UI 的可定制化,具有个性绚丽的用户体验。同时它支持运行在手机待机界面,能够为用户有机整合有效信息,减少冗余的数据传输,可以实现很多适合移动场景的应用，如与环境相关、与位置相关的网络应用等。

总之，移动 Widget 的易开发、易部署、个性化、交互式、消耗流量少等特性使它非常适合移动互联网。

4.4.3　移动 Widget 应用案例分析

移动 Widget 根据应用场景，可分为以下几种。

(1) 本地应用：无须扩展 JS API(脚本语言应用程序编程接口)，无须联网，如本地小游戏、计算器、时钟等。

(2) 联网应用：无须扩展 JS API，需联网，如展示股票信息、天气预报、新闻等。

(3) 移动终端特色应用：一种应用是需扩展 JS API，无须联网，如短信发送、语音呼叫等；另一种应用是通过 BAE 基于浏览器技术的应用引擎，实现如离线浏览，个人相册、通讯录访问等。

(4) 运营商特色应用：一种是运营商现网业务，如飞信、音乐随身听等；另一种是融合应用，如基于位置的天气预报等。

从形式上来说，Widget 对现有移动增值业务客户端的应用形式是一种有益的补充，而不是革命性的替换。Widget 的交互和业务逻辑主要通过 JavaScript 实现，因此应用逻辑复杂，涉及第三方协议栈、业务状态迁移的应用就不太适合使用 Widget 实现。Widget 更适合实现一些逻辑简单、功能相对具体单一的小应用。

案例一　TV Widget

雅虎在拉斯维加斯消费电子展(CES)上宣布已经与三家 TV 厂商和两家 TV 处理器公司达成合作伙伴关系。雅虎希望通过一款名为"Yahoo Widget Engine"的软件，将其在互联网市场上的影响力带入消费电子产品领域，目前包括海信的网络电视系列在内，已经有 3 家厂商将该软件放入自己的产品线中。

Yahoo Connected TV 主打的是自家的 Widget 系统。使用 Yahoo 提供的 Widget 你可以一边看电视一边浏览天气信息，新闻、Facebook 等。使用者可以用遥控器上简单的上下左右按键来控制电视。

4.5　移动 Mashup

Mashup 指的是通过组合多种数据源来形成某种新服务的应用程序。这种组合具有面向普通用户而不是面向开发者，面向集成而不是面向软件开发的特点。随着 Web 2.0 概念的日益流行，这种用户参与的交互式互联网应用越来越受到人们的青睐。Mashup 一词来源于流行音乐，本意是指从不同的流行歌曲抽取不通的片段混合而构成的一首新歌，可以给人带来新的体验。与音乐中的 Mashup 定义类似，互联网 Mashup 也是指对内容的一种聚合。它将两种以上使用公共或者私有数据库的 Web 应用加在一起，形成一个整合应用。移动 Mashup 一般使用源应用的 API 接口，或者使用一些简单信息聚合(Really Simple Syndication，RSS)输出(含 Atom)作为内容源，合并的 Web 应用使用什么技术，则没有什么限制。Mashup 是从多个分散的站点获取信息源，再将其组合成新网络应用的一种应用模式，打破了信息相互独立的现状。

基于 Mashup 技术的移动应用利用移动运营商的技术和平台，将互联网与移动网络提供的各种信息、内容和应用有机结合在一起，从而满足了用户泛在化和一体化的需求，并为用户创造了额外的个性化服务。随着移动设备硬件技术的提高和移动通信网络技术的成熟，基于 Mashup 技术的移动应用将具有非常广阔的发展前景。

4.5.1　移动 Mashup 应用开发架构

目前的移动 Mashup 应用研究主要集中在理论和应用方面，在移动 Mashup 应用开发架构方面尚没有一个较为完整的理论框架。本书的研究主要是基于已提出的移动 Mashup 应用开发架构，同时结合已有文献中所提出的面向移动互联网的 Mashup 业务架构，将移动 Mashup 应用开发平台的功能模块进行细分和完善。

通过对目前的移动应用开发框架、移动业务运营模式和移动 Mashup 应用的研究分析，可知道设计移动 Mashup 中应用开发架构时需要结合考虑以下因素：面对网络能力和信息资源的开放，要保证用户数据的安全；在创建移动 Mashup 应用时，要注重用户体验以及应用的可持续性；要接入 Web 2.0 网站，以获取更多的数据；要充分利用移动运营商的运营支撑能力和数据去扩展移动 Mashup 应用。图 4-8 给出了移动 Mashup 应用的开发架构。

开发架构由 3 部分组成，分别是数据源、移动通信网和移动 Mashup 应用开发平台。

数据主要来源于移动通信网和互联网。因为 Mashup 技术具有开放性，为了更好地保障移动运营商数据库中用户信息的隐私和安全，其开发架构运用数据分析先对用户信息进行处理后再开放使用。

移动 Mashup 应用的快速发展离不开移动通信网的日趋开放。目前移动运营商可以根据需要选择基于标准的 Parlay X 架构、OSA/Parlay 和基于 WebService 的 SOAP 接口、Rest 接口，开放 SMS、MMS、WAP、定位等能力，以供开发者开发移动 Mashup 应用。

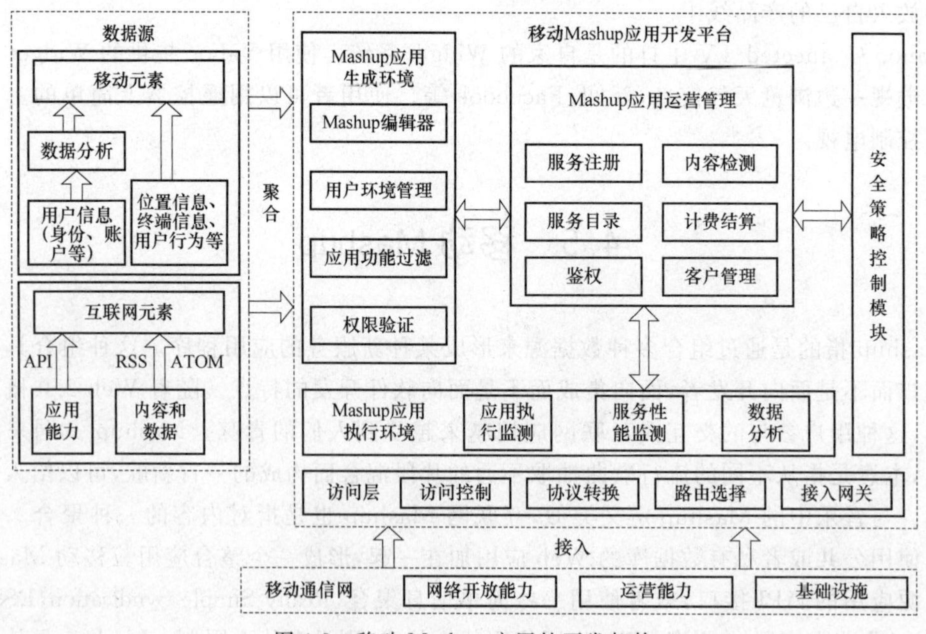

图 4-8　移动 Mashup 应用的开发架构

移动 Mashup 应用开发平台是移动 Mashup 应用开发架构的主体部分，负责给开发者提供在线 Mashup 开发平台，给用户提供移动 Mashup 应用的下载途径，同时负责移动 Mashup 应用整个生命周期的安全管理和性能监测。移动 Mashup 应用开发平台有 5 个模块：Mashup 应用生成环境、Mashup 应用执行环境、Mashup 应用运营管理、访问层和安全策略控制模块。下面具体阐述各个模块的功能。

（1）Mashup 应用生成环境模块主要具有 Mashup 应用编辑器、用户环境管理、应用功能过滤和权限验证等功能。Mashup 应用编辑器可给开发者提供在线移动 Mashup 应用开发工具；用户环境管理可以针对具体的操作系统进行开发管理，从而提高移动 Mashup 应用的兼容性；应用功能过滤可以避免开发者重复开发应用，从而提高应用的可重用性；权限验证可以对开发者调用 API 和获取用户数据的许可权限进行验证，从而确保被访问用户数据的安全。

（2）Mashup 应用执行环境模块包括应用执行监测、服务性能监测和数据分析。应用执行监测主要是监测移动 Mashup 应用的执行状态，收集执行过程中的数据和记录；服务性能监测的功能是了解已发布应用的实时状态；数据分析是对在应用执行监测和服务性能监测中收集到的数据进行分析预测。

（3）Mashup 应用运营管理模块是构建可运营管理的移动 Mashup 应用的关键部分，该模块主要有 6 个功能：服务注册、内容检测、服务目录、客户管理、鉴权、计费结算。服务注册是提高用户体验的关键因素，通过对已有服务进行注册，系统可自动生成服务目录；内容检测是审核来自于互联网与移动通信网的数据内容和应用能力的合法性，从而保证数据的有效性和可靠性；客户管理是对移动 Mashup 应用用户的管理，包括用户注册、购买应用和使用反馈等业务管理；鉴权是对移动 Mashup 应用使用的权限管理，包括用户身份鉴权和应用鉴权（用户身份鉴权是对用户登录账户、使用和账户余额的验证，而应用鉴权是对用户可访问的应用功能的级别审核）；计费结算功能将在下面作详细阐述。

（4）访问层模块的主要功能是访问控制、协议转换、路由选择和网关接入等，实现应用逻辑对于移动通信网络能力的接入、调用和验证，同时负责不同平台与数据源之间的协议转换和数据格式转换，提高移动 Mashup 应用的稳健性。

（5）安全策略控制模块是保障用户数据和移动通信核心网络的安全，负责在移动 Mashup 应用开发、发布、调用等整个生命周期中的内容版权管理、数据来源和隐私保护等。

计费模式是未来面向移动互联网的 Mashup 应用面临的重要问题。Mashup 的开放性使得传统互联网上的 Mashup 应用快速发展，但是也导致 Mashup 应用难以计费，这在一定程度上阻碍 Mashup 应用进一步的发展。面对开放的数据使用，移动 Mashup 应用可以利用移动运营商已有的计费支持方式，分别对用户数据、API 和 Mashup 应用计费，从而保证移动 Mashup 应用生命周期中各参与方的利益。本书提出的计费模式如图 4-9 所示。

首先，移动运营商对使用用户数据和分析用户行为数据的人收费。API 计费分为向 API 调用者收费和对外调用 API 进行付费，以及向用户收费，同时它还具有与开发者结算的功能。从图 4-9 可以看出，应用开发者有两个途径获取所需数据：一个是从访问移动运营商提供的数据库获取；另一个是直接从内容和数据提供商处获取。然后，将开发的移动 Mashup 应用发布，移动运营商根据应用开发者调用的数据流量和发布应用的下载情况计费结算。用户可以根据需求下载移动应用，也可以直接定制个性化移动应用，移动运营商根据不同的需求计费。最后，所得利润按达成比例在移动运营商、内容数据提供商和应用开发者之间分成。

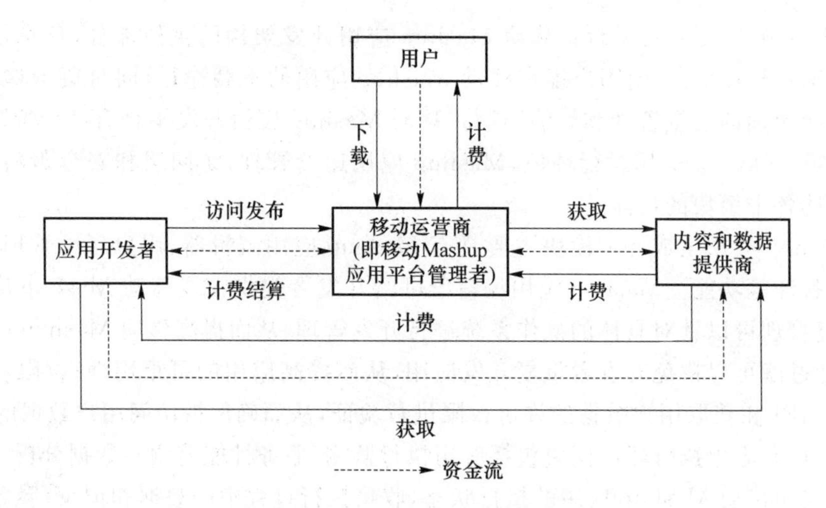

图 4-9　移动 Mashup 应用计费模式

4.5.2　移动 Mashup 关键技术

Mashup 不是一项单独的技术，如 Ajax 一样，它是多种技术的综合使用。其关键技术如下：

(1) SOAP 和 REST

Mashup 聚合的内容可概括为服务和数据。如果聚合的是服务，Mashup 则通过调用 API 来获取各个源的功能。现在 Mashup 最常用的 API 类型有两种，分别是 RESTful Web Service 和传统的 SOAP Web Service。REST 本质上是一种实现 Web Service 的架构风格，它使用 HTTP 协议来实现，而不是用 SOAP。RESTful Web Service 使用 CRUD 接口，操作简单，而 SOAP Web Service 相比于 REST 需传递复杂的参数，但却能实现更强大的功能。

(2) RSS 和 ATOM

Mashup 聚合数据时使用 RSS 或 ATOM 来获取数据。RSS 已经被用来联合广泛的内容；Atom 是一种比 RSS 更新但又与 RSS 非常类似的联合协议。这些联合技术对于集成基于事件或更新驱动内容的 Mashup 来说都非常有用，如新闻和 Weblog 聚集程序。

(3) 语义 Web 和 ROF

在 Mash 即聚合时，语义 Web 和 RDF(Resource Description Framework)可以帮助实现高质量的 XML 数据聚合和 RSS 提要内容聚合。使用语义技术和 RDF 可以让 Mashup 用户更好地使用服务和表达信息，高效高质地创建 Mashup 应用程序。

(4) Ajax

Mashup 常以 Widget 的形式封装功能和数据源，这种可视化的小部件可供用户拖拽来实现功能和数据的聚合，使得用户可以真正参与到终端编程中。将 Mashup 和 Ajax 结合起来创建的 RIA(Rich Internet Application，富网络应用)，丰富了用户界面，加快了用户与网页交互响应的速度并改善了用户体验。

4.5.3　移动 Mashup 应用案例分析

移动网络可以随时随地获得位置信息，通过结合相关其他信息可以开展很好的应用。例如,把位置信息、电子地图、交通信息跟其他的信息结合起来,可以开发紧急救援的应用;把旅游景点信息结合起来,可以开展很多导游的应用。当然,除了上述应用外,还能开展很多其他应用,包括涉及广告、儿童监护方面的应用等。Mashup 应用如图 4-10 所示。

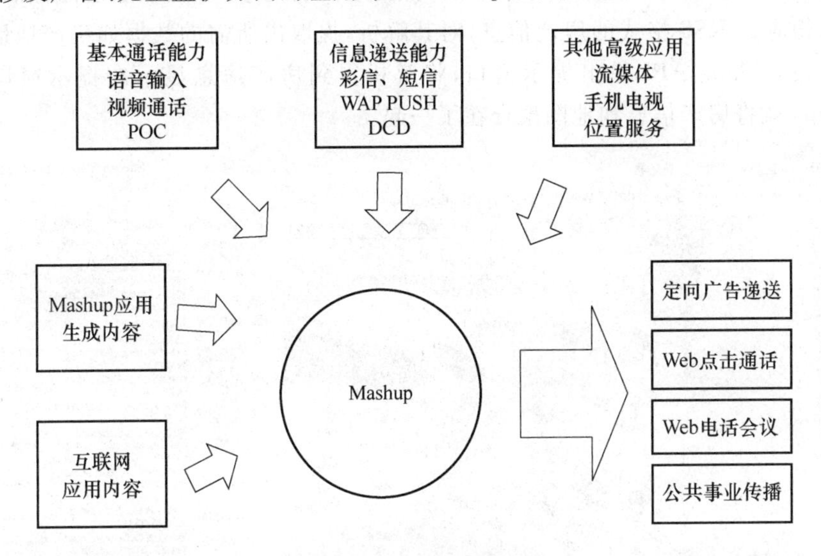

图 4-10　Mashup 应用

目前移动网络中的 Mashup 应用主要有基于位置的 Mashup 应用和收费组件 Mashup 应用等,下面分别说明。

(1) 基于位置的 Mashup 应用

基于位置信息的 Mashup 应用可以通过 AGPS 或者 GPS 等获得用户随时随地的位置信息,同时结合其他应用聚合可以产生以下应用。

- 紧急救援:位置信息＋电子地图＋交通信息＋其他通信能力。
- 移动导游业务:位置信息＋本地电子地图＋旅游景点信息。
- 地域广告:位置信息＋产品信息。
- 老人、儿童监护:位置信息＋电子地图＋医院信息等。

(2) 收费组件 Mashup 应用

收费组件 Mashup 应用主要通过移动网络的计费功能,对互联网上的业务进行代计费,可以产生如移动网络 SP 网站计费、各种小额支付等应用。除此之外,可以把 Mashup 生成的内容、互联网的内容以及现有移动网络的通信能力、业务应用(如短信、彩信、WAP PUSH、语音输入、视频通话、POC、流媒体、手机电视等)相结合,产生更加丰富的 Mashup 应用。如定向广告递送、Web 点击通话、Web 电话会议等充分满足了用户个性化的需求,都有非常广阔的应用前景。

以下是 Mashup 的几个典型应用案例。

案例一　HousingMaps

HousingMaps 是一个典型的 Mashup,如图 4-11 所示,它将房产信息列表和地图信息结合起来了。分别从 Mashup 架构的 3 个部分来分析这个例子的聚合原理。从浏览器的角度来看,用户使用该 Mashup 的体验是,他点击 Google 地图上某个感兴趣房产的图标时,界面会弹出一个提示窗口,窗口里显示的是该房产的信息。从内容提供者的角度来看,该 Mashup 的内容提供者是房产信息列表和 Google Maps:房产信息列表以 RSS 的形式提供;Google Maps 提供一个 JavaScript API 供 Mashup 程序调用。从 Mashup 站点的角度来看,Mashup 程序利用 Google Maps JavaScript API 监听和响应用户点击地图的请求,如获取点击图标的信息,根据该信息获得相应的 RSS 格式的房产信息,对其解析,提取出所需的数据如房产地址和其他属性,使用 Google Maps API 弹出提示窗口,将解析得到房产信息显示在提示窗口中。这样 HousingMaps 就将房产信息和地图聚合在了一起。

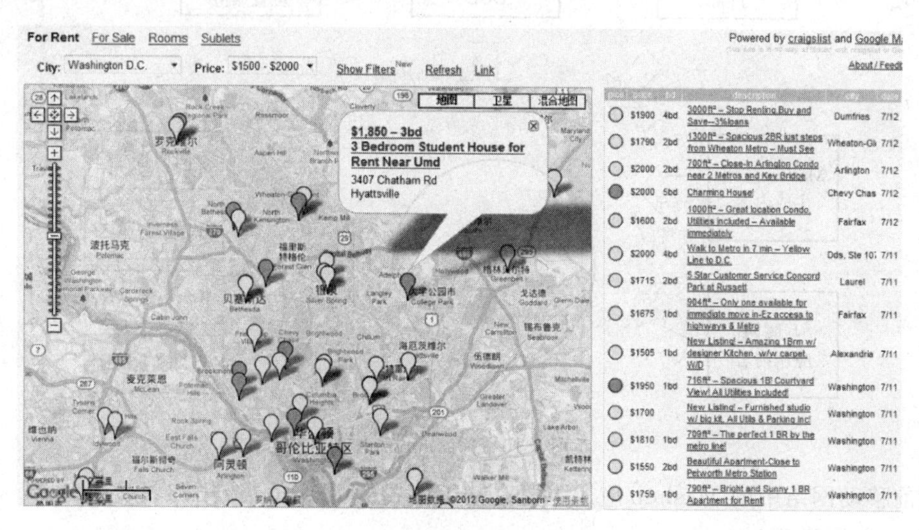

图 4-11　HousingMaps

案例二　地图 Mashup

人们搜集大量有关事物和行为的数据,这二者都常常具有位置注释信息。所有这些包含位置数据的不同数据集均可利用地图通过令人惊奇的图形化方式呈现出来。Mashup 蓬勃发展的一种主要动力就是 Google 公开了自己的 Google Maps API。这仿佛打开了一道大门,让 Web 开发人员可以在地图中展现所有类型的数据。为了不落于人后,Microsoft(Virtual Earth)、Yahoo(Yahoo Maps)和 AOL(MapQuest)也很快相继公开了自己的 API。

案例三　视频和图像 Mashup

图像主机和社交网络站点的兴起导致出现了很多有趣的 Mashup。由于内容提供者拥有与其保存的图像相关的元数据,Mashup 的设计者可以将这些照片和其他与元数据相关的信息放到一起。例如,Mashup 可以对图片进行分析,从而将相关照片拼接在一起,或者基于相同的照片元数据显示出社交网络图。

案例四　搜索和购物 Mashup

搜索和购物 Mashup 在 Mashup 这个术语出现之前就已经存在很长时间了。在 Web API 出现之前,有相当多的购物工具,如 BizRate、PriceGrabber、MySimon 和 Google 的 Froogle,都使用了 B2B 技术或屏幕抓取的方式来累计相关的价格数据。为了促进 Mashup 和其他有趣的 Web 应用程序的发展,诸如 eBay 和 Amazon 之类的消费网站已经为通过编程访问了自己的内容而发布了自己的 API。

4.6　移动 LBS

LBS 即基于位置的服务，又称定位服务。LBS 最早产生于美国。美国以其强大的空间信息技术优势和网络技术优势，于 20 世纪 90 年代便将 LBS 引入到移动通信、公共安全、交通、应急处理等各行各业，并为国家安全保障和社会公众提供空间信息服务。随着 GPS 和无线上网技术的发展，对位置服务的需求逐渐呈大幅度增长趋势。LBS 是由移动通信网提供的一种增值业务，通过一组定位技术获得移动台的位置信息（如经纬度坐标数据），提供给移动用户或通信系统，并在 GIS（Geographic Information System，地理信息系统）平台的支持下实现各种与位置相关的业务。它包含有两层含义：首先是确定移动设备或用户所在的地理位置；其次是提供与位置相关的各类信息服务。1994 年美国学者 Schilit 首先提出了位置服务的三大目标：你在哪里（空间信息），你和谁在一起（社会信息），附近有什么资源（信息查询），这也成了 LBS 最基础的内容。

无线定位服务是在传统第二代无线通信网络上发展的位置服务。二代系统数据传输能力较低，因此所能提供的定位服务类型会受到限制。而 3G 和 4G 系统的数据传输能力比 2G 系统有很大提高，为向用户提供更丰富的信息提供了网络带宽的保证，使一些信息量较大的定位业务通过无线网络实现成为可能，如地图显示、实时导航，甚至 3D 地图服务。

4.6.1　LBS 定位技术及工作流程

基于位置服务的基础是高质量地获取位置信息。定位技术主要有 3 类：卫星定位技术、蜂窝定位技术和室内定位技术。

1. LBS 定位技术

（1）卫星定位技术（GPS）

利用太空中的人造卫星对移动对象进行定位，典型代表是 GPS。目前在室外空间使用最为广泛的卫星定位技术是 GPS。GPS 全球定位系统是由美国国防部于 1978 年设计研制的，起初只用于军事用途。美国于 2000 年全面放开 GPS 对普通民众的使用权限，使得 GPS 广泛应用于民用交通导航。GPS 能将终端的位置限制在经度、纬度、高度组成的三维坐标系统内。其他改进型技术还包括差分 GPS 技术和辅助 GPS 技术等。差分 GPS（Differential GPS）系统可以纠正卫星信号在电离层和对流层传输时的时间误差，进而提高其定位精度；辅助 GPS（Assistant GPS）系统是指使用一些辅助数据（如地面的移动网络基站数据等）来提高 GPS 在弱信号下的定位精度。当外部条件良好时，GPS 能够获得较佳的定位效果，但是 GPS 的定位精度较易受到周围环境的影响，如高大建筑、室内空间等。

（2）蜂窝定位技术

这种技术是目前最简单的定位技术，它的原理是通过获取目标手机所在的蜂窝小区 ID 来确定用户所在的位置。获取所在位置后，将其提供给定位用户。目标手机可能处在不同的状态，当核心网发出无线定位服务（Location Service，LCS）的请求后，服务网络控制器（SRNC）要查询 UE 的状态，如果目前 UE 处在其他状态，SRNC 需要对 UE 进行寻呼，以确定蜂窝的 ID。为了提高精度，SRNC 还采用了 RTT（用于 FDD）或 Rx 时间偏差（用于 TDD 中）测量方法。当UE处于软切换状态时,它可能与附近的几个蜂窝都处在连接状态,通常由如下几种方法确定蜂窝ID:选择信号质量最好的蜂窝;选择UE和B节点连接使用的蜂窝;选择最近与UE有关的蜂窝;选择UE上一个使用的,而且还没有准备切换的蜂窝;选择到B节点距离最短的蜂窝;选择在收到SRNC请求时与UE处在连接状态的蜂窝。对蜂窝的选择可以基于RTT的测量或者UE节点或LMU收到的信号的功率强度,其他如IPDL或SSDT功率控制也可能被用在蜂窝的选择上。在选定好了蜂窝的ID后,还需要将其转换成地理坐标或服务区坐标。

这是一种最基本的定位方法,适用于所有的蜂窝网络。它不需要移动台提供任何定位测量信息,也无须对现网进行改动,只需要在网络侧增加简单的定位流程处理即可,因而最容易实现。目前这种定位技术已经在各移动网络中广泛使用。网络根据移动台当前的服务基站的位置和小区覆盖来定位移动台。若小区为全向小区,则移动台的位置是以服务基站为中心,半径为小区覆盖半径的一个圆内;若小区分为扇区,则可以进一步确定移动台处于哪个扇区覆盖的范围内。

显而易见,这种定位方法的精度完全取决于移动台所处小区的大小,从几百米到几十千米不等。在农村地区,小区的覆盖范围很大,所以Cell ID的定位精度很差。而城区环境的小区覆盖范围较小,一般小区半径在1~2 km,对于繁华的城区,有可能采用微蜂窝,小区半径可能有几百米,此时Cell ID的定位精度将相应提高为几百米。Cell ID定位不需要移动台的定位测量,并且空中接口的定位信令传输很少,所以定位响应时间较短,一般在3 s以内。

(3) 室内定位技术

感知定位技术适用于短距离室内识别,一般而言,需要一个信号发送端和一个信号接收端。当信号发送端和信号接收端相互间距离很小时,则能够被识别。下面介绍两种常用的感知定位技术。

① 射频识别技术

射频识别技术利用射频方式进行非接触式双向通信交换数据以达到识别和定位的目的。这种技术作用距离短,一般最长为几十米。但它可以在几毫秒内得到厘米级定位精度的信息,且传输范围很大,成本较低。同时由于其非接触和非视距等优点,可望成为优选的室内定位技术。目前,射频识别研究的热点和难点在于理论传播模型的建立、用户的安全隐私和国际标准化等问题。其优点是标识的体积比较小,造价比较低,而缺点是作用距离近,不具有通信能力,而且不便于整合到其他系统之中。

② Wi-Fi定位技术

无线局域网络是一种全新的信息获取平台,可以在广泛的应用领域内实现复杂的大范围定位、监测和追踪任务,而且网络节点自身定位是大多数应用的基础和前提。当前比较流行的Wi-Fi定位是无线局域网络系列标准中IEEE802.11的一种定位解决方案。该系统采用经验测试和信号传播模型相结合的方式,易于安装,需要很少的基站,能采用相同的底层无线网络结构,系统总精度高。由于无线信号受环境的影响比较大,楼层之间的信号干扰也较大,采用Wi-Fi进行室内定位的软件绘图的精确度大约在1 m至20 m的范围内,总体而言,它比蜂窝网络三角测量定位方法更精确。但是,如果定位的测算仅仅依赖于哪个Wi-Fi的接入点最近,而不是依赖于合成的信号强度图,那么在楼层定位上很容易出错。目前,它应用于小范围的室内定位,成本较低。但无论是用于室内还是室外定位,Wi-Fi收发器都只能覆盖半径90 m以内的区域,而且很容易受到其他信号的干扰,从而影响其定位精度,而且定位器的能耗也较高。

2. LBS 工作流程

LBS 系统工作的主要流程如下：一种情况是，用户通过移动终端发出位置服务申请，该申请经过移动运营商的各种通信网关以后，为移动定位服务中心所接受，经过审核认证后，服务中心调用定位系统获得用户的位置信息；另一种情况是，用户配有 GPS 等主动定位设备，这时可以通过无线网络主动将位置参数发送给服务中心。服务中心根据用户的位置，对服务内容进行响应，如发送路线图等，具体的服务内容由提供商提供。LBS 的工作流程如图 4-12 所示。

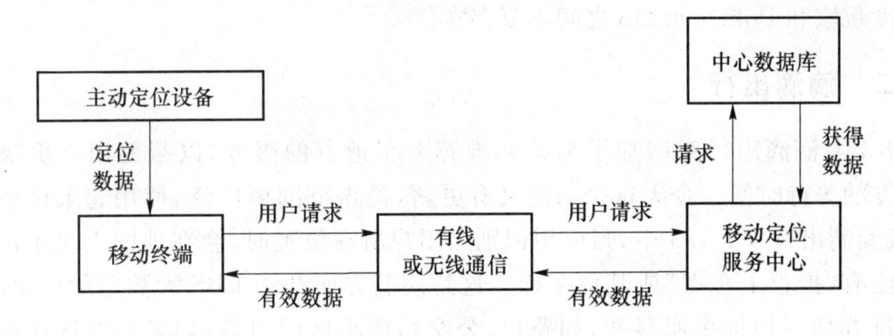

图 4-12　LBS 的工作流程

由此可见，建立 LBS 的技术基础应该包括以下 4 个方面。

- 有效、易使用的 LBS 终端设备：手机、个人电子手簿等。
- 稳定、精确的定位技术：应用 GPS 及移动通信设备定位，如 E-OTD、TDOA 以及蜂窝小区信息。
- 客户端的整体应用方案：实现 LBS 需要空间数据库和相应的工具及应用平台。通过 GIS 在数据库建模、处理和应用方面的经验，LBS 可以向用户提供有意义、个性化的应用和信息服务。
- 支持数据传输的高速通信网络：移动设备用户已可以通过 WAP 或 SMS 来获取信息，且通信的发展也进一步提高了 LBS 的服务质量，尤其是对于需要传输大量信息的服务。

4.6.2　LBS 应用案例分析

下面给出 LBS 的两个典型应用案例。

案例一　Pokemon Go

在 2016 年出现了一款现象级手游——Pokemon Go。在极短的时间内，关于该游戏的话题在谷歌搜索量已经突破 3200 万次，在 Twitter 平台的话题量也在短短 2 天内达到了 190 多万。据 APP Store 的数据显示，这款游戏已经在美国、澳大利亚和新西兰 3 个测试地区连续 3 天夺得收入冠军。

Pokemon Go 只是一款手游，只不过比一般的手游多了两个属性：LBS 和 AR。玩家可以通过智能手机在现实世界里发现精灵，并对其进行抓捕和战斗。事实上 Pokemen Go 最重要的属性在于 LBS。游戏中所显示的地图和现实世界有关联，是基于现实世界中的地图而生成的；游戏中的角色位置是基于玩家在现实世界中的地理位置信息而定的。玩家需要走出门，不断地寻找宠物，并将之收入囊中。

然而在这款受到众多玩家追捧，并得到诸多媒体报道的 AR 游戏中，AR 的元素并不多。这款游戏所做的，只是在真实世界建立坐标，将以往手机屏幕内显示的内容，叠加到现实世界中去，其他玩法和一般手游差异并不大。Pokemon Go 之所以能够超越诸多手游火爆到这样的程度，最重要的一点还是任天堂通过游戏的玩法，把玩家的游戏时间无限延长，让玩家和游戏之间在时间层面上建立起了联系。这一点至关重要，因为它完全打破了“碎片时间”理论。Pokemen Go 成功地引入 LBS，将玩家的个人时间线和游戏结合起来，使得那些所谓的“碎片时间”在深度玩家和 Pokemen Go 之间不复存在。

案例二　滴滴出行

2016 年 7 月滴滴出行新增加了为乘客推荐上车地点的服务，以帮助用户更快地找到司机，减少双方的等待时间。今天这个功能又有更新，覆盖范围更广泛，使用起来也更加得心应手。在新版滴滴出行 V4.1.5 中，当应用识别出用户所在位置时，会在地图上显示出一个绿色的框，并标注有“推荐上车点”或其他字样。这是滴滴方面基于 LBS 大数据所得出的结果，通常情况下，推荐地点地标更明显些，如路口、公交站或小区门口等，如果乘客选在推荐地点上车，双方都能节省时间。

4.7　移动社区网络服务

社区网络服务是一种旨在帮助人们建立社区性网络的互联网应用。移动 SNS 是 SNS 的更深层次的应用，是指在移动互联网上开发的基于移动终端用户的社区性网络服务，主要以移动终端为媒介，以更为真实的社会关系为基础，以发展更多移动终端用户加入 SNS 为目的。将 SNS 与移动通信技术有机地结合，可实现交友、娱乐等互动交流，也可为人与人、人与机、机与机之间的沟通和互通提供更为灵活、更为有力的支持，从而为用户的网上或网下的生活和工作提供有效的帮助。移动 SNS 平台有集中式、分布式、混合式。

- 集中式。客户端可以是 PC、移动终端；服务端是能够支持终端访问和交友业务的处理中心。
- 分布式。移动终端负责运行移动 SNS 服务，而移动 SNS 间通过标准的协议和开放接口进行交互；终端即是服务器也可以客户端；终端之间自组织，没有中心节点。
- 混合式。对于有处理中心的分布式移动 SNS，处理中心负责记录移动 SNS 圈子内用户基本信息；圈子中的节点自组织、自维护好友和社区。

4.7.1　移动 SNS 工作原理

SNS 是典型的复杂网络。用来描述真实网络统计特征的物理量主要有度、介数、集聚系数、幂律系数等。这些物理量的使用都是为了能够更加详细、精确地描述复杂的真实网络。寻找网络各种宏观统计性质的微观生成机制一直都是网络研究中一项极具意义也是极具挑战性的工作。

SNS 的相关概念如下所述。

(1) 度。度是描述一个网络的最基本的术语，也是单独节点中简单而重要的概念。在图论中，度数表示一个节点的连接数，即与该节点连接的边的数目，对于有向图中的节点，其度数可分为入度数和出度数。入度数表示指向该节点的连接数；出度数表示由该节点指出的连接数。度数可用来表征网络中节点之间的连接程度。

直观上，一个节点的度数越大意味着这个节点在某种意义上越“重要”。网络中所有节点的度的平均值称为网络的(节点)平均度。点入度表示指向这个节点的边的数量，也就是社交网络中有多少用户“关注”了这个用户；点出度表示这个节点出发指向其他节点的边的数量，也指这个用户“关注”了多少其他用户。不同用户的点入度和点出度各不相同。点入度高的用户的被“关注”度比较高，他们发布的信息，更容易被别人看到，说明他们在信息传播过程中有更大的权力；点出度高的用户关注的用户数量较多，更容易接触到其他用户发布的信息，他们对信息的传播也起到重要的作用。

(2) 介数。介数通常分为边介数和节点介数两种。节点介数定义为网络中所有最短路径中经过该节点的路径的数目占最短路径总数的比例；边介数定义为网络中所有最短路径中经过该边的路径的数目占最短路径总数的比例。

介数反映了相应的节点或者边在整个网络中的作用和影响力，是一个重要的全局几何量，具有很强的现实意义。例如，在社会关系网或技术网络中，介数的分布特征反映了不同人员、资源和技术在相应生产关系中的地位，这对于发现和保护关键资源、技术和人才具有重要意义。

(3) 集聚系数。在图论中，集聚系数是对图中的点倾向于集聚在一起的程度的一种度量。证据显示：在多数实际网络以及特殊的社会网络中，结点有形成团的强烈倾向，这一倾向说明了这些结点有一个相对紧密的连接。在实际网络中，这种紧密连接的比随机生成的均匀网络的两个结点间连接的可能性大。

这一度量有两种方法：全局的和局部的。全局的方法旨在度量整个网络的集聚(性)，而局部的方法给出了单个结点的嵌入性的度量。全局集聚系数是基于结点三元组的。一个三元组是其中有两条(开三元组)或三条(闭三元组)无向边连接的 3 个节点。一个三角由 3 个封闭的三元组构成，(三角)集中在每一个结点上。全局集聚系数是指所有三元组(包括开和闭的)中封闭三元组的数目。

(4) 幂律系数。许多真实复杂网络具有幂指数形式的度分布函数，即 $P(k)\sim k^{-r}$，其中，$P(k)$表示度为 k 的概率密度。k 要大于某个正常数，幂律系数 r 要大于 1，这是为了保证概率密度分布函数从某个正常数到无穷的积分收敛。由于幂律分布没有明显的特征长度，该类网络也被称为无标度网络。

网络度的幂率分布的一个重要的特点是：节点度 k 出现的概率 $P(k)$在 k 增大时不是以指数形式趋于 0，而是以比较平缓的幂率形式渐进的趋近 0，因而表现出“长尾”。网络的幂率分布表明度大的节点还是有一定数量的，在网络中度大的节点称为 Hub，虽然 Hub 节点在节点总数只占极少数，但是它们却发挥了“主导”作用。正是这些 Hub 的存在使得网络具有与均匀的随机网络完全不同的性质。随机网络模型假设网络中任意一对节点连接的概率都是相等的，得到的度分布 $P(k)$服从泊松分布，在节点度 k 趋近于无穷大时，泊松分布 $P(k)$趋于 0 的速度是介于正态分布和指数分布之间的，可想趋于 0 的速度之快。

4.7.2　移动 SNS 关键技术

移动 SNS 是最近几年在 Web 2.0、SOA、云计算等前沿技术大发展的背景下成长起来的新生事物,因此它在发展过程中必然会考虑应用这些技术,本节我们将对实现 SNS 平台需要用到的关键技术进行较为详细的介绍。实现移动 SNS 的关键技术如图 4-13 所示。

图 4-13　实现移动 SNS 的关键技术

对于一般普遍性的技术,如底层操作系统、数据库、编程语言,并不在图 4-13 的描述范畴内。下面将对移动 SNS 的关键技术进行简要描述。

(1) 云计算

云计算包括分布式数据库、分布式文件存储系统、虚拟技术等一系列技术。它在技术上是从分布式计算、并行计算和网格计算发展而来的;在业务上则是从软件即服务(SaaS)到平台即服务(PaaS)、基础设施即服务(IaaS)的发展结果。其中,PaaS 提供云计算应用的开发、测试、运行环境,引擎能力和集成开发工具。第三方创建的社区应用软件可以在此平台上开发并对外提供服务。此外,音/视频上传分享等需要海量数据存储的应用也可以采用分布式存储服务得以实现。

中国几大运营商目前正在建设云计算平台。中国移动在 2011 年 10 月 31 日发布了“大云”1.5 系统,并同时发布了基于“大云”1.5 的并行数据挖掘工具、分布式海量数据仓库、弹性计算系统、云存储系统、并行计算执行环境、分布式文件系统等产品。而中国电信的 PaaS 平台也于 2012 年初上线。这些平台都可以被移动 SNS 所用,提供海量、高效、低成本的计算能力和服务。

(2) Web 2.0

Web 2.0 是互联网的一次理念和思想体系的升级换代,由原来的自上而下的、由少数资源控制者集中控制主导的互联网体系,转变为自下而上的,由广大用户集体智慧和力量主导的互联网体系。由此可见,SNS 正是 Web 2.0 思想的集中体现,而移动 Web 2.0 正是由 Web 2.0 加入移动特性而形成的,其中很多技术都适用于移动 SNS。例如,用户原创内容(UGC)适用于音/视频分享服务;简单信息聚合(RSS)适用于内容发布和第三方内容接入;Mashup 适合于服务和数据的编排和集成。

(3) 电信能力开放的开发技术

电信运营商需要把呼叫控制、短信、彩信等电信能力开放给第三方应用开发使用,使之成为电信运营商的一个重要收入来源。电信能力开放的开发技术主要有 Parlay、ParlayX 和基于 Java 的 JCCAPI、会话发起协议(Session Initiation Protocol,SIP)API、SIP Servlet 等 JSR 系列规范。其中,ParlayX 采用了开放性良好的 Web Services 这一方式,被开发人员广泛认可。

(4) 开放 API

开放 API 主要用于移动 SNS 本身的功能和数据开放(如用户群组、好友),以及第三方能力的接入(如地图服务),包括 REST 和 Web Services 两种方式。其中,代表性状态传输(REST)最核心的观念转变是面向资源的 Web Service 而不是传统的面向行为,每个资源都由唯一的通用资源标志符(URI)定位。

(5) 业务生成技术

业务生成技术主要用于第三方在电信开放能力和开发 API 的基础上开发新的业务,其中,基于脚本语言的业务生成技术特别适合于熟悉业务流程而又缺乏专业编程能力的第三方开发者进行业务开发。尤以业务流程执行语言(BPEL)应用最为广泛,它是一种使用 XML 编写的通用的 Web Services 流程定义语言,抽象层次较低,可移植性良好。

(6) Web 开发模式展现技术

由于终端应用开发与终端操作系统关系较大,而针对不同操作系统开发 Native 开发模式存在技术要求高,工作量大等弊端,目前业内比较推崇采用 Web 开发模式。Web 开发模式重要的技术包括 HTML 5.0 和 Mobile Widget,它们都能实现跨平台的展现界面开发。Mobile Widget 即移动 Widget,是一种运行在移动终端上基于网页技术的小应用,主要使用 Ajax 技术与服务端通信。Widget 无须编译,在运行时由浏览器或者 Widget 引擎进行解析和运行,与终端的操作系统无关。由于 HTML 5.0 和 Widget 都具有易于开发、与操作系统耦合度低等特点,越来越多的移动 SNS 展现层采用其进行开发。

(7) 基于组件的开发技术

由于 SNS 的表现形式丰富,有 Web 页面、WAP 页面、Widget、J2ME、Native 开发模式等技术,而且很多功能都需要开放给第三方使用,因此,应用功能可采用基于组件的开发技术。应用功能组件由不同层次的小组件构成,组件对外提供接口,组件间通过接口调用,这样可以实现高内聚低耦合,从而提高功能复用程度。

(8) 统一登录技术

统一登录技术主要应用于由运营商主导的门户整合经营模式,它可以实现单点统一登录。

(9) 搜索技术、数据分析技术

搜索技术不但可以用于移动搜索业务,还可以对社区中用户内容提供的标签进行分类处理,结合数据分析技术,可对用户的群组、喜好、行为习惯进行分析和挖掘,从而进行精确营销及分类广告业务。此外,Native 开发模式的开发技术,手机终端提供的定位、视频播放等能力的调用,也是开发移动 SNS 需要掌握的技术。

4.7.3 移动 SNS 应用案例分析

对于整个社会而言,社交网络密切了人们的交往和沟通,使整个社会中的人联系得更为紧密,也使社会信息资源得到最大化的利用。下面给出 SNS 的两个典型应用案例。

案例一　新浪微博

微博(Weibo)即微型博客(MicroBlog)的简称,也即是博客的一种,是一种通过关注机制分享简短实时信息的广播式的社交网络平台。微博是一个基于用户关系信息分享、传播以及获取的平台。用户可以通过 Web、WAP 等各种客户端组建个人社区,以限定数量的文字更新信息,并实现即时分享。微博的关注机制分为单向、双向两种。

微博作为一种分享和交流平台,其更注重时效性和随意性。微博客更能表达出每时每刻的思想和最新动态,而博客则更偏重于梳理自己在一段时间内的所见、所闻、所感。

新浪微博于 2009 年 8 月 14 日开始内测。2009 年 9 月 25 日,新浪微博正式添加了"@"功能以及"私信"功能,此外还提供"评论"和"转发"功能,以供用户交流。2014 年 3 月 27 日晚间,在中国微博领域一枝独秀的新浪微博宣布改名为"微博",并推出了新的 Logo 标识。新 Logo 中新浪色彩逐步淡化。新浪微博是一款为大众提供娱乐休闲生活服务的信息分享和交流平台。微博具有以下特性:

- 信息获取具有很强的自主性、选择性,用户可以根据自己的兴趣偏好,依据对方发布内容的类别与质量,来选择是否关注某用户,并可以对所有关注的用户群进行分类。
- 微博宣传的影响力具有很大弹性,与内容质量高度相关。其影响力基于用户现有的被"关注"的数量。用户发布信息的吸引力、新闻性越强,对该用户感兴趣、关注该用户的人数越多,该用户的影响力则越大。只有拥有更多高质量的粉丝,才能让你的微博被更多人关注。此外,微博平台本身的认证及推荐亦有助于增加被"关注"的数量。
- 内容短小精悍。原创的微博内容限定为 2 000 字,转发微博的内容限定为 140 字,内容简短,不须长篇大论,门槛较低。
- 信息共享便捷迅速。可以通过各种连接网络的平台,在任何时间、任何地点即时发布信息,其信息发布速度超过传统纸媒及网络媒体。

案例二　微信

微信(WeChat)是腾讯公司于 2011 年 1 月 21 日推出的一个为智能终端提供即时通信服务的免费应用程序,由张小龙所带领的腾讯广州研发中心产品团队打造。微信支持跨通信运营商、跨操作系统平台通过网络快速发送免费(需消耗少量网络流量)语音短信、视频、图片和文字,同时,也可以使用通过共享流媒体内容的资料和基于位置的社交插件"摇一摇""漂流瓶""朋友圈""公众平台"等。

到 2016 年第二季度时,微信已经覆盖中国 94%以上的智能手机,其月活跃用户达到 8.06 亿,用户覆盖 200 多个国家,使用的语言超过 20 种。此外,各品牌的微信公众账号总数已经超过 800 万个;移动应用对接数量超过 85 000 个;广告收入增至 36.79 亿人民币;微信支付用户则达到了 4 亿左右。

微信具有以下特点:

- 基于熟人网络的小众传播,其传播有效性更高。微信不同于其他类似社交平台的特点就在于其建立的好友圈中均是已经认识的人,建立起来的人际网络是一种熟人网络。其内部传播是一种基于熟人网络的小众传播,其信任度和到达率是传统媒介无法达到的。
- 营销和服务的定位更精准。通过微信公众平台可对用户进行分组,并且通过"超级二维码"特性(在二维码中可加入广告投放渠道等信息),可准确获知你的客户群体的属性,从而让营销和服务更个性化、更精准。

- 含有富媒体内容,便于分享。微信特有的对讲功能,使得社交不再限于文本传输,而是图片、文字、声音、视频的富媒体传播形式,更加便于分享用户的所见所闻。同时,用户除了使用聊天功能,还可以通过微信的“朋友圈”功能,通过转载、转发及“@”功能来将内容分享给好友。
- 微信公众平台为一对多传播的传播方式,信息具有高达到率。微信公众平台的传播方式是一对多的传播,直接将消息推送到手机,因此达到率和被观看率几乎是 100%。由于粉丝和用户对微信公众号的高度认可,不易引起用户的抵触,加上高到达率和观看度能达到十分理想的效果。

4.8　虚拟现实技术

虚拟现实技术是近年来出现的高新技术,也称灵境技术或人工环境,涉及计算机图形学、人机交互技术、传感技术、人工智能等领域,它用计算机生成逼真的三维视觉、听觉、嗅觉等,使人作为参与者通过适当装置,自然地对虚拟世界进行体验和交互作用。使用者进行位置移动时,计算机可以立即进行复杂的运算,将精确的 3D 世界影像传回产生临场感。该技术集成了计算机图形(Computer Graph,CG)技术、计算机仿真技术、人工智能、传感技术、显示技术、网络并行处理技术等的最新发展成果,是一种由计算机技术辅助生成的高技术模拟系统。

概括地说,虚拟现实是人们通过计算机对复杂数据进行可视化操作与交互的一种全新方式,与传统的人机界面以及流行的视窗操作相比,它在技术思想上有了质的飞跃。

4.8.1　虚拟现实工作原理及关键技术

虚拟现实技术原理如图 4-14 所示,人在物理交互空间通过传感器集成等设备与由计算机硬件和 VR 引擎产生的虚拟环境交互。多感知交互模型如图 4-15 所示。来自多传感器的原始数据经过传感器处理后成为融合信息,经过行为解释器产生行为数据,把行为数据输入虚拟环境并与用户进行交互,再把来自虚拟环境的配置和应用状态反馈给传感器。

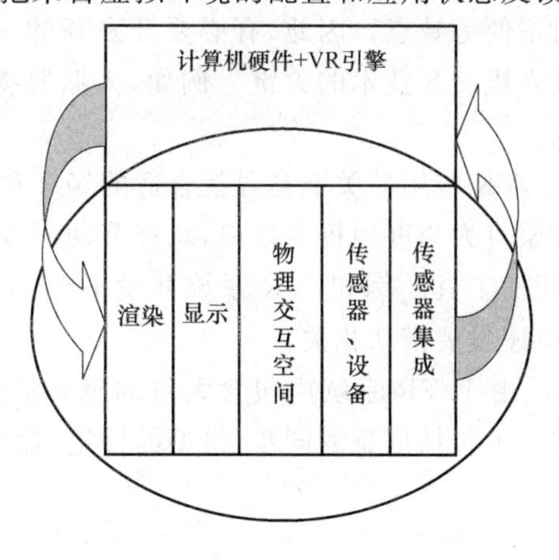

图 4-14　虚拟现实技术原理

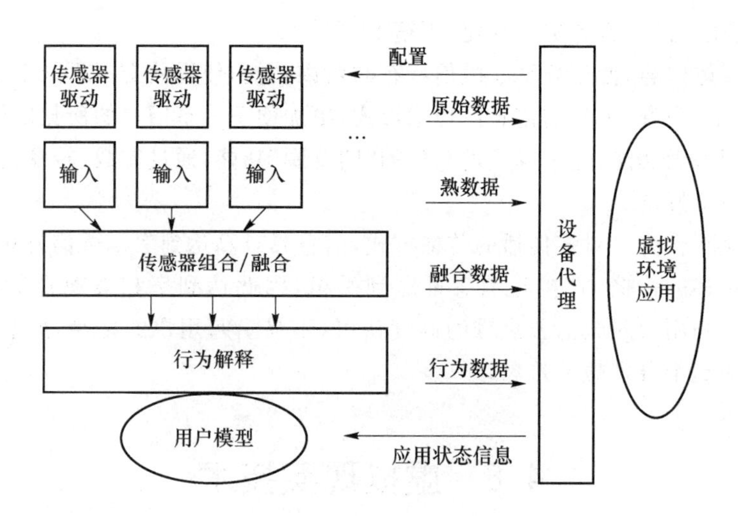

图 4-15　多感知交互模型

虚拟现实涉及的关键技术和研究内容主要包括：

(1) 动态环境建模技术。虚拟环境的建立是 VR 技术的核心内容，动态环境建模技术的目的是获取实际环境的三维数据，并根据应用的需要，利用获取的三维数据建立相应的虚拟环境模型。三维数据的获取可采用 CAD(计算机辅助设计)技术(在有规则的环境下)，而更多的情况则需采用非接触式的视觉建模技术，二者有机结合可有效地提高数据获取的效率。

(2) 实时三维图形生成技术。三维图形的生成技术已较成熟，而如何实时生成图形是虚拟现实技术的重要瓶颈。为了达到实时的目的，至少要保证图形的刷新频率不低于十五帧每秒，最好高于三十帧每秒。在不降低图形的质量和复杂程度的前提下，如何提高刷新频率将是该技术的研究内容。同时，计算机图形技术、仿真技术的提高对其发展都会产生重要影响。这里，图形生成的硬件体系结构以及在虚拟现实的真实感图形生成中用于加速的各种有效技术是关键。

(3) 立体显示和传感器技术。VR 依赖于立体显示和传感器技术的发展。现有的 VR 设备还不能满足系统的需要。例如，头盔式三维立体显示器有以下缺点：质量过重(15～20 kg)，分辨率低，刷新频率慢，跟踪精度低，视场不够宽，眼睛容易疲劳等；同样，数据手套、数据衣等都有延迟大，分辨率低，使用不便等缺点。因此，有必要开发新的三维显示技术。而各种传感器则是进行视、听、动等高级人机交互技术的关键。例如，人抓取物体时，机器应感应其动作，并对虚拟环境做相应的变化。

(4) 应用系统开发工具。VR 应用的关键是寻找合适的场合和对象，即如何发挥想象力和创造性。选择适当的应用对象可大幅度地提高效率，减轻劳动强度，提高产品质量。为了达到这一目的，必须研究 VR 的开发工具。例如，VR 系统开发平台、分布式 VR 技术等都直接与计算机技术、多媒体技术的快速发展密切相关。

(5) 多种系统集成技术。由于 VR 系统中包含大量的感知信息和模型，系统的集成技术起着至关重要的作用。集成技术包括信息的同步、模型的标定、数据的转换、数据管理的模型、模式的识别与合成等。

4.8.2　虚拟现实应用案例分析

虚拟现实的景物可以是真实物体，如房屋、道路、机械设备、旅游景点等；可以是设计模型，如还没有施工的房屋、正在设计中的工厂或产品的工程模型等；可以是现实中看不到的抽象模型，如化学分子结构、飞机机翼的超音速气流模型等；甚至可以是利率、股票等金融信息的三维模型。无论怎样，它们都利用了现实世界中存在的数据，将计算机产生的电子信号，通过多种输出设备转换成能够被人类感觉器官所感知的各种物理现象，如光波、声波、力，使人感受到虚拟境界的存在。

案例一　Cardboard

Cardboard 最初是谷歌法国巴黎部门的两位工程师大卫·科兹和达米安·亨利(Damien Henry)的创意。他们利用谷歌"20%时间"的规定，花了 6 个月的时间，打造出了这个实验项目，意在将智能手机变成一个虚拟现实的原型设备。这个看起来非常简单的再生纸板盒却是今年 I/O 大会上最令人惊喜的产品，这就是谷歌推出的廉价 3D 眼镜。

一年一度的谷歌 I/O 开发者大会于北京时间 2014 年 5 月 29 日凌晨 00:30 在美国旧金山举办。新 Android 系统、全新的 Android 手表系统、智能家居以及虚拟现实等新技术纷纷亮相，其中，最新的 Android M 操作系统更加简洁。Cardboard 只是一副简单的 3D 眼镜，但这个眼镜加上智能手机就可以组成一个虚拟现实设备。要使用 Cardboard，用户还需要在 Google Play 官网上搜索 Cardboard 应用，下载安装这个大小为七十多兆的应用。

案例二　Grescent Bay

OculusVR 公司自今年 3 月被 Facebook 以 20 亿美元收购之后，得以扩大开发团队规模，这也使得该公司的开发进度迅速加快。2014 年 9 月份在洛杉矶 Oculus Connect Conference 大会上，Oculus 展示了新一代头戴式 VR 头盔原型机——"月牙湾(Crescent Bay)"，同时发布了应用平台 Oculus Platform，这个平台可以让开发者开发、销售 VR 应用。

这个平台的意义和已诞生的智能手机一样，背后将是一个巨大的应用生态系统。既然是生态圈，就必然包括各种各样的应用。Oculus Platform 将可以让开发者在虚拟旅游、医疗健康、影视娱乐、在线教育等领域开发应用。

4.9　人机交互技术

人机交互技术(Human-Computer Interaction，HCI)是指通过输入/输出设备，实现人与计算机通信的技术，它是计算机用户界面设计中的一个重要内容。最早的人机交互方式是打孔纸带，从而有了键盘和鼠标。1973 年施乐公司(Xerox)发布的第一台图形界面计算机使得让人与机器的交互变得更加简单直观。

现在的人机交互规则是机器学习人的思维与行为习惯，多点触屏技术让机器按照人的习惯进行指令输入，即使没有经过训练的人也能迅速学会使用。语音识别技术能识别人的语言，再加上远端的"云"，能让人仅仅动动嘴就能完成人机交互。体感识别技术则能够让人的身体变为机器可识别的控制器。更多的人机交互技术还在研究开发中，如增强现实技术、脑波读取技术等。

4.9.1 人机交互关键技术

1. 触屏技术

触屏技术的主要原理是用户在使用工具碰触前端的触摸屏时，所触摸的位置会被触摸屏的控制器检测到，并通过接口送至CPU，从而确定输入的信息。触屏技术包括电阻技术触摸屏、电容技术触摸屏、红外线技术触摸屏、表面声波技术触摸屏。当前的移动终端主要使用的是电容技术触摸屏。

世界上的第一款触控移动终端是苹果公司的PDA，今天在苹果公司的iOS界面中仍能找到Newton界面的影子。触屏技术的使用意味着人们不仅只有使用键盘这样一种人机交互方式，还能通过触屏使用户以更贴近人体习惯的方式操作终端。

触屏技术真正让大众接受并倍受追捧是在iPhone发布之后。完全为手指操作而设计的屏幕界面和软件运作命令给触屏技术带来了革命性变化，同时由于移动终端商业模式的改变，各种基于触摸的新型应用大量出现，又使触屏技术被更多人所喜爱。当前的触屏技术在输入方式上只有点击与滑动，反馈方式只有屏幕显示。其实触屏技术还有很大的潜力，例如，触屏技术的软件支持以及人体工程学的研究都还有很多工作可做。

2. 语音处理技术

语音拨号及语音控制其实早就是移动终端的配置之一。它可简单地处理移动终端所收到的语音信号。当前典型的语音处理应用是iPhone的Siri，它能够识别从移动终端收到的语音，并将信息通过网络发回计算中心进行匹配处理，然后发回移动终端给予用户相应的反馈。Siri的前身据称是来源于五角大楼的能学习组织的认知助手项目，目的就是为了探索如何把语音、自然语言理解、视觉、演说、机器学习、制订计划、理性思考等全部融合到一个模仿人类的助理中，以帮助人们完成不同的事情。通过对自然语言理解的进一步发展，Siri已经从语音识别的领域扩大到了人工智能。Siri在"云"端对语音识别结果进行机器学习、服务搜索、自然语言处理，再加上与各种应用API的连接，在未来将形成一个基于语音的智能事务处理平台。

3. 体感动作识别技术

微软公司公布了Xbox360游戏机的外设——Kinect。不需任何控制器，Kinect就能捕捉三维空间中玩家的动作，并完成指令输入。其原理是利用连续光(近红外线)对测量空间进行光斑编码，通过感应器读取已编码的散射后的光线，然后解码生成一张有深度的3D图像，再对连续的3D图像进行解析，滤除干扰噪声，提取人体模型，记录人体动作，并通过机器学习理解使用者的肢体动作，最终生成一个有20个关节的人体骨架，从而理解人体动作。在游戏中，玩家只需要在Kinect前做出相应的动作，Kinect就能够做出相应的反应。体感动作识别技术不仅只是用于动作侦测，细化之后甚至可以对脸部表情、肌肉、唇语进行解读，也可以同面部识别技术结合，或者与虚拟现实结合使用，甚至用于外部环境感知。

对于当前的移动终端来说，Kinect的耗电量仍然太大，暂时只能用于笔记本，且需要接入电源。但是这并不阻碍将其列入移动终端的人机交互技术中，就像其他计算机技术一样，体感识别技术必将进入移动终端领域。

4.9.2 人机交互应用实例

依据调研的文献看，业界和研究者们对于实物交互(TUI)、3D交互界面(3D User Interfaces 3DUI)、移动式交互应用和协作式交互应用尤为关注。就交互设备而言,HWD(头戴式显示器)、手持显示器、透明显示器及手机、平板电脑等移动设备使用得最广泛;就用户界面形态而言,TUI、3DUI、多通道用户界面和混合用户界面占主要地位;另外,由于触屏设备的大量普及,触控界面也作为一种基础交互方式普遍存在。下面将按照用户界面形态作为基本划分,对近年来具有代表性和创新性的 MR(混合现实)交互系统及应用(如表 4-4 所示)做一个简单介绍。

表 4-4　近年来具有代表性和创新性的 MR 交互系统及应用

名称	交互界面范式	关键交互技术	交互工具	特点
VOMAR	TUI	手势识别技术	HWD、实物	使用实物操纵虚拟物体
Studierstube	TUI	笔交互技术	笔与绘图板	支持多用户协作
Smarter Objects	触控用户界面	触控交互技术	平板电脑	增强物体交互能力
LBAH	触控用户界面	触控交互技术	手机	增强实物地图的交互能力
Mohr	3DUI	3D 交互技术、图像识别技术	PC 或平板电脑	将普通平面文件转换为 3D 可交互图形信息
User-Defined Gestures	3DUI	3D 交互技术、手势识别技术	HWD	使用多种不同手势操作 3D 物体
WUW	多通道用户界面	手势识别技术	头戴式投影仪	支持手势、上肢及实物多通道交互
Irawati	多通道用户界面	语音识别技术	HWD、实物	利用语音通道修正交互行为
SEAR	多通道用户界面、听觉用户界面	语音识别技术	HWD	将语音与视觉融合
Jeon 等	触觉界面	触觉反馈技术	触觉反馈笔	可进行虚拟物体的触觉模拟
TeleAdvisor	图形用户界面	其他	PC	通过 2D 界面与 3D 空间交互
SpaceTop	3DUI	3D 交互技术、手势识别技术	透明屏幕、深度摄像机	直接用手与虚拟物体交互
HoloDesk	3DUI	3D 交互技术、物理仿真技术	透明屏幕、深度摄像机	手、实物、虚拟物体同时交互
Reilly 等	3DUI、混合用户界面	3D 交互技术	交互桌面、交互平板、PC、投影等	具有虚实融合的交互工作空间
Tangible Bits	TUI、混合用户界面	光学、机械、磁场等多种传感技术,图像识别技术	实物工具、环境媒体、交互平板	实现了现实世界与虚拟世界的高度融合
Augmented Surfaces	TUI、混合用户界面	图像识别技术	交互桌面、PC、投影等	可共享多种设备与实物之间的信息
cAR/PE	3DUI	3D 交互技术	PC	具有虚实融合的交互工作空间

TUI 是 MR 应用中使用最多的一种交互范式,它支持用户直接使用现实世界中的物体与计算机进行交互。在虚实融合的场景中,现实世界中的物体和虚拟叠加的信息各自发挥着自己的长处,相互补足,使交互过程变得更加有趣和高效。TUI 的一个典型案例是 Kato 等人发明的 VOMAR,如图 4-16(a)所示。该应用中,用户使用一个真实的物理的桨(Physical Paddle)选择和重新排列客厅中的家具,桨叶的运动直观地映射到基于手势的命令中,例如,"挖"一个对象从而选择它,或"敲击"一个对象使它消失。TUI 中物体的特点是它们既是实际可触摸的物体,

又能完美地与虚拟信息匹配并供用户进行操纵，这样用户便能将抽象概念与实体概念进行比较、组合或充分利用。Studierstube〔如图 4-16(b)所示〕利用 TUI 的这一特点实现了一个多用户信息可视化、展示和教育平台，其利用摄像机跟踪用户手中的笔和交互平板，使用户能够使用它们直接操控虚拟信息。每个用户都佩戴一个 HMD，可以看到叠加在交互平板中的 2D 图表，并能使用各自的笔来操控和修改相应的 3D 模型。在 MR 技术的帮助下，不同用户眼中的模型得到了相应地视觉修正，使得虚拟内容自然真实，非常适合多用户协同工作。另一个在人机交互学术界久负盛名的 TUI 案例是 Tangible Bits，该工作实现了一个 meta DESK〔如图 4-16(c)所示〕实物交互桌面。在 meta DESK 中虚拟信息的浏览方式被现实世界物体增强了，用户不再使用窗口、菜单、图标等传统 GUI，而是利用放大镜、标尺、小块等物体进行更自然地交互。

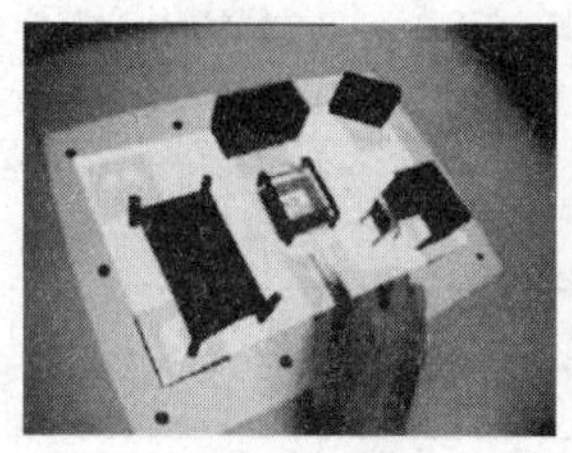

(a) VOMAR

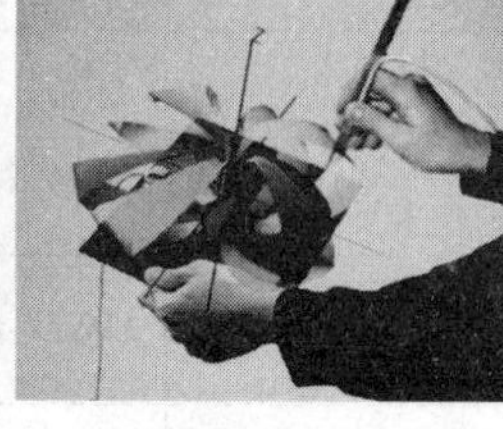

(b) Studierstube

(c) meta DESK

图 4-16　3 个典型的 TUI 上的 MR 应用

3DUI 在 MR 应用中大量的存在，并且它与其他界面范式、交互技术、交互工具深度融合，产生了形式多样的创新型应用。cAR/PE 和 Reilly 等〔如图 4-17(a)所示〕的工作利用 MR 技术实现了一个远程会议室，会议室的主体由 3D 模型构成，在虚拟会议室中叠加了实时视频流以及其他 2D 信息，这样身处不同地点的用户们可以方便地通过这个系统进行面对面的会谈、信息展示和分享。在 Holo Desk〔如图 4-17(b)所示〕中，研究者实现了一个用手直接与现实和

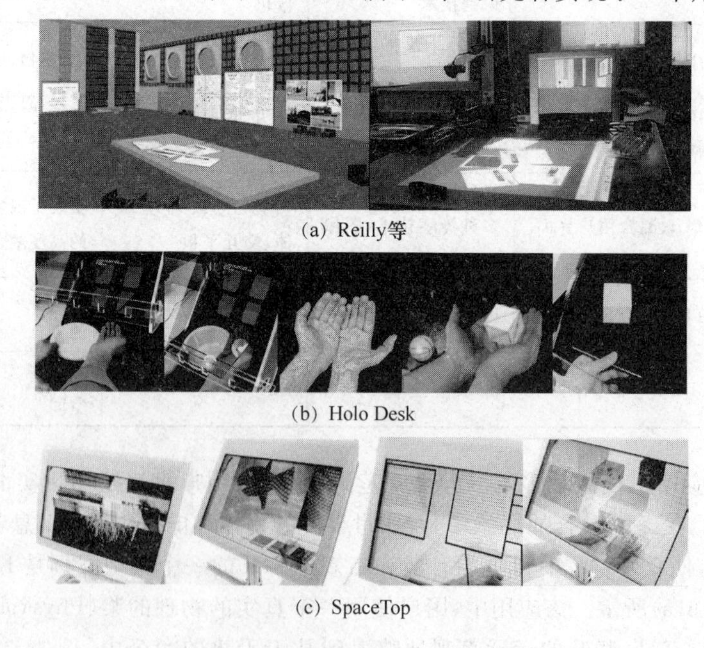

(a) Reilly等

(b) Holo Desk

(c) SpaceTop

图 4-17　3 个典型的 3DUI 上的 MR 应用

虚拟的 3D 物体交互的系统，该工作的亮点在于它不借助任何标志物就能实时地在 3D 空间中建立虚实融合的物理模型，实现了任何生活中的刚体或软体与虚拟物体的高度融合，为 MR 中自然人机交互起到了重要的支撑作用。SpaceTop〔如图 4-17(c)所示〕将 2D 交互和 3D 交互融合到一个唯一的桌面工作空间中，利用 3D 交互和可视化技术拓展了传统的桌面用户界面，实现了 2D 和 3D 操作的无缝结合。在 SpaceTop 中，用户可以在 2D 中输入、点击、绘画，并能轻松地操作 2D 元素使其悬浮于 3D 空间中，进而在 3D 空间中更直观地控制和观察；该系统充分发挥了 2D 和 3D 空间中的优势，使交互更为高效。另一项近期的工作则尝试利用图像处理和 CAD 结合的方式，将 2D 的装备说明书自动转换为 3D 的交互式 MR 环境中，使得原本难以理解的说明书变得更加直观，易于学习。

参考文献

[1]　杨勇，邝宇锋，魏骞. 移动互联网终端应用开发技术[J]. 中兴通讯技术，2013，19(6)：19-23.

[2]　王满. Ajax 技术在“数字校园”中的应用研究[D]. 南京理工大学，2010.

[3]　崔君. Web 2.0 中 Ajax 的应用[D]. 山东大学，2006.

[4]　迟艳玲，高双喜. 移动 Widget 的发展、应用及前景[J]. 电信科学，2010，26(7)：137-139.

[5]　郭敏. 基于 Mashup 的移动应用开发架构设计和研究[J]. 移动通信，2011，35(20)：73-77.

[6]　邝宇锋，蔡求喜. 移动 SNS 的关键技术及架构[J]. 中兴通讯技术，2012，18(2)：51-56.

[7]　黄进，韩冬奇，陈毅能，等. 混合现实中的人机交互综述[J]. 计算机辅助设计与图形学学报，2016，28(6)：869-880.

第5章　移动互联网业务平台

移动终端要访问移动互联网的业务服务，需要通过接入网进入移动互联网业务平台。而相比于个人计算机，移动互联网的最大特点是具有无线性和移动性。因此在介绍移动互联网的业务平台之前，本章从无线接入和移动性管理两个角度介绍移动互联网的网络技术。另外，不甘沦为"管道"的运营商致力于推出智能管道，以提升网络的智能化，进行差异性服务。

移动互联网的"管道"（如图5-1所示）在网络技术的基础上，通过业务平台为用户提供服务。移动互联网作为传统互联网与传统移动通信的融合体，其业务服务体系也是脱胎于上述二者。移动互联网业务平台主要包括三大类，分别是：

（1）移动通信演进的业务平台移动通信业务的互联网化使移动通信原有业务互联网化，如意大利的"3公司"与"Skype公司"合作推出的移动VoIP业务；

（2）互联网演进的业务平台互联网业务向移动终端的复制实现了移动互联网与互联网相似的业务体验，这是移动互联网业务发展的基础；

（3）业务创新的业务平台融合移动通信与互联网特点而进行的业务创新，将移动通信的网络能力与互联网的应用能力进行聚合，从而创新出适合移动终端的互联网业务，如移动Web 2.0业务、移动位置类互联网业务，这也是移动互联网有别于互联网的发展方向。

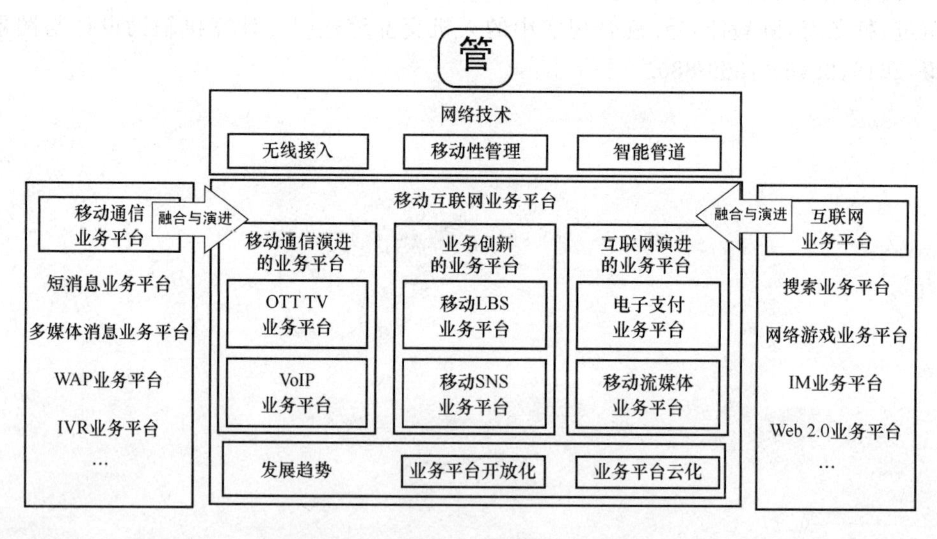

图5-1　移动互联网的"管道"

业务平台是一个已经存在的某个具体应用，如果这个应用具备了某些特性——承载性和辐射性，那么我们就把它定义为一个业务平台。业务平台的承载性指的是可以在平台之上建立起其他应用；业务平台的辐射性指的是能够对建立在平台之上的其他应用具有"效果倍增的作用"。在移动互联网时代，业务平台被赋予了更多的含义，更加侧重作为面向应用开发者的服务环境而存在。

5.1　移动互联网的网络技术

在图 5-2 所示的移动互联网的典型体系架构模型中，可以看出移动互联网的“管道”部分从下到上包括业务网络和业务平台两个部分。业务网络包括接入网络、承载网络和核心网络；业务平台包括业务模块、管理与计费系统、安全评估系统等。

因此在介绍移动互联网的业务平台之前首先介绍常用的无线接入网的类型及其特点。而多种网络之间的接入方式可能存在冲突，因此对异构网络的研究是迫在眉睫的。另外，由于终端设备的移动性，无线网络面临比固定网络更多的技术难题，特别是移动 IP 切换技术。因此移动 IP 技术应运而生，MIPv6 的切换技术正是当下 MIPv6 研究中的重点之一。归根溯源，运营商的本质仍然是“管道”，是信息的传送者。或许因为运营商曾经业绩辉煌，仅做好网络技术是不够的。为了积极应对移动互联网快速发展带来的问题，智能管道的概念以及技术应运而生，通过差异化的服务和运营，摆脱了“哑管道”的命运。

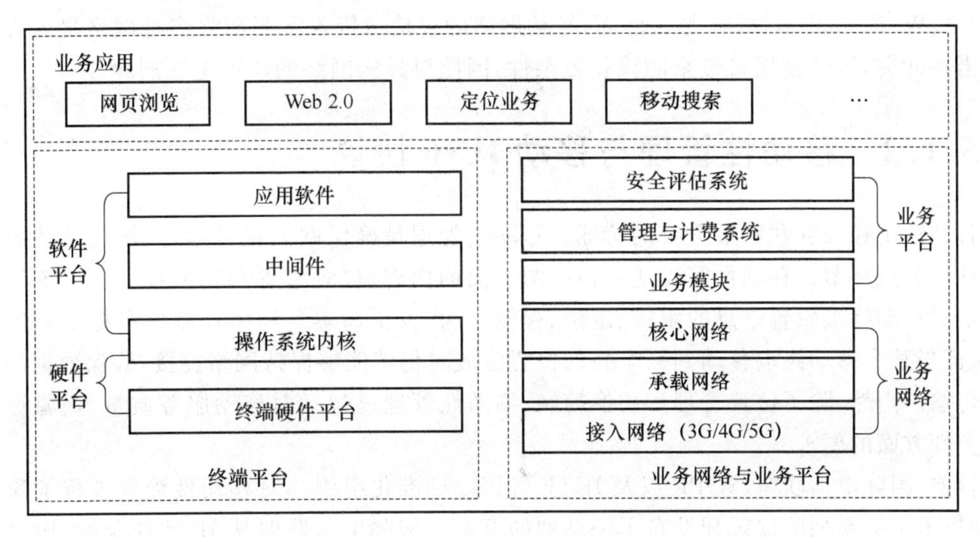

图 5-2　移动互联网的典型体系架构模型

5.1.1　无线接入网

现有的无线接入网络主要有 5 种类型：卫星通信网络、WMAN（Wireless Metropolitan Area Networks，无线城域网）、WLAN（Wireless Local Area Networks，无线局域网）、WPAN（Wireless Personal Area Network，无线个域网）和蜂窝网络（4G 网络、5G 网络等）。以下简要论述上述 5 种网络的特点。

- 卫星通信网络的优点是通信区域大，距离远，频段宽，容量大，可靠性高，质量好，噪声小，可移动性强，不容易受自然灾害影响。其缺点是存在传输时延大，回声大，费用高等问题。
- WMAN 以微波等无线传输为介质，提供同城数据高速传输、多媒体通信业务和 Internet 接入服务等。其具有传输距离远，覆盖面积大，接入速度快，效率高，反应灵活，成本低,拥有较为完备的QoS机制等优点。它的缺点是暂不支持用户在移动过程中实现无缝切换;性能与蜂窝网络的性能存在差距。

- WLAN是指以无线或无线与有线相结合的方式构成的局域网。无线局域网具有布网便捷,网络规划调整可操作性强,网络易于扩展等优点。其缺点是性能、速率和安全性存在不足。
- WPAN是采用红外、蓝牙(Bluetooth)等技术构成的覆盖范围更小的局域网。目前,无线个域网采用的主流技术是蓝牙、家庭射频(HomeRF)、红外技术(Infra-red Data Association,IrDA)、射频识别、超带宽(Ultra Wide Band,UWB)等。它具有功耗低,成本低,体积小等优点。其缺点主要是覆盖范围很小。
- 蜂窝移动通信系统由移动站、基站子系统、网络子系统组成,采用蜂窝网络作为无线组网方式,通过无线信道将移动终端和网络设备进行连接。其中宏蜂窝、微蜂窝是蜂窝移动通信系统应用较多的蜂窝技术。蜂窝移动通信的主要缺点是成本高,带宽低。

可以看出,网络技术的发展为用户提供了多种不同的无线接入方式,包括以太网、通用分组无线业务(General Packet Radio Service,GPRS)网络、3G网络、LTE(Long Term Evolution,长期演进)网络、Wi-Fi以及WiMax等。然而,异构网络的多接口接入需要消除多种网络接入方式带来的潜在冲突,屏蔽多接口带来的操作复杂性,因此对异构网络的研究迫在眉睫。

5.1.2 移动性管理与移动IPv6协议

移动性是移动互联网最重要的特征。移动性管理是确保网络正常运行,保持移动业务的连续性的关键环节。移动性管理通常包括两方面的内容:位置管理和切换控制。位置管理能够实现对移动终端位置信息的跟踪、定位、存储、查找及更新等。切换控制旨在提供合理的机制,保证当某个移动终端移动到一个新的位置区域时仍然能够保持网络连接,确保数据的无缝连续传输。当然,除了位置管理和切换控制,移动性管理还包括对移动服务质量、资源管理以及安全性方面的要求。

目前,国际电信联盟、3GPP以及IETF等国际标准化组织均对移动性管理进行了深入研究,并提出了一系列的建议和发布了一系列的草案。国际电信联盟从IP地址分配、用户信息管理、用户环境管理、身份认证、接入控制及鉴权等方面定义了下一代网络(Next Generation Network,NGN)中的位置管理问题。3GPP提出将移动性管理作为LTE-SAE(System Architecture Evolution,系统架构演进)系统的技术需求,以支持不同接入系统间的无缝移动性和业务连续性。同时,在其规范中明确规定了对通用分组无线业务隧道协议(GPRS Tunneling Protocol,GTP)、MIPv4协议、DSMIPv6协议和PMIPv6协议等的支持。IETF对移动性管理的研究最为全面,提出了MIPv4,MIPv6、PMIPv6以及HIP等主流技术协议。

图5-3描述了MIPv6的实现。MIPv6采用的是IPv6协议,IPv6协议是在IPv4的基础上加以改进而产生的。在所有的改进中,最突出的一点便是地址空间的扩大,即IPv6将IPv4的32 bit地址字段扩展为128 bit。因此,在IPv6中,可以支持更灵活的地址结构体系和更大的寻址范围。另外,地址的自动配置也变得更为简单。在MIPv6中,借鉴了MIPv4(RFC 2002)的基本思想,即移动结点有如下两种地址:本地地址以及转交地址,其中,本地地址是用来永久地标识移动结点,以保证移动结点的移动性对上层网络应用是透明的,而转交地址则用来反映移动结点在网络中的不同位置,以便和对等通信结点进行通信。同时,MIPv6利用了IPv6协

议所提供的大的地址空间、路由优化和安全等特性，对 MIPv4 作了进一步的改进，从而为移动结点提供了一个更加合理和有效的 IP 层移动解决方案。

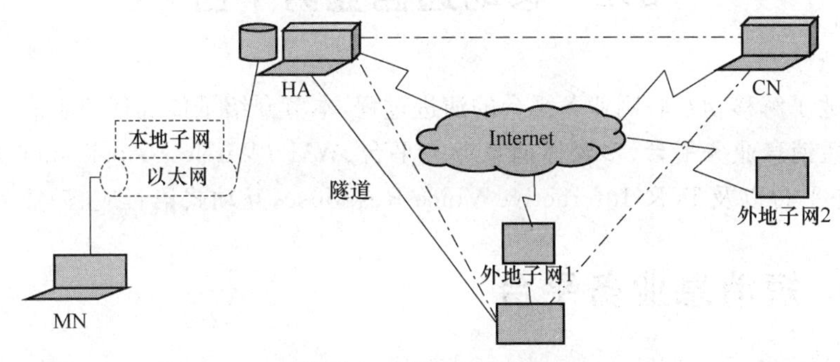

图 5-3 MIPv6 的实现

5.1.3 智能管道

近年来，互联网的高速发展促使运营商网络带宽能力不断增强。在这种背景下，网络运营商需要在做大做宽管道的基础上，提升网络的智能性，使得网络由传统的粗放型管道向智能化管道转变，以支撑新型业务发展，因此智能管道的理念被提出。

3GPP 从 R7 开始定义了 PCC(Policy Control and Charging，策略和计费控制)架构，直到定义了 R10 的增强 PCC，整个框架已基本完成。PCC 架构主要由 PCRF(Policy and Charging Rules Function，策略和计费规则功能)、PCEF(Policy and Charging Enforcement Function，策略和计费执行功能)以及 SPR(Subscription Profile Repository，用户策略数据库)逻辑实体构成，分别完成策略生成、策略执行和策略签约功能，旨在通过网络资源与计费策略控制，为用户提供差异化的服务质量及灵活的计费策略，如图 5-4(a)所示。

TISPAN 在制定 NGN(Next Generation Network，下一代网络)系列标准时，针对 NGN 对 QoS(Quality of Service，服务质量)的需求，引入了 RACS(Resource and Admission Control Subsystem，资源和准入控制)架构，重点针对固定宽带，制定了边界网关以下的基于接入网资源的接纳控制、分配和管理的标准，如图 5-4(b)所示。ITU-T 定义了 RACF(Resource and Admission Control Function，资源和准入控制功能)架构，提供了对接入网和核心传送网的端到端 QoS 控制，包括资源预留、接纳控制和门控。

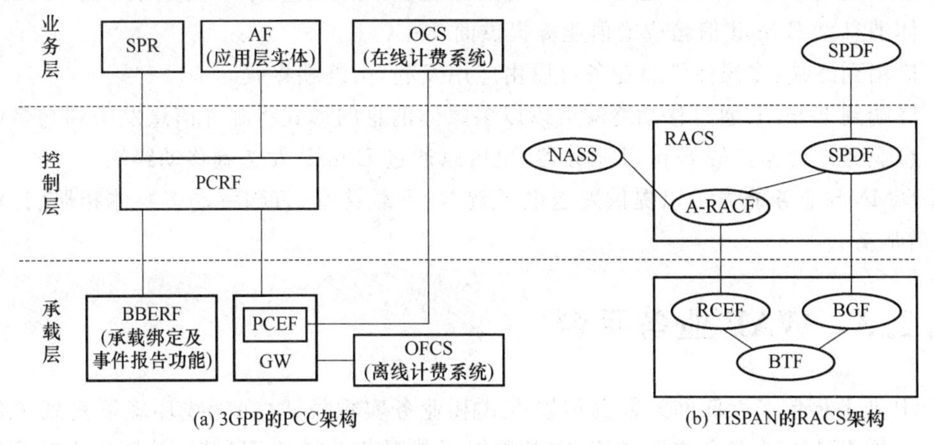

图 5-4 国际标准提出的智能管道相关架构

5.2 移动通信业务平台

为了更好地了解移动互联网业务平台的演进过程，本节介绍了传统移动通信中的业务平台，并分别讲述了短消息业务平台、多媒体消息业务平台、WAP（Wireless Application Protocol，无线应用协议）业务平台以及IVR（Interactive Voice Response，互动式语音应答）业务平台。

5.2.1 短消息业务平台

短消息业务（Short Message Service，SMS）是最为成熟的移动数据业务之一，实现了移动用户之间、移动用户和应用之间的信息传递，也可以通过短消息中心查询或预定信息。短消息业务平台提供的业务能力主要包括3种。

- 终端到终端：用户在终端上编写SMS消息并发送到短消息中心，由短消息中心将消息发送到接收方终端。
- 终端到应用：用户可以发送短消息到一个应用系统或增值业务提供商。
- 应用到终端：短消息业务由应用发起，由终端接收。

基于SMS业务能力可以提供诸如股票交易、银行业务办理、信息点播、GPS监控、E-mail通知及日程安排等信息服务。

5.2.2 多媒体消息业务平台

多媒体消息业务（Multimedia Message Service，MMS）是短消息业务和增强型消息业务的进一步发展。多媒体消息服务提供了一种非实时的基于存储转发机制的多媒体通信方式，使具有全面功能的内容的消息得以传递，包括图像信息、音频信息、视频信息、数据以及文本。多媒体消息业务平台提供的业务能力包括4种。

- 终端到终端：用户在MMS终端上编写多媒体消息并发送到多媒体消息中心，由多媒体信息中心将多媒体消息发送到接收方终端。
- 终端到应用：用户可以通过MMS终端发送多媒体消息到一个应用系统，如发送多媒体消息到E-mail信箱或增值业务提供商。
- 应用到终端：多媒体消息业务可以由应用发起，由终端接收。
- 终端到E-mail：通过移动终端可以以多媒体消息的形式将邮件信息发送到与多媒体消息业务平台连接的E-mail服务器，也可以通过E-mail发送到移动终端。

基于MMS业务能力可以提供发送电子贺卡、下载铃音、订购移动多媒体相册、订购多媒体消息等服务。

5.2.3 WAP业务平台

WAP业务借鉴了互联网的数据传输方式和业务实现模式，在无线环境下实现了各类互联网服务，如WAP和Web页面浏览，以及数据下载服务。同时WAP系统还能为其他移动互联网业务(如 MMS 业务、Java 下载服务等)提供必不可少的支持,是整个移动互联网业务的基础。WAP 业务平台提供的业务能力包括以下两种。

- WAP Pull。WAP Pull 业务是目前在 Internet 上使用最多的业务形式,首先由客户端发起请求,然后服务器将客户端所请求的内容发给客户端。
- WAP Push。WAP Push 业务是由服务器发起,向用户主动推送内容消息。通常情况下,WAP Push 业务的提供需要用户在过去某一时刻提出业务的需求。

基于 WAP 业务能力,可以提供网页浏览、业务订购、移动广告推送、邮件 Push 通知等功能。

5.2.4　IVR 业务平台

IVR 指手机用户通过拨打指定号码,就可以获得所需信息或者参与互动式的服务。最常见的业务有语音点歌、语音聊天交友等。IVR 基本构成元素主要包括以下几部分。

- 语音卡。语音卡的主要功能是:通过计算机与电信网相连,提供录音、放音、收码、自动拨号、振铃检测与控制摘挂机、信令检测、转接内线、监控录音、传真、数据传输、主叫号侦测等服务功能。
- 数据库服务器。数据库服务器负责保存各类 IVR 业务所涉及的数据信息、用户信息、服务信息、计费信息等以及各种统计数据,为应用程序提供数据访问接口。其软件支撑平台通常采用支持 Client/Server 体系结构、具有开放式编程接口的分布式数据库 MySQL Server。
- IVR 应用服务器。IVR 应用服务器具有自动应答、检测按键、数字转语音、自动回拨电话、语音留言、自动查询话费等功能。
- 数字中继。语音交换机的数字中继能够在公共电话网上,提供一个数字物理通道和交换机数字中继接口,使用户和公共电话网上的用户可以进行语音等信息的互通。PRI(Primary Rate Interface,基群速率接口)就是数字中继中最常用的一种接入方式,该接入方式的标准叫 PRA(Primary Rate Access,基群速率接入)信令。

5.3　移动通信演进的业务平台

移动通信业务的互联网化是指移动通信原有业务的互联网化,即我们所熟知的 OTT 模式业务,如“Skype 公司”与“3 公司”合作推出的移动 VoIP 业务。本节先介绍了 OTT 模式及其特点,以及 OTT 业务平台的整体体系架构,接着介绍了两个典型的通信业务互联网化的业务平台,即 OTT TV 业务平台和 VoIP 业务平台。

5.3.1　OTT 模式与 OTT 业务平台

OTT 是指互联网企业通过运营商的基础设施向其用户提供基于 IP 的语音、视频以及数据服务,典型的代表有 Skype、Google Voice、Whatsapp、Line、微信等。OTT 应用的会话与沟通成本低,而对移动互联网用户,OTT 应用为它们的使用和管理信息提供了更为行之有效的途径，对信息用户体验产生了显著的影响，这主要体现在以下几方面：(1)信息的个性化聚合；(2)信息表现形式的多样性；(3)信息传递的低成本性；(4)云时代的信息管理功能。

OTT 业务平台作为移动运营商的网络能力开放接口，向第三方业务提供商提供增强的网络服务，包括应用程序、服务、API 等。随着智能管道的逐步推广，将网络能力开发和智能管道结合，从而提供更多与网络自身有关的功能。为了整合这些功能，方便业务开发者的使用 OTT 平台采用如图 5-5 所示的架构，整个平台分为 4 个部分。

(1) 服务器访问接口。基于 Web-SOA 的服务器访问接口使业务开发者在构建基于通信的应用时更加方便。

(2) 电信能力。它指的是移动运营商向 OTT 业务提供商开放一系列原有的增值网络能力。开发者将短信、定位或呈现功能嵌入其应用软件，从而在 OTT 业务中使用这些功能。

(3) 增强功能。它指的是在原有电信业务之上提供基于内容的增强控制能力，如内容处理(包括内容的编解码分发等)、QoS/QoE、数据处理、版权管理。其中，QoS/QoE 利用移动网络的开放能力，可对流量进行优化控制，包括带宽控制、过载控制等；数据处理可将移动网络的部分数据进行再处理，提供包括匿名用户在内的用户行为特征等信息。

(4) 辅助功能。它可提供日志管理、统计、认证鉴权等平台辅助管理功能。

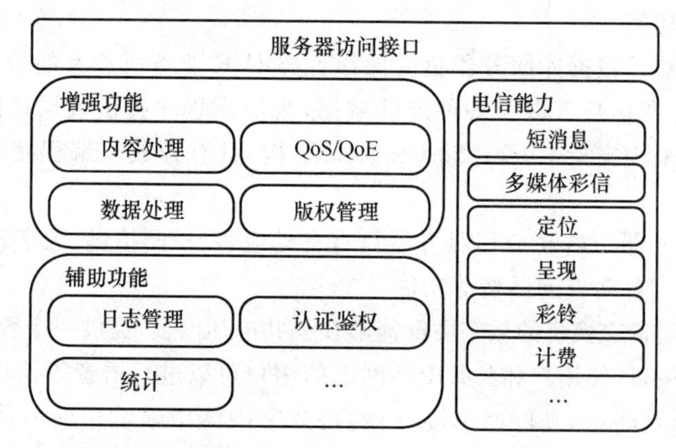

图 5-5 OTT 平台体系架构

5.3.2 OTT TV 业务平台

OTT 业务延伸到视频领域，这就成为 OTT 业务的一项重要内容：OTT TV。OTT TV 是指基于开放互联网的视频服务，它的终端可以是电视机、计算机、机顶盒、平板电脑、智能手机等。它在网络上提供服务，强调服务与物理网络的无关性。从用户角度讲，OTT TV 是满足用户需求、具有集成互动功能的互联网电视，它标志着用户从“看”电视向“用”电视转变，显示出开放、多屏、互动等特性和优势。OTT TV 业务平台解决方案如图 5-6 所示。该业务解决方案包括几大部分：OTT 业务平台、内容源、内容分发网络以及 OTT TV 终端设备等。

1. OTT TV 业务平台

OTT TV 业务平台可以基于云平台构建，适用于各种不同的内容源、多样的终端以及丰富的业务形态。OTT TV 业务平台进一步可细分为管理平台、控制平台数据挖掘平台几大类，其中管理平台具备的功能有：用户管理、终端管理、内容管理以及业务支撑。用户管理可以用来提供用户认证、管理、业务推送、在线升级等服务；终端管理可用来管理各种类型的终端注

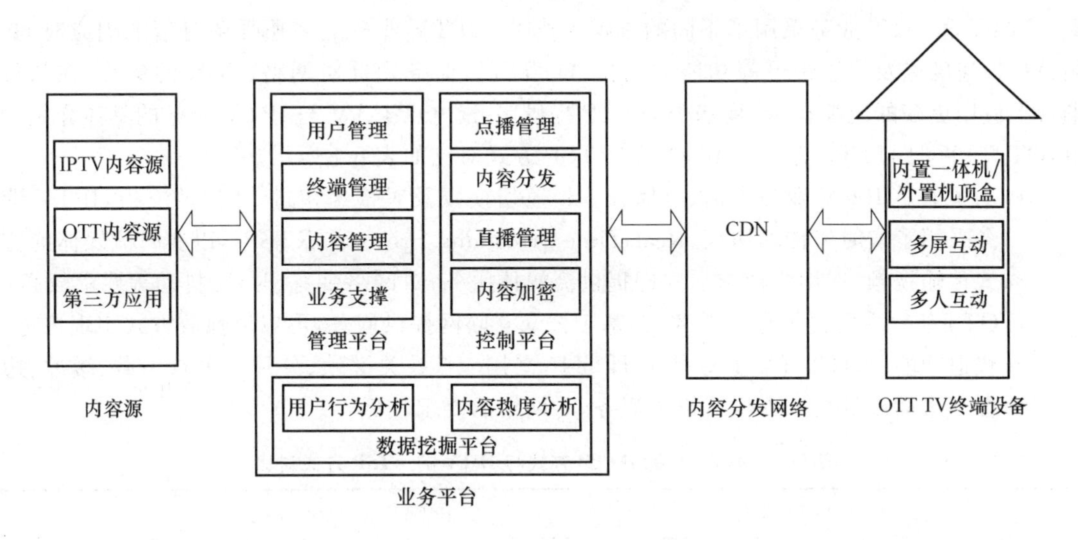

图 5-6　OTT TV 业务平台解决方案

册认证、终端信息等；内容管理可为用户提供一站式导视服务，将视频采集、整理、编辑作为一个黑盒，向用户隐藏，因为用户只需要知道内容，不需要知道内容所在位置；业务支撑负责业务平稳均衡的运行。控制平台负责播控管理，包括点播管理、直播管理、内容分发、内容加密等功能。基于云的 OTT TV 业务平台可以方便地挖掘大数据，使得业务推动方可以及时了解各地业务的发展量、发展与套餐的占比等经营数据，并了解用户的开机率、点播习惯等用户行为信息，从而改进业务。它还可以帮助运营商等客户在线推送业务介绍和加载新业务，帮助合作伙伴做低成本的精准营销。

2. 内容分发网络

在移动互联网、三网融合、云计算三大推手的推动下，内容分发网络（Content Delivery Network，CDN）正在逐渐成为一种基础的应用承载网。CDN 可以根据用户的地理位置连接带宽，让用户连接到最近的服务器，让用户访问内容的速度明显增加。CDN 可以进行全局性的负载平衡，提高网络资源的利用率，提高网络服务的性能与质量；可以智能地主动推送热点内容，自动跟踪、更新热点内容。CDN 网络可靠性高，可用性强，能容错且很容易扩展。CDN 网络可以无缝地集成到原有的网络和站点上去。CDN 还可以从技术上全面解决由于网络带宽小，用户访问量大，内容分布不均等导致用户访问所需内容的响应速度慢的问题。通过 CDN 这种应用承载网，可以提高用户的体验，以及节省骨干网资源。

3. OTT TV 终端设备

依托 OTT TV 终端设备，OTT TV 业务运营商可以为用户提供非凡的使用体验，智能 OTT TV 终端设备由此应运而生。OTT TV 终端设备可以是内置一体机。而像三星等电视厂家已经开始推出的一体机产品可以通过外置机顶盒的方式将现有的普通高清电视机升级为 OTT 智能电视。这两种方案比较起来，一体机的成本较高，而且不能较好地和网络运营商结成紧密的合作关系，缺乏有吸引力的 OTT 业务应用来吸引用户。这将导致终端用户对智能一体机的评价不高，而外置 OTT 机顶盒的模式，可以把互联网丰富的内容带入家庭电视机屏幕，还可以和运营商紧密合作，给用户带来更好的 OTT TV 多屏互动、多人互动的体验。基于互联网的 OTT TV 对终端的软硬件功能和性能的要求都远远超过了标清机顶盒。

4. OTT TV 与 IPTV 的差异

从技术实现上而言，IPTV 和 OTT TV 业务的主要差异体现在流媒体服务的实现技术上。IPTV和OTT业务采用了不同的流媒体技术。IPTV业务更多地强调对请求响应时间、频道切换速度以及快进快退等功能的支持;OTT TV业务则针对网络、CDN的劣势,在软件平台上应用更多的流控技术,是基于HTTP提供服务。OTT TV与IPTV业务的具体介绍如下,OTT TV的HTTP方式与IPTV的RTSP方式对比如表5-1所示。

- 为了满足IPTV业务直播、点播、2 s频道切换以及对倍速快进、快退的支持,IPTV业务采用了实时流传输协议(Real Time Streaming Protocol,RTSP),以实时流媒体的方式传输视频,在用户请求后立即提供流媒体服务,对网络带宽、时延、抖动等要求较高;
- OTT TV主要提供点播业务,并基于公众互联网提供服务,可以以拖放方式实现快进、快退功能。OTT TV业务基于HTTP,采用VBR、关键帧、分片+多点下载、缓冲、边缓存边播放等技术提供流媒体服务,对网络的要求较低。

表5-1 OTT TV的HTTP方式与IPTV的RTSP方式对比

	OTT TV的HTTP方式	IPTV的RTSP方式
内容编码	常用H.264 VBR编码,通过低码率可实现高清晰度,但它不适合直播	常用H.264 CBR编码,视频质量有保障,适用于直播、点播及大运动量场景
传输码率	标清平均码率为800 Mbit/s,峰值为2 Mbit/s 高清平均码率为1.3 Mbit/s,峰值为4～5 Mbit/s	标清恒定码率:1.3～2.5 Mbit/s 高清恒定码率:8～10 Mbit/s
内容传输	实现简单,通用服务器即可	实现较复杂,需专用服务器
网络要求	网络质量(带宽、时延、抖动)要求低	网络质量(带宽、时延、抖动)要求高
服务质量	无质量保障、需下载缓冲播放	质量有保障,实时性高
业务功能	适用于点播	全面支持点播、直播

5.3.3 VoIP业务平台

VoIP是先将模拟语音信号通过压缩编码处理变成语音数据流,然后按TCP/IP标准打包,最后通过IP网络传输,在接收端通过解压缩编码还原成模拟语音信号,完成整个通话过程。Skype是VoIP应用的典型代表,是对传统电信业冲击较大的一项技术。

1. VoIP系统的体系结构

VoIP技术的核心是在分组交换网络上实现话音传送,但是由于以往的话音业务主要是在电路交换网上实现,因此如何实现两种网络上业务的融合也是VoIP技术中的一个关键技术。VoIP系统目前采用的体系结构主要是基于H.323多媒体通信系统架构,如图5-7所示。利用H.323系统的网关可以实现从IP网络到公用电话交换网(Public Switched Telephone Network,PSTN)的业务互通,这也是目前IP电话的流行架构。在此架构中包含了目前VoIP主要的3种应用模式:普通电话到普通电话、普通电话到IP电话终端、IP电话终端到IP电话终端(这里IP电话终端是指可以直接连接在IP网络上的语音终端,具体形式可以是具有网络接口的IP电话机,也可以是安装了VoIP软件的计算机终端)。目前商用的VoIP应用中,各电信运营商主要以第1种方式提供业务,而一些互联网业务提供商提供业务的方式非常灵活,包含了以上的3种方式,如Skype这样的产品。

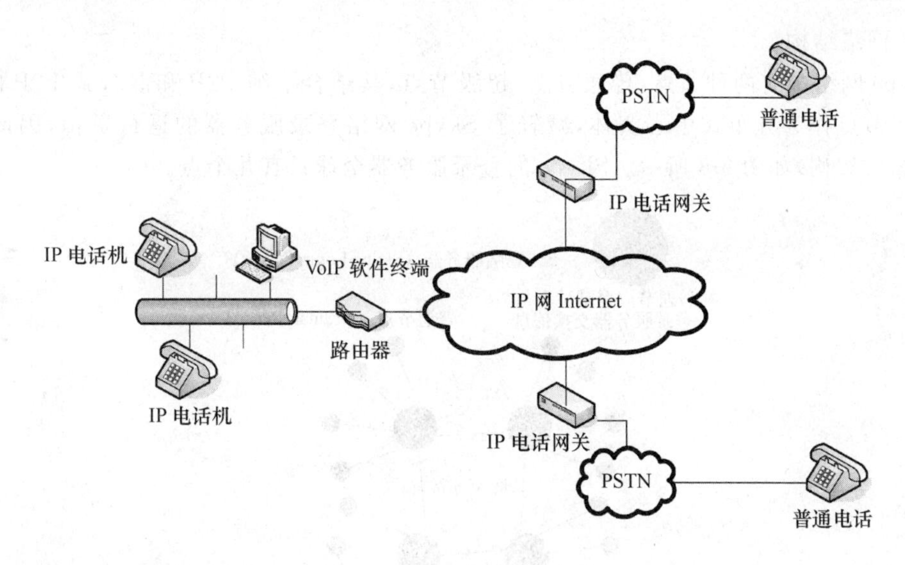

图 5-7　VoIP 应用基本架构

2. VoIP 的关键技术

与传统电话相比，VoIP 分组交换的时延比较大，很容易出现信息流的拥塞，从而导致语音信号质量变差。网络尽力而为的传输特性，使得语音数据流极易在网络中发生阻塞，导致突发大延时和较高丢包率的出现。为了确保系统的语音质量，实现 VoIP 通信的关键技术主要包括：

(1) 信令技术。它是为了保证 IP 电话呼叫的顺利实现和话音质量，当前主流为 ITU 的 H. 323 和 IETF 的 SIP(Session Initiation Protocol，会话初始协议)。H. 323 基于传统电话网信令模式，采用集中、层次控制，技术成熟，应用广泛；SIP 在很大程度上借鉴了现有的 Internet 标准和协议，采用基于文本的编码方式，并遵循 Internet 简练、开放、兼容和可扩展等原则。

(2) 编码技术。为了保证分组交换中的业务质量，需要话音编码具有一定的灵活性，即编码速率、编码尺度的可变可适应性。主要的编码技术包括 ITU 的 G. 723. 1 和 G. 729。G. 723. 1 采用 5. 3kbit/s 与 6. 3 kbit/s 双速率话音编码，话音质量好，但是处理时延较大，是目前已标准化的最低速率话音编码算法。G. 729 的编码速率为 6. 4～11. 8 kbit/s，很适合在 VoIP 系统中使用。

(3) 实时传输技术。它主要采用实时传输协议(Real-time Transport Protocol，RTP)提供端到端包括音频在内的实时数据传送。RTP 包括数据和控制两部分，后者为实时传输控制协议(Real-time Transport Control Protocol，RTCP)。RTP 与 RTCP 提供了可以支持实时应用的网络传输服务。

(4) QoS 保障技术。它主要采用资源预留协议(Resource Reservation Protocol，RSVP)以及进行服务质量监控的 RTCP 来避免网络拥塞，保障通话质量。

(5) 网络传输技术。它主要包括 TCP 和 UDP(User Datagram Protocol，用户数据报协议)，此外还包括网关互联、路由选择、网络管理以及安全认证和计费等。

3. Skype 网络电话技术

Skype 是由 TOM 在线和 Skype Technologies S. A. 联合推出的互联网即时语音沟通工具，采用 P2P 网络技术，不依赖于中心服务器，这不仅增加了安全性，而且也易于保证优质的实时通话质量。

(1) 网络结构

Skype 网络中有两种节点:普通节点、超级节点,其结合了纯 P2P 和混合式 P2P 的特点,设定超级节点作为分布式中心实体,减轻了 Skype 网络登录服务器的运行负担,因此 Skype 为全分布式架构,如图 5-8 所示。Skype 的登录服务器全球只有几个点。

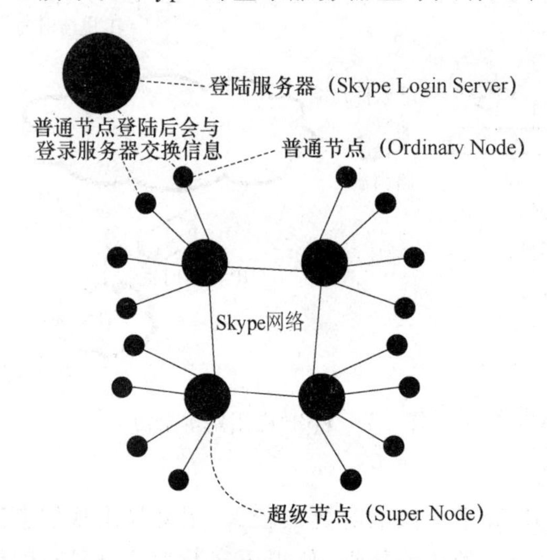

图 5-8 Skype 网络结构

(2) 运行机制

Skype 用户可通过 Skype 的官方网站方便地下载客户端软件。在安装并启动客户端软件后,用户需要注册并验证用户名,由于 Skype 采用分布式 P2P 网络结构,用户向登录服务器注册/验证之前还必须先与超级节点建立 TCP 连接,然后通过超级节点登录服务器。搜索好友过程,采用全球索引技术;通话过程中,信令通过 TCP 传输,而语音数据则尽量通过 UDP 传输,以便提高传输效率;传输过程中,采用端到端的多种编码、加密技术,以保证通话的安全性。Skype 采用非集中式的全球搜索目录的全球搜索引擎,保证了最小时延,确保了搜索用户的高效性和准确性。

4. VoIP 的发展趋势

面对 OTT VoIP 的步步紧逼,全球电信运营商积极应对。VoLTE(Voice over LTE)成为未来电信运营商对抗 OTT VoIP 的新选择,两者的业务特性比较见表 5-2。VoLTE 是一种 IP 数据传输技术,无须 2G/3G 网,全部业务承载于 IP 多媒体子系统(IP Multimedia Subsystem, IMS)控制的 4G LTE 网络上,可实现数据与话音业务在同一网络下的统一。同时,当终端离开 4G LTE 覆盖区域时,VoLTE 能够将 4G LTE 上的话音呼叫切换到 2G/3G 网络上,以保证话音呼叫的连续性。

表 5-2 OTT VoIP 和 VoLTE 的业务特性比较

技术类型	语音清晰度	视频清晰度	语音连续性	RCS 通信质量	电量消耗	流量消耗	掉话率
VoLTE	高	高	高	高	低	低	低
OTT VoIP	低	低	低	高	高	高	高

可见,VoLTE 是基于 IMS(IP Multimedia Subsystem,IP 多媒体子系统)的话音业务,而不是基于传统 IP 网络,它构架在电信运营商的网络之上,意味着电信运营商能够为 VoLTE

提供更高级别的 QoS 控制和管理。相对于 2G/3G 话音以及时下流行的 OTT VoIP，VoLTE 拥有更好的用户体验。随着 OTT VoIP 技术的愈加成熟，Internet 服务商所提供的功能突破了仅有的话音通信功能，变得越来越多元化。因此，在等待 VoLTE 的过程中，选择 OTT VoIP 对于广大用户来说将是一种常态。

5.4 移动互联网业务演进的移动互联网业务平台

互联网业务的移动化是移动互联网业务发展的基础。由互联网业务演进的移动互联网业务平台很多，如由互联网游戏演进的移动游戏业务平台、由桌面搜索演进的移动搜索业务平台等。本节以电子支付业务平台和移动流媒体业务平台为例，介绍从互联网业务演进的移动互联网业务平台。

5.4.1 电子支付业务平台

随着智能手机和微信的普及，移动互联网正在全面渗透我们的生活，改变我们的消费和支付方式。例如，作为一个有经验的背包客，在旅行前一定会查好旅游攻略，通过旅游网站预订好往返机票和酒店住宿，并按预算对移动钱包进行充值。在互联网时代，PC 端电子商务网站和移动端 APP 为消费者提供了更多的消费选择，而电子支付是方便我们完成交易的必备工具。

1. 移动支付系统

移动支付也称为手机支付，就是允许用户使用其移动终端（通常是手机）对所消费的商品或服务进行账务支付的一种服务方式。一般的移动支付系统（Mobile Payment System，MPS）有前端和后台之分，就像客户-服务器系统一样。系统有两个前端即商家的前端和客户的前端。客户的前端是运行在手持设备上的软件和应用程序，在后台负责支付请求处理和账户处理。在一个简单的 MPS 中一般有 3 个部分与 MPS 交互，即终端用户、商家和金融服务商（Financial Service Providers，FSP）。移动支付系统的核心是将账户之间资金安全转移，因此，移动支付系统以账户体系为核心，结合移动支付的基本特点进行构建，其架构如图 5-9 所示。

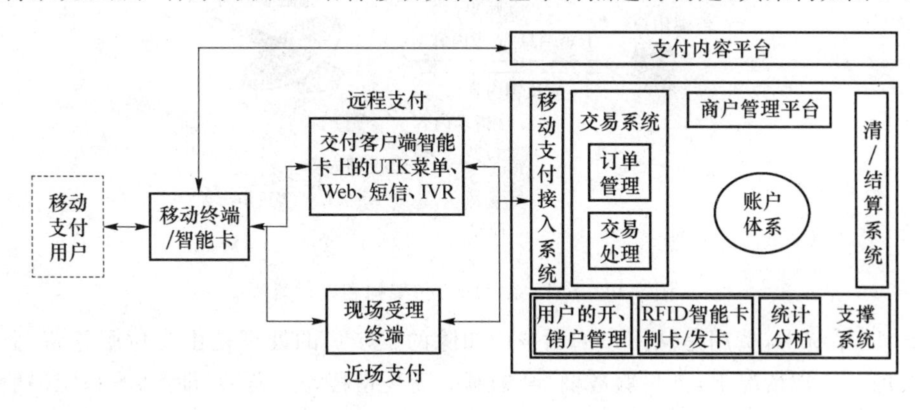

图 5-9 移动支付平台架构

（1）移动终端/智能卡特指移动支付用户持有的设备，主要包括手机、掌上电脑、移动 PC、

RFID 智能卡等设备。用户可使用移动终端/智能卡完成支付业务。

(2) 在远程支付中,用户可通过手机上的支付客户端、智能卡上的 UTK 菜单、短信、IVR 等方式实现商品选购、订单支付等功能。

(3) 在近场支付模式下,持带有 RFID 功能的移动终端/智能卡通过现场受理终端进行刷卡,完成支付和认证功能。

(4) 移动支付接入系统主要包括近场支付的 POSP(收单管理系统)接入平台,远程支付的 Web 门户服务器、短信接入服务器、IVR 语音接入服务器。

(5) 支付内容平台是在支付过程中提供内容或服务的系统,不局限于通过无线通信渠道使用。例如,用户通过 PC、互联网渠道也可以使用支付内容平台的服务。

(6) 商户管理平台是支付内容提供商接入移动支付平台的统一入口,也是商户访问支付平台的统一平台。通过该平台,商户可以完成管理账户、查询交易订单、申请支付接入等。

(7) 交易系统是完成支付交易流程的基本事务处理系统,通过接收支付接入系统的支付请求,可完成订单管理和交易处理等功能。

(8) 清/结算系统主要具有完成交易订单的对账和资金清算、结算的功能,其中,对账包括与商户应用系统的对账、与金融机构的对账等。结算管理模块可根据指定的分成方案和结算规则对交易日志进行结算,产生相应的结算数据。

(9) 支撑系统主要具有用户的开/销户管理、RFID 智能卡制卡/发卡、统计分析等功能。

2. 移动支付技术

从技术角度来看,目前比较有代表性的移动支付系统大致分为两大部分:一部分是以基于 SMS 系统为代表的远程支付;另一部分是以基于 NFC(Near Field Communication,近距离无线通信)技术为代表的近距离非接触支付。下面将依次介绍这几种具有普遍应用价值的移动支付技术。

(1) 远程支付

SMS 曾经是移动通信里应用最广泛的服务。SMS 作为移动支付的手段可以实现充值、缴费、买彩票、买电影票及手机银行等功能。SMS 系统的支付框架和支付流程如图 5-10 所示。

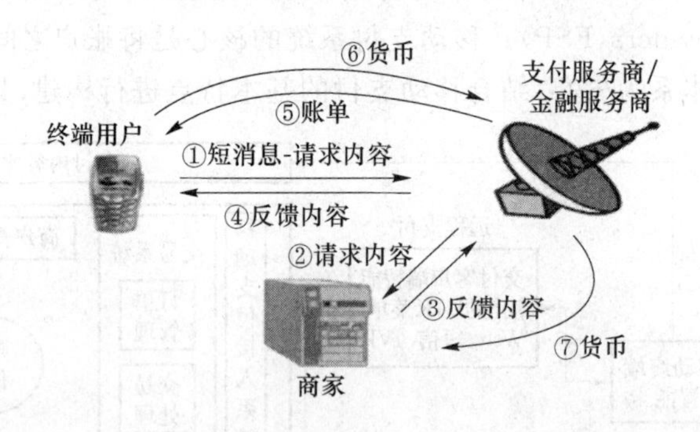

图 5-10　SMS 系统的支付架构和支付流程

在 SMS 系统中,费用是从用户的话费中扣除的。账户的处理是由支付服务商/金融服务商来完成的。通常情况下,支付服务商/金融服务商是指移动运营商,即 SMS 系统一般不会涉及银行的参与,并且 SMS 系统适合于小额的信息服务。SMS 系统的安全性取决于短消息的安全性。该系统的优点是费用低廉。移动金融服务通过发送一条短信完成一笔交易一般只需花费 0.1 元，而使现有手机带上银行服务的功能，只要将原先的 SIM 卡换成 STK 卡，这成本很低，并且还能保留原有的电话号码。这符合现阶段手机使用群体期望以低成本享受高质量金融服务的心态。但是 SMS 系统只适合于小额支付，主要是针对电子服务，如购买天气预报信息等。

(2) 近距离非接触技术

NFC 技术是一种短距离的高频无线通信技术，允许电子设备之间进行非接触式点对点数据传输(在十厘米内)交换数据。这个技术由免接触式 RFID 演变而来，并向下兼容 RFID。将 NFC 芯片装在手机上，手机就可以实现电子支付和读取其他 NFC 设备或标签的信息。由于近场通信具有天然的安全性，因此，NFC 技术被认为在手机支付等领域具有很大的应用前景。NFC 手机示例如图 5-11 所示。

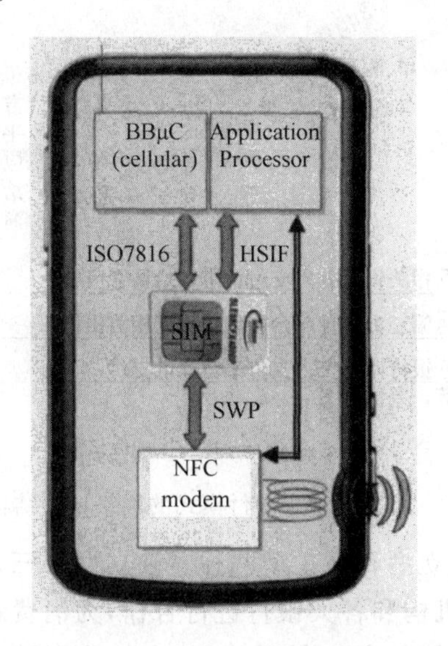

图 5-11　NFC 手机示例

支持 NFC 的设备可以在主动或被动模式下交换数据。在主动模式下，每台设备要向另一台设备发送数据时，都必须产生自己的射频场。在被动模式下，启动 NFC 通信的设备也称为 NFC 发起设备(主设备)，可在整个通信过程中提供射频场。它可以选择 106 kbit/s、212 kbit/s 或 424 kbit/s 中的一种传输速度，将数据发送到另一台设备。另一台设备称为 NFC 目标设备(从设备)，不必产生射频场，而使用负载调制技术，即可以以相同的速度将数据传回发起设备。此通信机制与基于 ISO14443A、MIFARE 和 FeliCa 的非接触式智能卡兼容。

(3) 其他远程支付技术

在使用其他硬件技术实现远程支付方面，手机支付技术实现方案主要有 RFID-SIM 和 SIMpass。

RFID-SIM 卡是双界面智能卡(RFID 卡和 SIM 卡)技术向手机领域渗透的产品，既具有普通 SIM 卡一样的移动通信功能，又能够通过附于其上的天线与读卡器进行近距离无线通信。

SIMpass 卡又称为双界面 SIM 卡，融合了 DI 卡技术和 SIM 卡技术。通过 SIMpass 技术，可以在相关的手机支付平台以及无线通信网络的支持下开展相应的移动支付业务。其技术在应用系统环境支持下可开展多种具体的智能卡应用系统。它具有多方面的优势：①不用专门携带智能卡；②以非接触方式交易，交易速度快；③支持一卡多用；④使用灵活；⑤兼容性强。

3. 第三方支付平台

第三方支付的出现有效解决了电子商务发展中的诚信、支付等问题。第三方支付平台指的是与一些银行签约并具备相当经济实力和信誉保障的第三方机构提供的交易平台，通过在收付款人之间设置中间过渡账户，使汇款转账实现可控性停顿，直至决定资金的去向。一方面连接银行渠道，处理客户服务、资金结算等一系列工作；另一方面连接商户和消费者，使商户的支付交易能够顺利完成。第三方支付模式的网络拓扑结构如图 5-12 所示。

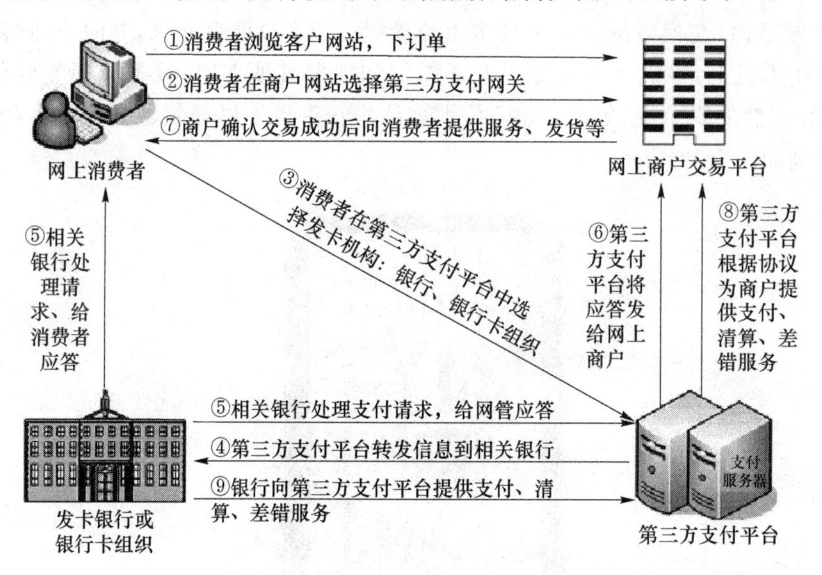

图 5-12　第三方支付模式的网络拓扑结构

第三方支付平台可分为独立型和宿主型两种。独立型第三方支付平台是独立在电子商城网站之外的，是由第三方投资机构和各大银行进行合作，为消费者和商家提供的银行网关代理支付服务以及其他增值服务的第三方支付系统，其中的典型性代表产品有“快钱”“易支付”。宿主型第三方支付平台需要依附在大型电子商务系统之上，主要是由电子商务系统自己研发的支付平台，能够对各大银行的支付结算网关进行集成，以自身企业实力和信誉作为基础，为电子商务的交易双方提供第三方支持。国内的著名宿主型第三方支付平台主要有“支付宝”“财付通”，它们分别依附在阿里巴巴和腾讯公司。

4. 其他电子支付模式

除移动支付和第三方支付以外，电子支付还有网银支付网关在线支付模式和统一支付网关在线支付模式，分别如图 5-13 和图 5-14 所示。

网银支付网关在线支付模式指的是卖方（企业或个人）应用系统和买方（企业或个人）应用系统与银行的系统建立链接后，可以通过在线支付的方式，直接把资金从买方银行账户转账到卖方银行账户。该支付模式的核心在于商业银行网银支付网关，它处于因特网和银行业务处理系统之间，是专门用来支付处理和支付授权的系统。其主要作用是将银行的业务主机与因特网安全连接，把不安全的因特网上的交易信息传给安全的银行业务系统，起到保护和隔离的作用。

统一支付网关在线支付模式指的是依托于各商业银行的支付网关，统一建立起一个各商业银行共同使用的支付网关。支付网关不局限于作为一个安全的信息传输和转发通道，还将为政府、企业和个人提供更多的创新性服务。银联——一家专业从事电子商务在线支付的金融性服务股份有限公司，使统一支付网关得以实现，该公司与商业银行非常相似（中央银行为

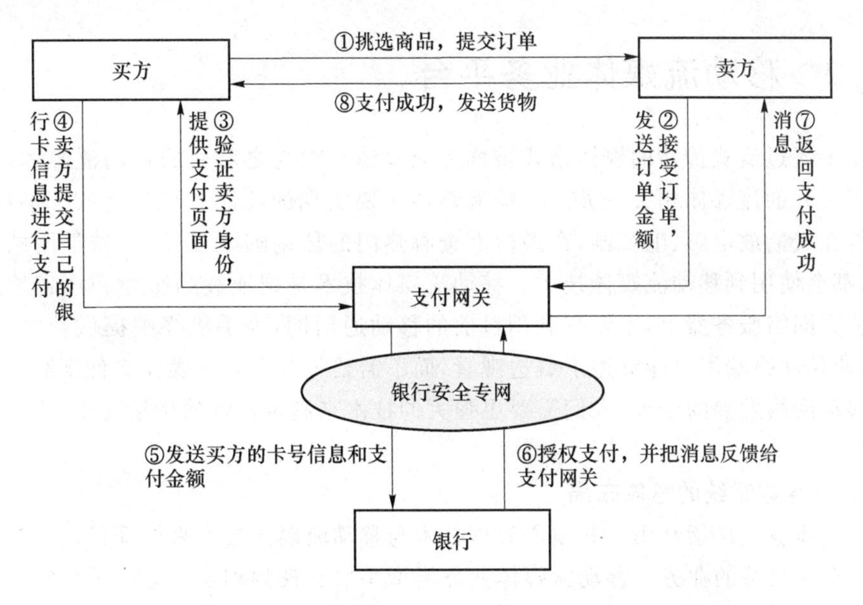

图 5-13　网银支付网关在线支付模式

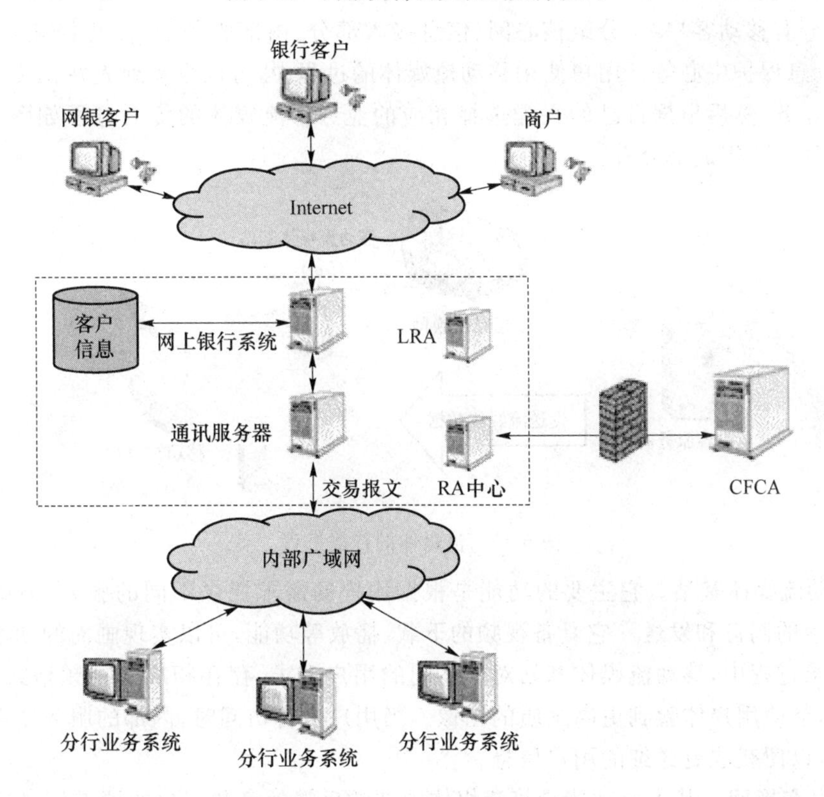

图 5-14　统一支付网关在线支付模式

它提供清算行号)，能够进行跨行转账的在线支付服务，其主要作用是记录和转发买卖双方、物流公司和银行之间的交易信息。总结该支付模式的特点有：第一，打破了时空局限，使不同的人可以在不同的时间和不同的地点完成资金交易；第二，操作便捷，操作交易周期短且成本低廉；第三，网上支付机构拥有良好的社会信誉，保证了资金交易的安全性；第四，针对不同用户的需求提供了个性化的服务。

5.4.2 移动流媒体业务平台

在网络上通过流式传播的媒体格式被称为流媒体。而与之对应的移动流媒体，则是指在移动平台下展开的流媒体相关业务。移动流媒体主要实现的功能是视频播放。例如，用手机的视频软件在线播放电影、电视剧，在微博上查看热门的休闲幽默视频，在教学网站上点开教学视频时，都会使用到移动流媒体技术。移动流媒体技术是把连续的影像和声音信息经过压缩处理后放到网络服务器上，主要是利用目前的移动通信网，为手机终端提供音频、视频的流媒体服务，让移动终端用户能够边下载边观看，而不需要等到整个多媒体文件下载完成才能够观看。在移动网络发展的今天，人们需要更强大的技术来满足日常的生活需求，于是移动流媒体应运而生。

1. 移动流媒体系统的总体布局

移动流媒体业务是指利用一些编码处理技术与移动流媒体技术来保证移动终端播放的视频与语音具有连贯性的业务。移动流媒体业务类型主要有视频和音频这两种。它的系统布局思路在大致方向上比较清晰，但是每一部分又有各自独立的功能。移动流媒体的系统布局主要包含的部分有移动客户端、分组核心网、信息接入部分、内部服务器、优化处理器、业务响应中心、用户信息保护中心等。用户使用移动流媒体的过程中，可以自动地先在相关的下拉菜单中找到对应业务，然后根据自己的兴趣选择相应的业务。流媒体的传播过程如图 5-15 所示。移动流媒体的主要组成部分有：

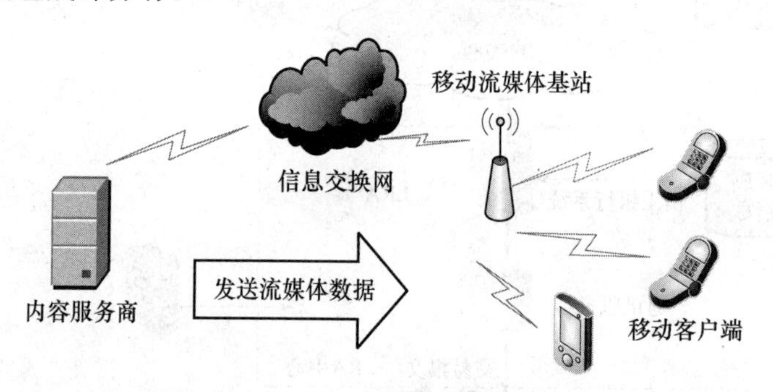

图 5-15　流媒体的传播过程

（1）移动流媒体基站。它主要的功能是根据用户的需求提供不同的服务，为用户进行一些个性化内容的制订和发送。它具备视频的下载、播放等功能，可以实现画面的动态化。在用户具体的请求过程中，移动流媒体基站对于不同的用户需求，存在相应的视频格式，通过标准的格式设定，能使用户体验到更高画质的图像。当用户进行访问时，内部的服务器需要有一定的缓冲机制，以便获取更详细的用户信息。

（2）信息交换网。其主要功能是将流媒体内部的反馈信息和用户的请求信息进行相应的交换，从而使系统始终拥有一种高效稳定的工作机制。

（3）移动客户端。移动客户端的目的是获取用户的请求信息，根据信息的具体要求为用户提供各种服务，但用户请求信息的获取需要有相应的协议支持。在移动客户端的作用下，用户的流媒体模式也可以随时观看相关的内容。

（4）内容服务商。在移动流媒体服务的过程中，它需要先收集用户的请求信息，通过对用户请求信息的查看，制订出相关的内容来满足用户的需求。这样就使得系统完成了对用户全方位服务的最终任务。

2. 移动流媒体的业务系统

典型的移动流媒体业务的体系结构如图 5-16 所示，其中内容服务器（包括媒体制作和内容管理）、缓冲服务器和直播内容采集服务器是移动流媒体系统的核心功能实体，而用户终端档案服务器、综合业务管理平台（或业务管理服务器）、DRM（Digital Rights Management，数字版权管理）服务器以及接入门户等作为公共的业务功能实体，构成了流媒体服务器的外围功能实体。

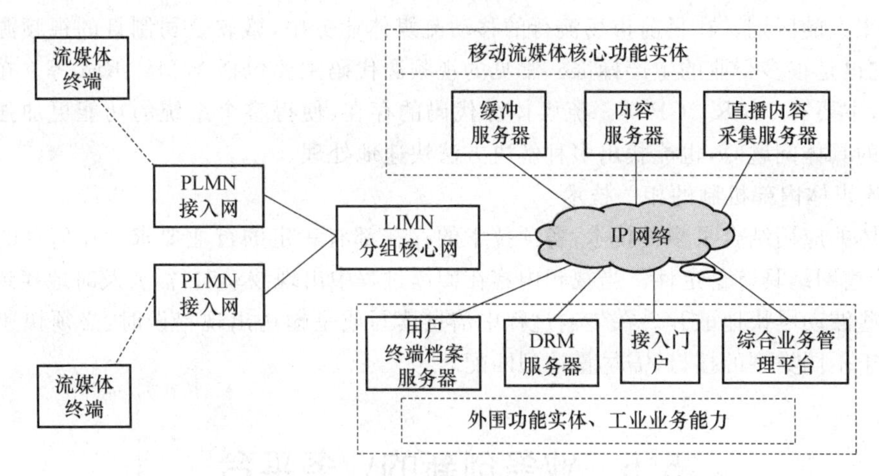

图 5-16　典型的移动流媒体业务的体系结构

（1）内容服务器为移动流媒体业务平台的服务器，是提供移动流媒体业务的核心设备，主要负责移动流媒体内容的保存、编辑、格式转换等，其功能还应包含 SP/CP 和用户的管理等方面。

（2）缓冲服务器用于在运营商无法直接提供内容，而需要在用户访问的时候向流媒体内容服务器获取内容并进行缓存。在用户访问并播放远端的流媒体内容时，内容缓冲服务器使得媒体内容更靠近用户，可以平滑 IP 网络造成的时延抖动。

（3）直播内容采集服务器对电视信号或实时监控信号进行编码，将需要传送的内容自动编码成符合用户使用要求的流媒体数据流，并转发给流媒体终端。

（4）用户终端档案服务器也可以称为用户设备能力数据库，主要用于终端的流媒体业务支持能力的协商。

（5）DRM 服务器负责流媒体内容的数字版权管理，可以是移动流媒体业务专用的 DRM 服务器，也可以作为公共的 DRM 服务器为其他业务提供数字版权管理的功能。

（6）综合业务管理平台负责 SP/CP 的管理，包括鉴权和认证等。

（7）接入门户可实现用户浏览移动流媒体内容的入口和导航功能，可进行用户个性化设置、QoS 设置等，并可实现业务推荐和排行、流媒体业务预览和查询界面等功能，还可为不同类型的终端提供不同的业务界面和业务集合。

3. 移动流媒体关键技术

移动流媒体作为多媒体应用的一种，它在很多方面的功能特点都与多媒体基本相同。但在具体的性能分析中可以发现，流媒体应用的前提是结合流式传输的重要技术。

（1）流媒体协议栈技术

流媒体协议栈的存在，主要是为了在流媒体工作的过程中，可以在视频的对话、视频的邀请及相关的媒体会议方面，完成一定的信息发送命令工作。用户通过对流媒体协议栈相关参数的设置，可以获取系统中一些重要的文件信息。流媒体协议栈中包含的实时流协议，可以采用其他协议完成对数据的传输。这样的兼容模式，可以使移动流媒体的客户端及相应的服务器都能随时地发送请求。

（2）流媒体源代码技术

一般的流媒体实现的功能是对音频及视频的处理。不同类型的文件，它的源代码在编写上存在着很大的区别。在目前市场流行的移动流媒体业务中，微软公司制订的视频源代码较为常见，它也是很多企业的生产标准。常见的视频源代码主要包括 WMV、RM 等。在音频源代码方面，主要有 AMR、3GP 等。流媒体源代码的存在，使得整个系统的功能更加强大。在对待用户的具体问题时，也能找出多种解决方法快速地处理。

（3）流媒体内部机制的相关技术

流媒体的应用结合了多种技术，各项技术的存在都有一定的行业要求。在信息的传输方面，要求传输网络具有稳定性。当视频内容在阅读过程中出现波动时，需要及时地找到相应的方法将这些波动尽快地散开。在传输过程中信息读写或是输送出现错误时，必须快速地自我纠正。对于不同类型的接口，需尽量达到匹配。

5.5 业务创新的业务平台

融合移动通信与互联网特点，即将移动通信的网络能力与互联网的网络与应用能力进行聚合，创新出适合移动终端的业务。本章以移动 LBS 开放平台和移动 SNS 开放平台为例，介绍融合移动通信和互联网特点创新的业务平台。

5.5.1 移动 LBS 开放平台

随着互联网和移动电子商务的不断发展壮大，基于 LBS 的应用已经被大众所熟悉，其生活服务是应用最广泛的一种模式。LBS 是通过数据技术和地理信息系统、无线定位技术、Internet 技术、无线通信技术等相关领域交叉融合的结果。人们通过手机、平板等移动设备打开定位设置，通过自身的定位就可以获得以这一定位为中心的一定范围内有关的信息。LBS 的应用大致可分为生活服务型、网络社交型和休闲娱乐型。基于 LBS 的生活服务类的应用较其他两种类型更加广泛地应用，大众使用比较多而且应用软件也是丰富多样。

1. LBS 平台网络模型组成

LBS 移动互联网应用的网络架构如图 5-17 所示，从图中可以看出，它的网络模型主要由 Web 服务器、定位服务器、LDAP（Lightweight Directory Access Protocol，轻量目录访问协议）服务器及移动终端几部分组成。其中，Web 服务器充当中心管理单元的作用，可作为用户接口，并具有与定位服务器通信、与 LDAP 服务器通信等功能；定位服务器用于判别用户访问的合法性和提供用户位置信息；LDAP 服务器负责保管所有 LBS 服务所需的信息，主 LDAP 服务器等待由 Web 服务器根据位置信息和用户选择所形成的 LDAP 请求，在数据库中查找处理后返回给 Web 服务器，如果该服务器找不到满足请求条件的信息，则请求被转送到与中心服务器相链接的二级 LDAP 服务器中。

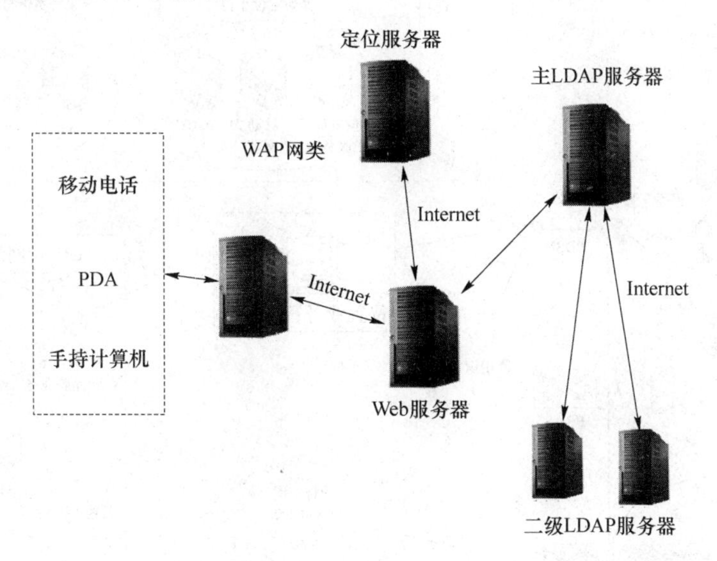

图 5-17　LBS 平台网络模型

LBS 后台运行过程如下：

- 移动终端用户以 WAP 协议通过 WAP 网关向 Web 服务器发出请求，包括用户代码、密码和电话号码。
- Web 服务器将这些请求信息送到定位服务器，如果是合法用户，则接受请求并记录用户当前位置送回到 Web 服务器。Web 服务器通知用户已经成功登陆并允许用户进一步提出想要查找的内容。
- Web 服务器根据位置信息和用户的选择形成 LDAP 服务请求并发送给 LDAP 服务器；LDAP 服务器在数据库中搜寻满足用户请求的信息，并通过 Web 服务器将相关信息发送给用户。
- 如果 LDAP 服务器在用户所在蜂窝范围内没找到满足条件的内容，则搜索相邻的蜂窝，如果仍未找到，就向用户回复相关信息。

2. 融合环境下的 LBS 运营架构

在移动与固定融合业务下的 LBS 运营技术有了新的要求。根据融合环境下 LBS 业务的总体运营要求，给出 LBS 业务参考运营架构，如图 5-18 所示。架构分为接入网系统、BOSS（Business Support & Operation Systems，业务运营支撑系统）、CP/SP 网络、位置业务管理平台 4 个部分。

（1）接入网分为蜂窝移动网、Wi-Fi 网络、公众 ADSL 接入网 3 类。对普通移动网用户采用蜂窝方式定位；对高精度需求用户提供 GPS 或 A-GPS 定位；对 Wi-Fi 用户采取 AP 定位，根据 AP 的接入线路信息和 AP 地理资源库确定用户大致位置；对 e 家固网用户根据接入设备（BRAS 或 DSLAM）或者线路信息，通过查询线路资源数据库对用户进行定位。

（2）BOSS 包括用户认证/计费平台、GIS 平台、搜索引擎、位置计算平台等。它在 LBS 系统中的作用是提供用户属性、业务类型、在线信息、接入网信息（包括终端类型）、IP 地址等，并向位置业务管理平台提供用户位置信息、电子地图、搜索服务。

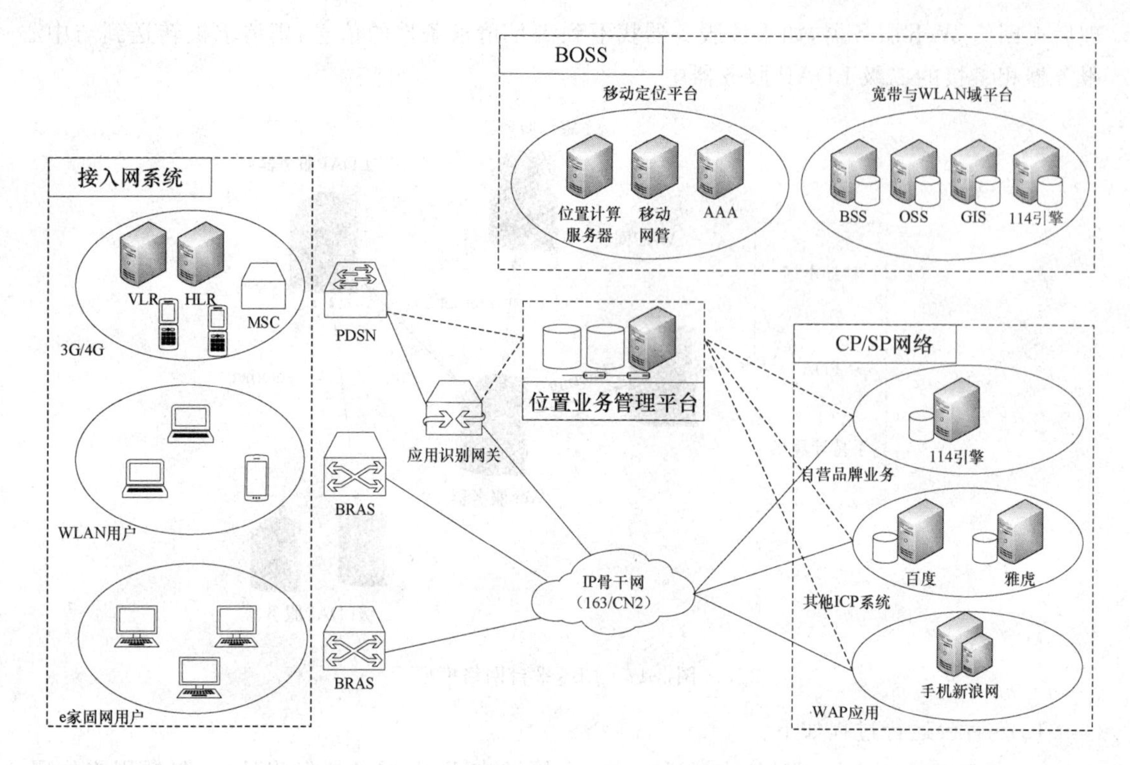

图 5-18　融合环境下的 LBS 业务参与运营架构

(3) CP/SP 网络包括提供 LBS 服务的运营商自营业务平台、WAP 应用、行业应用业务平台以及基于 Web 的 LBS 应用网站,包括各类通用/垂直搜索引擎、门户、社交、游戏、即时通信、电子商务等。

(4) 位置业务管理平台是运营商 LBS 业务的核心系统,它可以提供位置信息的查询、收集、存储、格式与精度的转换、CP/SP 服务接口等功能,也可以从 BOSS 获取并保存各类接入用户的在线状态、当前位置、用户属性信息。这些用户属性包括接入类型、终端类型、业务类型、计费信息。它可以定时或者根据业务触发对用户位置等信息进行刷新,包括用户基站切换状态和位置历史记录等。

3. 基于云计算的 LBS 平台架构

对于服务提供商,传统位置服务模式存在如下 3 个问题:(1)需要同时购买 GIS 引擎和空间数据,因而成本高;(2)从底层开发 LBS 应用程序,需要考虑定位系统和 GIS 引擎之间的信息交互问题,因而对开发人员有较高要求;(3)针对某一终端进行开发,开发的应用很难移植到其他终端,从而导致资源浪费。针对上述传统位置服务模式存在的问题,提出了基于云计算的位置服务平台。在该思路下,空间数据可以全部以服务的方式有偿或者无偿获取。国家测绘地理信息局大力推进地理信息公共服务平台建设,这为 DaaS(Data as a Service,数据服务)的数据获取方式提供了有力的支撑。

结合该思路设计了基于云计算的位置服务平台架构,如图 5-19 所示。该平台主要由空间云计算平台、基于 OpenLS(Open Location Service,开放式位置服务)规范的 LBS 核心服务群和 LBS 应用程序 3 部分组成。由于空间云计算平台已经包含空间数据服务、地理信息系统功能服务和基于开放地理空间联盟(Open Geospatial Consortium,GC)标准规范的空间信息服务群,因而在开发 LBS 核心服务时就只需按照标准的接口来调用封装好的 Web 服务,不必关心数据读取、处理、分析等底层的GIS操作。LBS核心服务群由平台建设者开发，封装了与定位系统间的底层交互操作，包含地图绘制服务、定位服务、地理编码与反编码服务路径搜索服务等。由于该服务群基于OpenLS规范，LBS应用服务提供商在开发LBS应用时，也只需要按照统一的接口来调用封装好的Web服务即可，而不必关心如何与定位系统传递信息，如何读取GIS数据库。应用服务提供商所开发的软件都以SaaS的方式发布到该位置服务平台，为各种终端用户提供位置服务。

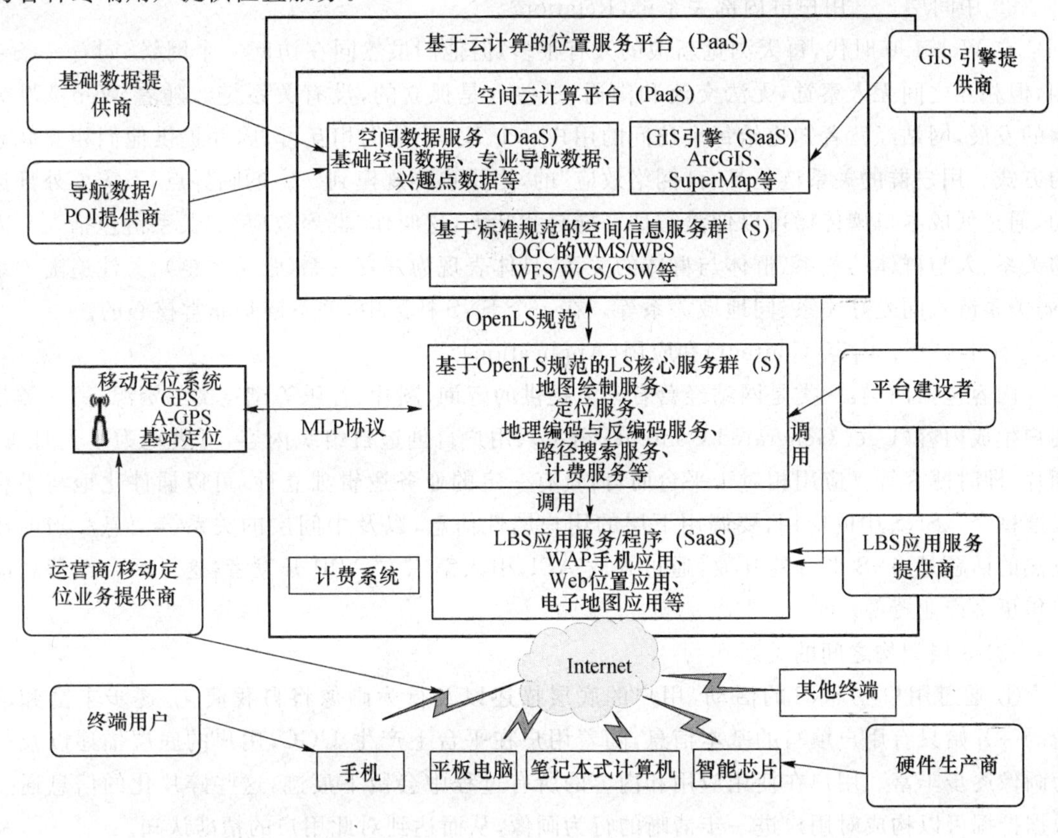

图5-19 基于云计算的位置服务平台架构

5.5.2 移动SNS开放平台

SNS是一种旨在帮助人们建立社区性网络的互联网应用。移动SNS是SNS更深层次的应用，是指在移动互联网上开发的基于移动终端用户的社区性网络服务，主要以移动终端为媒介，以更为真实的社会关系为基础，以发展更多纯移动终端用户加入SNS为目的，将SNS与移动通信技术有机地结合，实现交友、娱乐等互动交流，为人与人、人与机、机与机间的沟通和互通提供更为灵活、更为有力的支持，从而为用户的网上或网下的生活和工作提供有效的帮助。Facebook是社交网络的巨头，除此之外，国内的人人网、QQ空间、豆瓣等主流的社交网络的移动客户端也属于移动SNS的范畴。

1. SNS社区的3层架构及其联系

(1) SNS社区的3层架构

① 底层——用户的底层描述以及行为画像(Profile)

底层包括用户的社会属性、姓名、性别、年龄、职业等，还包括用户的爱好，服务使用倾向等推导属性。它相当于社区的“地基”，主要有几种细分：第一类是用户的直接属性，表现为用户可以通过直接引导填写的信息，如姓名、年纪、性别、职业等基本社会属性；第二类是用户在社交网络中的社区属性，如成长等级、虚拟职位等；第三类是用户隐藏的扩展属性，即系统通过对用户在各类社交网络长久活动留下痕迹的智能挖掘与分析，形成的对用户有统计意义的商业偏好属性。

② 中间层——用户群内部关系链(Relation)

在 Web 1.0 时代，每天浏览新浪的人有很多，但他们虽然同在访问一个网络，同看一条新闻，但相互之间无人察觉，无法交流和沟通，这些人是孤立的，没有关系链。随着 Web 2.0 元素的发展，网站经营者知道给每个访问的用户一个 ID，让他们相互可见，并提供他们相互联系的方式。用户群的关系链是具有“网络效应”的，当用户群规模到一定的临界点，不需要外部推动，通过低成本口碑传播可以像滚雪球一样自我壮大，这叫作“群聚效应”。关系链包括人与人的关系、人与群体的关系、群体与群体的关系，具体表现为好友关系（强关系链）、关注追随关系（弱关系链）、同爱好关系、同地域关系等。在一个 SNS 社区中，关系链是非常核心的。

③ 上层——内容(Content)和应用(Application)

内容包括两类：一类是网站经营者官方提供的咨询、图片、音乐等浏览类的资源；另一类是用户生成内容(User Generated Content，UGC)、用户自创造自组织内容，可表现为个人日志、相片、即时博客等。应用相对于平台而言，具有一定的业务逻辑独立性，可以插件化地与平台轻度耦合。SNS 中的应用，要调用下层的用户属性信息，以及中间层的关系链信息。当前比较热的话题是 SNS 平台的开放，通过开放 API，引入第三方 APP 开发者，这样平台经营者能聚集更多产业资源。

(2) 3 层架构之间的关系

① 通过用户在 SNS 的活动，用户的底层描述以及行为画像将自我演化，逐步丰富和清晰。一开始只有用户填写的基本信息，随着用户在平台上产生 UGC，用户的底层描述以及行为画像逐步丰富。用户在使用应用和内容的所有过程中会留下痕迹，这些碎片化的信息通过数据挖掘可以构成对用户进一步清晰的行为画像，从而达到对此用户的精准认知。

② 用户通过在应用之间的互动，强化关系粘黏性，并扩展关系链。对于关系链而言，用户之间在共同参与应用互动中，好友之间增强沟通了解，从而使关系黏度提升；用户在对“同爱好”“同地域”的参与过程中，会扩展新的关系链；同时根据六度空间概念通过“朋友的朋友”来不断延伸自己的关系圈。

③ 应用和内容题材等是聚集人气的核心要素。某一个内容或者某一款应用可以引爆流行，快速吸引大量用户。但同时，题材是有生命周期的，需要持续地更新。如果此更新由网站经营者完成，维护成本很高；如果是用户通过 UGC 来完成自我更新，那么成本低却有持续的生命力。

2. 移动 SNS 平台体系架构

(1) 移动 SNS 服务端架构——基于 WOA

移动 SNS 系统是处在异构网络融合、内容聚合基础上的社会网络服务系统，是移动通信能力和 Web 应用的融合应用。为了将 Web 技术与传统移动通信技术相结合，并同时基于 Web 2.0 特性提供易于使用、易于组合和混用、易于扩展的移动 SNS 系统，引入面向 Web 的架构(WOA)，提出面向 Web 的移动 SNS 系统的设计方法，设计了如图 5-20 所示的移动 SNS

服务端平台的逻辑层次结构。移动 SNS 服务端平台的逻辑层次自顶向下分别是：表现层、业务逻辑层、业务服务层、数据支撑层，这些层次之间的交互构成整个移动 SNS 功能。业务逻辑层负责对移动 SNS 的属性和功能进行逻辑控制和服务聚合；业务服务层负责解决异构环境下的数据交换和功能调用等一系列的问题。

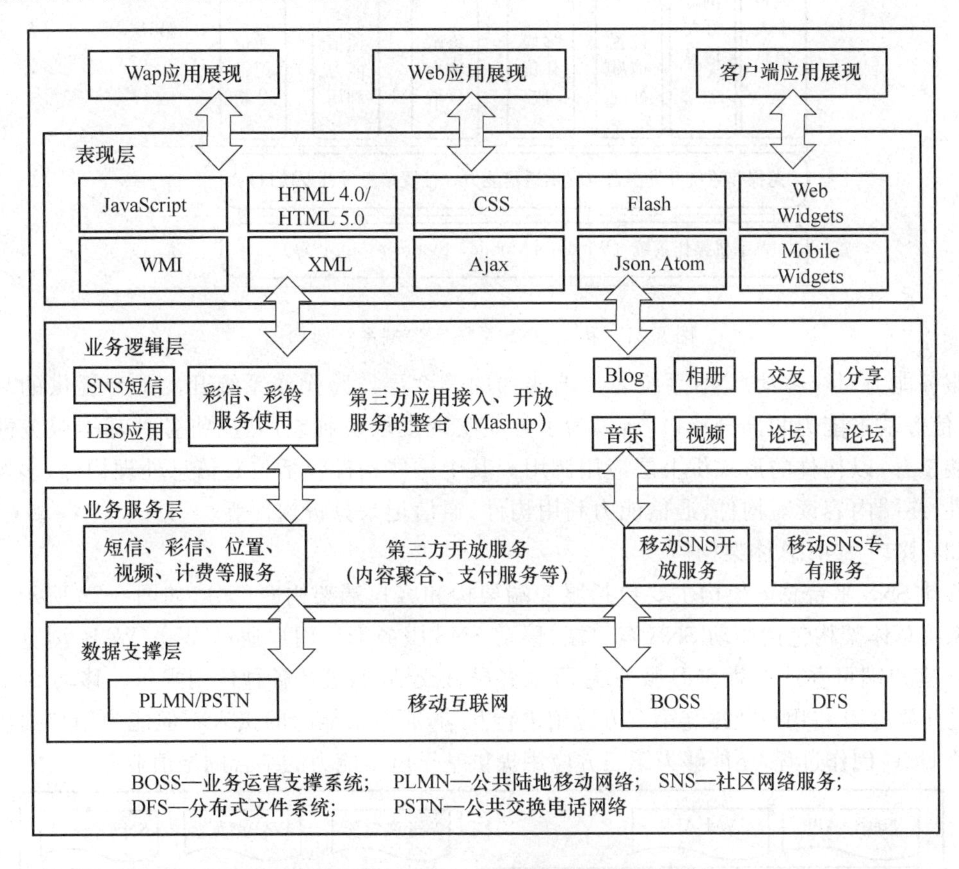

图 5-20　移动 SNS 服务端平台的逻辑层次结构

(2) 移动 SNS 客户端架构

移动 SNS 客户端平台是为支持异构终端设备、异构网络及充分使用终端能力和移动通信能力而提出的支撑软件系统，是部署在移动终端上的移动 SNS 应用运行环境，除了应具备基本的浏览器（WAP、Web）功能外，还应支持移动 Widget 的运行。因此，移动 SNS 客户端平台需要根据移动终端、移动业务运营等相关特点，为运营移动 SNS 相关服务提供丰富的应用编程接口，既支持移动终端能力（呼叫、短信、彩信、多媒体、终端属性等）、应用资源的访问（位置信息、鉴权计费等），也支持动态加载、调用第三方应用模块的能力，并可以为上层应用提供网络应用引擎、网络能力以及终端能力等一系列的相关支撑服务。图 5-21 是移动 SNS 客户端系统的架构图。

为了提升移动互联网应用的用户体验，实现应用的快速开发、部署，需要一个可以运行在多种操作系统之上的中间件平台。移动 SNS 在此平台之上开发，就可以做到一次开发、多次部署。跨操作系统开发平台实现的功能应包括：①可以屏蔽不同移动终端操作系统的差异，为上层的移动互联网应用和业务提供统一的应用编程接口；②集成了移动终端及网络侧业务平台提供的重要业务能力；③可以管理各种移动互联网应用，包括下载、安装/卸载、解析、运行以及与终端用户的交互等。

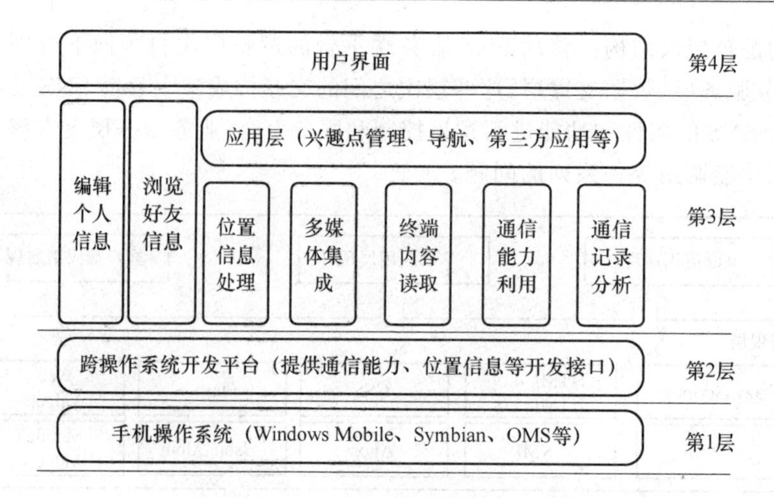

图 5-21　移动 SNS 系统客户端系统架构图

服务能力对应移动 SNS 系统客户端架构的第 3 层。跨操作系统开发平台提供的只是定位、短信等基本能力和部分接口，所以为了方便实现上层各种应用，应将各种基本服务能力进行封装整合，以构件的形式供上层应用调用。其中这些构件包括位置信息处理构件、多媒体集成构件、终端内容读写构件、通信能力利用构件、通信记录分析构件等。

（3）移动 SNS 总体架构

移动 SNS 平台总体架构主要包括服务端架构和客户端架构两部分，如图 5-22 所示。移动 SNS 系统总体架构包括移动 SNS 客户端、移动 SNS 服务端。用户通过 Web/WAP 浏览器或移动 SNS 客户端可登录移动 SNS 服务端，开展各种社交活动，进行各种休闲娱乐。移动 SNS 服务端通过开放 API 将用户数据与第三方应用进行互动，而电信能力的接入不但能为用户提供更加方便的 UGC 创作过程，还能够为第三方应用提供基于电信能力的结合的增值业务。

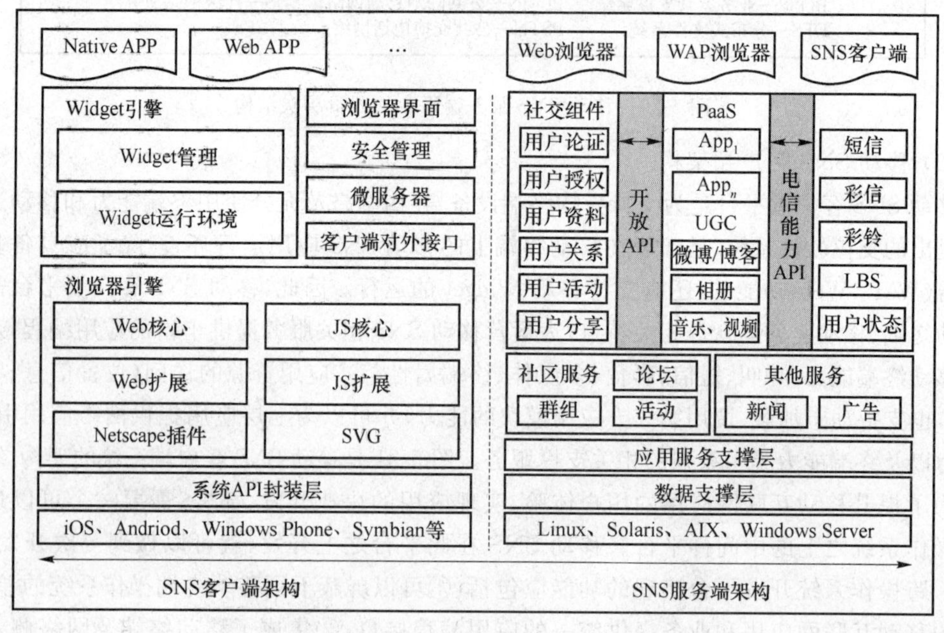

图 5-22　移动 SNS 平台总体架构

3. 移动 SNS 的影响力

六度分隔理论是社会网络的理论基础，社会网络又是 SNS 的理论依据。六度分隔理论，用最简单的话描述就是：在人际脉络中，要结识任何一位陌生的朋友，这中间最多只要通过 6 个朋友就能达到。社会网络即 Social Network，是一种基于相互结识、信息往来的社会节点和连接所构成的网络。按照六度分隔理论，每个个体的社交圈都不断放大，最后成为一个大型网络，这就是社会化网络。SNS 的中文含义是“社交网络服务”。顾名思义，它就是社交关系的网络化。将我们现实中的社会圈子搬到网络上，根据不同的条件建立属于自己的社交圈子。SNS 的作用简单来讲，就是提供一个交友平台，让用户可以形成一定的社交网络。SNS 可称为“第二代交友模式”。在这种模式下，通过朋友认识朋友的形式，迅速建立起一个自己的基于信任的朋友圈子。在这个圈子里，相互之间具有较高的诚信度，区别于第一代交友模式的漫无目的性，通过 SNS 结交的都是相对可靠的朋友，因而从诚信和安全的角度上来看，它给了用户更大的信心和保障。此外，在 SNS 中，不经朋友介绍和用户确认，用户的个人资料是不能被陌生人看到的。因此，SNS 对个人的隐私的保障性增强了。

5.6　业务平台发展趋势

随着业务种类的增多与终端计算能力需求的提升，移动互联网平台的发展呈现出以下两大趋势：开放化和云化。

5.6.1　业务平台开放化

随着国内互联网发展的不断深入，越来越多的互联网企业意识到，通过单一的自身力量提供多种多元化的应用服务来快速满足用户的各种需求是很难做到的。于是，开放自身能力，借助广大的第三方力量不断丰富和完善应用，进而提高用户黏性，成为广大互联网企业的近期发展的必经之路。开放平台带来了整个互联网生产方式的变革，原来的独立网站式的小作坊生产走向基于开放平台的大规模协作。无数身居幕后的开发者、服务提供商、内容提供商走到台前，直接参与到开放平台的运作中，带出新的开发者经济时代，为整个互联网以及移动互联网行业的长足发展注入新动力。

1. 开放服务

所谓开放服务，指把网络上的服务能力封装成一系列计算机易识别的数据接口开放出去，供第三方开发者使用，即 OpenAPI。其实这并不是一个新概念，在计算机操作系统出现的早期就已经存在了，但区别在于，当前的开放服务范围更广，开放的机制也有所不同。当前 OpenAPI 的类型主要可以分成 3 种：数据型、应用型、资源型，如图 5-23 所示。

（1）数据型 OpenAPI，就是将自身的数据开放，让应用开发者根据已有的数据进行二次开发。SNS 网站的 OpenAPI 就是属于数据型，如 Facebook 的 Graph API、Twitter 的 REST API、Search API 以及 Streaming API。

（2）应用型 OpenAPI 与数据型的结合比较紧密，Flickr 的图片搜索、Google 的日程、地图（包括 Google Map API、Google Earth API 等）都是属于应用型。应用型的数据输入可以是外部的数据，也可以是基于已有的数据资源进行处理。

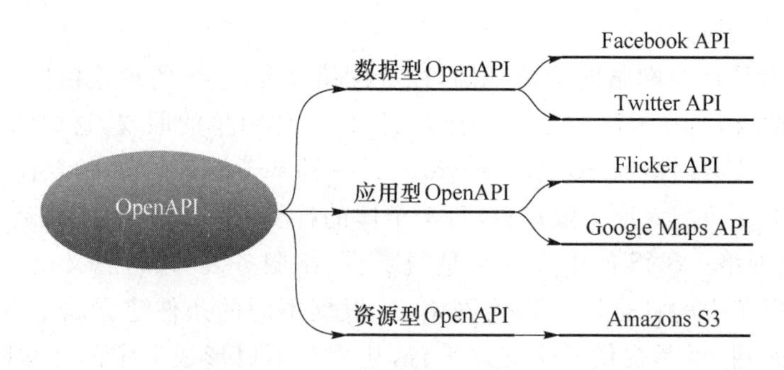

图 5-23 开放服务分类与举例

(3) 资源型 API 提供的是数据的存储和检索功能，其中代表是 Amazon S3(Amazon Simple Storage Service)。Flickr 的图片存储服务等也可以属于资源型。在云计算的背后就需要提供这么一个资源型的服务，Amazon EC2 如果离开了 S3，也就无法存在。

2. 开放平台

开放平台是一种新型的网络服务模式。平台会先为用户提供一个基础服务，然后通过开放自身的接口，使第三方开发者通过运用和组装平台接口产生新的应用，并且使该应用能同一在平台上运营。开放平台模式成功的要点在于，通过自身服务和第三方应用的互利互惠，提高用户对平台网站的黏性和使用程度，进而提高获利，同时，通过利益分摊，达到平台自身和第三方应用互相促进以获得发展。开放平台按照平台自身是否提供了一个有显著应用模式的服务可以划分为两类。

(1) 应用型开放平台

应用型开放平台的特点是依赖一个基础的应用模式(如用户关系、博客等)，并开放平台供第三方开发者扩展。这一种的开放平台大致有以下几类：基于用户关系的，如 Facebook；基于个人门户的，如 Myyahoo、iGoogle 和 Netvibes；基于博客的，如 Sohu Blog。

(2) 服务型开放平台

服务型开放平台本身并没有一个基础的应用模式，而是把计算资源作为一种服务，通过开放 API 提供给开发者，让开发者能够以极为低廉的服务费拥有大量、稳定的计算或存储资源。这类开放平台即为云计算中的“PaaS 平台”。这方面的典型代表有 Amazon S3，Google App Engine，微软的 Azure 以及 Sina App Engine 等。

3. 开放平台的技术架构

一个健壮且易于扩展的技术架构是搭建开放平台的基础，下面以 Google APP Engine 和 Facebook 为例，对开放平台的技术架构进行简要分析。

(1) Google APP Engine

Google APP Engine 的技术架构如图 5-24 所示，该架构可以分为 3 个部分。

① Web。Web 部分主要用于处理 Web 相关的请求，共包括 4 个模块。

- 前端(Front End)：既可以认为它是负载均衡器(Load Balancer)，也可以认为它是代理服务器(Proxy)。它主要负责负载均衡和将请求转发给 APP 服务器(APP Server)或者静态文件处理器(Static Files)等工作。
- 静态文件处理器：在概念上，比较类似于 CDN，用于存储和传送那些应用附带的静态文件，如图片、APP 服务器 CSS 和 JS 脚本等。
- APP 服务器：用于处理用户发来的请求，并根据请求的内容调用后面的数据存储

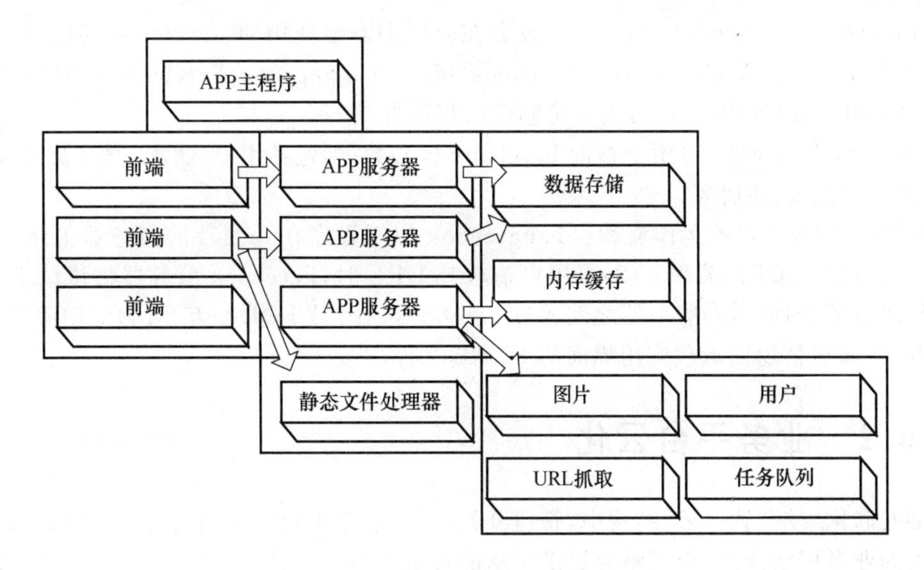

图 5-24 Google APP Engine 技术架构

(Datastore)和服务群。

- APP 主程序:是在应用服务器间调度应用,并将调度之后的情况通知前端。

② 数据存储。数据存储是基于 BigTable 技术的分布式数据库,虽然其也可以被理解成为一个服务,但是由于其是整个 Google APP Engine 唯一存储持久化数据的地方,所以它是 Google APP Engine 中一个非常核心的模块。

③ 服务群。整个服务群包括很多服务供 APP 服务器调用,如内存缓存(Memcache)、图片、用户、URL 抓取和任务队列等。

(2) Facebook 开放平台

Facebook 开放平台的架构如图 5-25 所示,主要包括:Facebook API、Facebook JavaScript 以及 FQL 3 个部分。

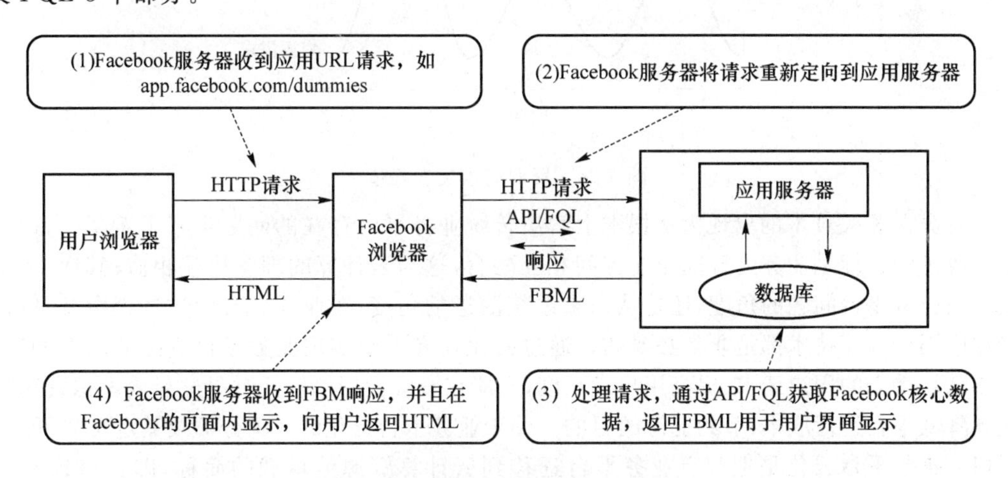

图 5-25 Facebook 开放平台的架构

- Facebook API 是基于 REST 架构实现的 Web 编程接口。通过 API,第三方开发者可以接入到 Facebook 的核心数据(如用户信息、朋友信息等),并实现一些核心功能(如用户登录、重定向、更新视图等)。

- Facebook JavaScript(FBJS)是开发者在应用中需要使用的JavaScript功能,可以保护平台中用户的隐私。FBML(Facebook Markup Language,Facebook标记语言)是对HTML的修改和扩展,可用于定制应用程序外观。
- 基于SQL的FQL可用于查询Facebook核心数据,包括用户、朋友、群组及其成员、事件及其人员、相册等。

Facebook开放平台的运作流程:(1)Facebook应用程序在开发者的服务器上运行,每个应用程序与特定的URL关联。(2)当用户请求其URL时,Facebook服务器将该请求重新定向到应用服务器处理。(3)服务器之间通过Facebook API或FQL交互。(4)应用服务器最终向Facebook服务器返回承载应用界面的FBML文件。

5.6.2 业务平台云化

移动互联网"端""管""云"结构中,管道开始弱化,业务平台逐步向云化。云计算虚拟化技术的引入为业务网络演进、资源整合提供了新的技术手段。云计算虚拟化技术越来越成熟,应用越来越广泛。并经过近两年来基于云计算技术对业务平台进行关停并转的现场试验,验证了基于云计算虚拟化技术在整合资源、提高资源利用率、降低维护成本、增加业务平台的整体容灾性能等方面的能力上,能给现阶段业务平台的运营维护带来质的变化。

1. 业务平台云化的必要性

在传统业务平台建设方面存在着诸多问题,主要包括以下几点:(1)建设周期长,持续投资大;(2)开发运营成本高,资源利用率较低;(3)孤立建设,内容不能共享,用户信息不能共享。传统业务平台的这些问题阻碍了平台的发展,造成了资源的浪费,亟待解决,如图5-26所示。

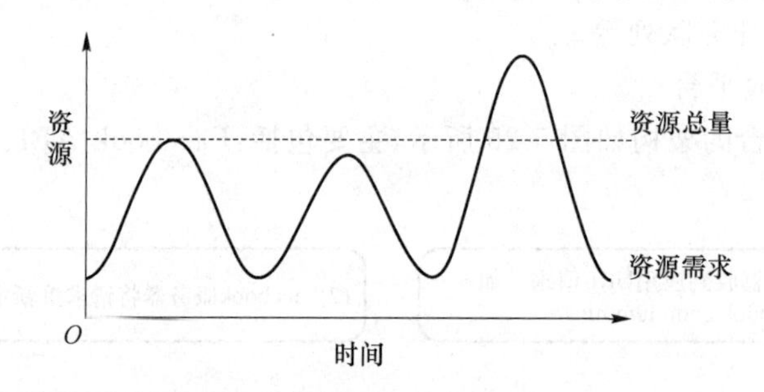

图5-26 资源需求突发峰值

云计算及相关技术的出现为从根本上解决传统业务平台存在的问题带来了希望。首先,业务平台改进的目标是业务内解耦与业务间相互融合,这与云计算的理念比较相似;其次,无论从解决当前业务平台问题的角度,还是从未来系统演进的角度,在业务平台构建过程中及早研究、选择和应用云计算技术都是非常必要的。通过云化业务平台实现业务平台资源的动态伸缩,这样既能满足动态的用户请求、提高用户满意度,又能在资源使用率较低时通过释放虚拟资源的方法达到降低平台运营成本、节约能源的目的。关于业务平台云化的3种分类及其定义如下所述。

(1) 业务平台云化是把现有业务平台迁移到云计算资源池承载的简称,即针对现有业务平台,经过云化评估后,把可云化的业务平台通过P2V(Physical to Virtual,物理到虚拟,即把物理机中的应用系统迁移到虚拟机中)模式或者新建模式(在云计算资源池中的虚拟机上重新部署业务平台运行环境)把业务平台迁移到云计算资源池中。

(2) 部分云化是指根据业务平台的实际情况或需要,把业务平台中部分模块迁移或部署到云资源池中。而业务平台中的其他模块保持传统的承载方式不变，直接使用物理机。

(3) 融合云是指 x86 云与小型机云混合组网的解决方案，即根据实际需要，把业务平台的部分模块迁移或部署到 x86 云和小型机云的混合解决方案。

2. 业务平台云化需具备的能力

(1) 快速部署能力。网关等系统能在云虚拟化平台上快速完成部署，并能够快速承载业务，其定制化的配置修改能满足网关等设备要求，使得用户不需要修改配置即可完成系统的安装。

(2) 弹性伸缩能力。部署容量可快速伸缩，以自动适应业务负载的动态变化。保障用户使用的资源同业务的需求相一致，避免了因为服务器性能过载或冗余而导致的资源浪费。网关业务量增加时，系统会自动增加核心业务模块，以满足性能需求；当业务量下降时，业务模块会自动卸载，并在模块卸载之前能够将其未处理完毕消息自动迁移到其他机器上。

(3) 系统迁移能力。网关各核心子系统配备热运行备份系统，而备份系统不承载业务，只负责同步主系统中的业务数据。网关通过虚拟机迁移技术来实现主备系统间数据实时备份和快速迁移功能，以保障主备机中数据的一致性。

(4) 过负荷控制能力。在过负荷情况下，系统能够进行缓存处理，限制业务流量；同时，资源管理模块也能检测到过负荷的情况，并启动自动扩容调度能力，保障系统在超负荷情况下的稳定运行。

(5) 负载均衡能力。通过以业务层连接均衡、存储均衡及业务量的处理均衡等能力的评测，业务平台系统能够根据硬件处理能力、各系统当前业务量等情况，自动调整连接数、存储量和计算分配，充分利用集群内各主机资源，使系统高效运行。

3. 云化的评估方法

基于云计算的虚拟化技术可以把现网设备老化，资源利用率低，生命周期短，业务突发性高且符合云化条件的各种业务平台(优先考虑对小业务平台、短生命周期平台、离线分析平台、硬件故障率高、过保或维保即将到期的业务平台)迁移到云平台统一承接，以实现业务平台的资源整合。

根据现网业务平台实际云化的经验和云计算技术的特点，不是所有的业务平台都适合迁移到云资源池中。业务平台是否可以云化会受制于诸多因素。因此在实施业务平台云化前务必做好充分的评估：什么类型的业务平台适合云化，需要从哪些方面评估业务平台是否可云化。业务平台云化的评估要素主要分为云计算技术制约、业务特性需求制约、维护管理制约 3 个方面。业务平台云化评估要素见表 5-3。

表 5-3　业务平台云化评估要素

评估对象	评估内容	云化建议
平台架构	x86 架构	x86 云
	小型机	小型机云(或移植到 x86 云)
	混合架构(x86＋小型机)	部分云化或融合云
外接设备	无特殊的外接设备	x86 云
	有特殊的外接，但支持 USB 通过 USB over Network 技术解决虚拟化软件不支持加密狗的问题	x86 云
	有特殊外接设备，但无其他技术解决方案	不建议云化
计算要求(CPU)	高计算要求，如 8 核 CPU 以上，平时空闲 CPU 小于 50%的平台，或 2 个物理 CPU(4 核)，平时 CPU 空闲小于 50%的平台	不建议云化

续表

评估对象	评估内容	云化建议
I/O要求	高I/O吞吐量的平台,如系统或应用运行在每块网卡上平均网络带宽需求超过100 Mbit/s;对存储LUN的平均IOPS大于2 000,平均吞吐量大于100 Mbit/s的DISK I/O平台	不建议云化
安全等级	安全等级高或涉及敏感数据的业务平台	不建议云化
维护界面划分	无法明确云化后的维护职责的业务平台	不建议云化
维护手段	无法按照维护界面要求或无技术手段实现对业务平台进行远程监控和维护的平台	不建议云化
网络迁移可行性	评估业务平台云化后网络迁移的可行性,特别是部分云化的业务平台,从效益、效率、可执行性方面进行组网方案的评估	不建议云化
平台操作系统	业务平台所使用的操作系统不在虚拟化软件所支持的Guest OS之列	不建议云化

参考文献

[1] 郑凤,杨旭,胡一闻,等.移动互联网技术架构及其发展(修订版)[M].北京:人民邮电出版社,2015.

[2] 郭振江,王琳.基于移动互联网的智能管道系统解决方案实践与应用[J].科技风,2016,7:196-197.

[3] 韩曾帆,张成业,王强,等.移动通信网业务平台云化技术的分析与研究[J].信息通信,2015,9:164-166.

[4] 吴吉义,李文娟,黄剑平,等.移动互联网研究综述[J].中国科学:信息科学,2015,45(1):45-69.

[5] 叶小阳,王亮.OTT业务给通信设备商带来的机会与挑战[J].电信网技术,2013,1:12-16.

[6] 蒋力,邓竹祥.IPTV与OTT TV业务的发展现状及趋势[J].电信科学,2013,29(4):8-11,17.

[7] 卢燕飞,刘云.VoIP综合实验平台设计[J].实验技术与管理,2010,27(1):54-57.

[8] 李辉.VoIP技术及其发展趋势分析[J].互联网天地,2015,2:77-79.

[9] 张志丽.Skype网络电话技术探析[J].电脑开发与应用,2013,26(7):35-37.

[10] 张安勤.移动支付技术综述[J].上海电力学院学报,2006,2:152-157.

[11] 黄显明.移动支付技术综述[J].信息系统工程,2009,4:63-65.

[12] 李平,余运伟,陈林.第三方支付研究综述.电子科技大学学报(社科版),2016,18(6):39-44,98.

[13] 于海龙.互联网金融第三方支付发展战略研究[D].青岛科技大学,2016.

[14] 阮文惠,薛亚娣.移动流媒体关键技术及其平台实现[J].自动化与仪器仪表,2016,3:40-41.

[15] 黄晓燕,钱芳.基于位置服务LBS定位系统的分析[J].集成电路应用,2017,34(11):83-86.

[16]　欧亮,朱永庆,陈华南.移动与固定融合网络环境下位置业务运营探讨[J].电信科学,2009,25(6):24-29.

[17]　马琳,宋俊德,宋美娜.开放平台:运营模式与技术架构研究综述[J].电信科学,2012,28(6):125-140.

[18]　杨靖琦.云化业务平台可伸缩性研究[M].北京:北京邮电大学,2014.

[19]　谭志远,宫云平,周文红.业务平台云化评估方法研究[J].电信科学,2013,29(S2):61-64.

第6章　移动互联网的云服务

云计算是继PC、互联网之后信息技术发展的最新趋势。以云计算为重要支撑的云服务正为用户带来更加简单方便的信息应用方式。移动互联网终端种类和数量的加速增长,伴随而来的是移动互联网上的云服务需求日益凸显,而移动运营商无线宽带覆盖和网络接入能力的提升,使移动云服务的实现成了可能。将云计算技术与移动互联网技术进行有效融合,可以从根本上解决移动终端设备处理能力不足、存储容量不足等问题。随着信息技术的不断发展,用户的需求也在不断变化,传统的电信业务(如短信、彩信等业务)已经不能满足用户的需求。云计算为移动互联网提供了从手持终端到数据中心的一种良好的沟通架构。而随着智能手机的全面推出和应用,各式各样的应用不断增加,需要在移动终端进行的运算也越来越大,这对受运算能力限制的移动终端也是一大限制。

云计算可以应用在移动互联网的方方面面,本章涉及的云服务技术见图6-1。在基础设施方面,互联网数据中心(Internet Data Center,IDC)提供了一种高端的数据传输服务和高速接入服务,然而传统的IDC存在的一些问题越来越明显地影响到了其进一步发展,如资源利用率低,能源利用率低,服务层次较低,传输数据剧增等,并且当IDC业务与移动网络融合时,移动终端的能力有限,这给IDC业务的拓展提出了新的要求。云计算技术不但解决了传统IDC面临的问题,还给IDC带来了新的发展。它不但提供给用户灵活的资源,也提供更多的增值业务的选择。在网络构建方面,内容分发网络(Content Delivery Network,CDN)是一种新型网络构建方式,它是为能在传统的IP网发布宽带富媒体而特别优化的网络覆盖层;从广义的角度,CDN代表了一种基于质量与秩序的网络服务模式。"云计算+CDN"模式的出现,使得CDN服务商可以实现网络资源共享,降低设备闲置率,并可以根据用户需求制订灵活和多元化的服务策略,实现了CDN服务商与客户的双赢,呈现出新的发展趋势。

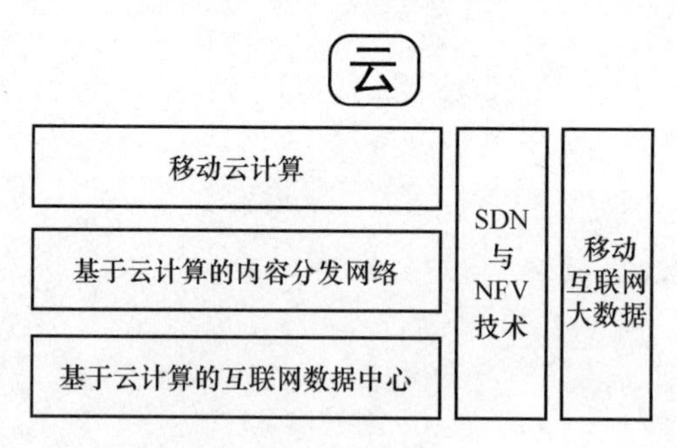

图6-1　云服务技术

在移动云服务中,软件定义网络(Software Defined Network,SDN)、网络功能虚拟化(Network Function Virtualization,NFV)和云计算在未来5G中的关系,可以类比为"点""线""面"的关系。NFV负责虚拟网元,形成"点";SDN负责网络连接,形成"线";所有这些网元和连接,都是部署在虚拟化的云平台中,故云计算形成"面"。移动互联网产业的快速发展,给移动互联网的"云"端迎来了大数据时代。大数据是一个体量和数据类别都特别大，无法用传统数据库工具对其内容进行抓取、管理和处理的数据集，而移动互联网时刻都在产生海量的多源异构数据。由于数据量规模巨大，传统的技术已经难以将其撷取、存储、管理、共享、分析，并难以将其结果可视化，这些是移动互联网大数据所面临的挑战。

6.1　基于云计算的互联网数据中心

IDC 是对商户以及入驻企业的和网站服务器群进行托管的场所，是网络基础资源的重要组成部分，其为用户提供了一种数据的高速传输与传入服务，而云计算环境下的 IDC 在功能上更加全面，对数据的处理性能也更强，同时它能为用户提供全面的解决方案，使用户能够迅速开展其相应的网络业务，形成对网络资源合理优化与科学分配的有力支持。

21 世纪以来，随着计算机网络技术的快速发展，网络云计算功能越来越完善，这就为 IDC 向虚拟化数据中心(Virtual Data Center，VDC)的成功转型提供了一个强大的网络技术基础。如今的 IDC 产业在数据处理技术方面已经开始逐渐处于饱和状态且出现了许多发展瓶颈，为了更快地满足网络发展的需求，需要借助云计算推动 IDC 向 VDC 转型。

6.1.1　IDC 概述

IDC 是 Internet 企业分工更加细化的产物，电信部门利用已有的互联网通信线路、带宽资源，建立标准化的电信专业级机房环境，为企业、政府提供服务器托管、租用以及相关增值服务等方面的全方位服务。IDC 不仅是数据存储中心，也是数据流通中心，应用于 Internet 网络中数据交换最集中的地方。它是伴随着人们对主机托管和虚拟主机服务提出了更高要求的状况而产生的。从某种意义上说，IDC 是由 ISP 的服务器托管机房演变而来的，企业将主机、平台和系统托管等服务相关的一切事物交给专门提供网络服务的 IDC 去完成，而将精力集中在增强核心竞争力的实际业务中。

IDC 可提供的服务分为基础服务、增值服务和应用服务。基础服务是指直接提供机房空间、网络资源、供电和空调等基础资源的服务，包括机房空间出租、主机托管和虚拟主机等；增值服务是指客户根据自己的需求，在 IDC 的基础服务之外选购的附加服务，包括网络监控、统计分析、数据存储备份和网络安全等；应用服务是指网络系统和用户信息系统的应用开发服务，其中包括企业电子邮箱服务、电子商务加速服务和专业咨询服务等。

互联网数据中心的发展可以粗略划分为 3 个阶段，每一阶段服务形态有所不同，但都体现出基础设施的特性。

第一阶段，主要提供场地、电源、网络线路、通信设备等基础电信资源和设施的托管和线路维护服务，该阶段客户以行业大型企业为主；

第二阶段，随着互联网的高速发展，网站数量的激增，各种互联网设备(如服务器、主机、出口带宽等设备)和资源的集中放置和维护需求提高，此时主机托管、网站托管是主要业务类型；

第三阶段，数据中心的概念被扩展，此时大型化、虚拟化、综合化是数据中心服务的主要特征。尤其是云计算技术引入后，数据中心更注重数据的存储和计算能力的虚拟化、设备维护管理的综合化，因此云计算数据中心概念被提出。

6.1.2 基于云计算IDC技术架构

云计算技术为IDC的发展提供了机遇。基于云计算的IDC是通过建立可运营、可管控的云计算服务平台，利用虚拟化技术将基础设施封装为用户可使用的服务。具体而言，就是将存储设备、服务器、应用软件和开发平台等资源以标准化的服务提供给客户。如图6-2所示，基于云计算的IDC技术架构从下至上主要分为物理层、虚拟层、管理层、业务层。

(1) 物理层主要包括实体的服务器、存储设备和宽带网络设备。运营商机房现有大量的设备和充分的网络资源，给运营商IDC云化提供了丰富的物理资源。

(2) 虚拟层是将物理层的服务器、存储设备、网络设备等硬件资源进行虚拟化，使这些资源成为一个总体的基础设施资源，资源可以按需分配和增长，建立一个分布式的海量数据存储系统。这个系统可用于海量数据的储存和访问，以及资源的分配和管理。

(3) 管理层是基于云计算的IDC的核心所在，起到管理调控的作用，可以对IDC业务进行支撑，包括计费管理、监控管理、安全管理、备份容灾、动态部署、动态调度和容量规划等内容。在总体上对分布式的存储数据进行规划，设计相应的分布动态进行虚拟化资源的分配，达到负载均衡。

(4) 业务层可提供面对基础设施即服务、平台即服务、软件即服务3个层次的业务，可以提供不同层面的计算能力，并且以服务接口的方式延长其价值链，从而满足不同用户多层次的需求。

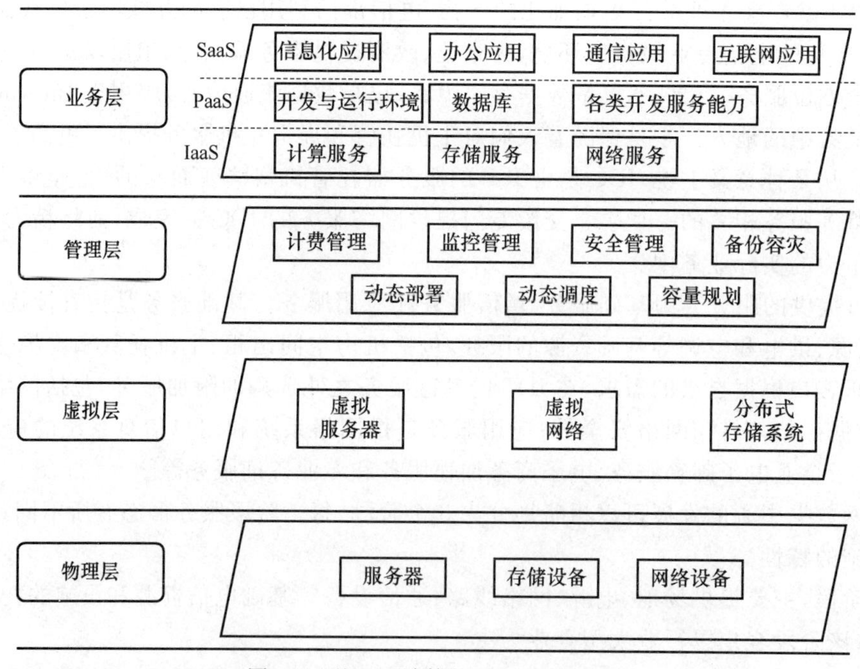

图6-2 基于云计算的IDC技术架构

6.1.3 云计算时代IDC关键技术

随着IDC应用和研究，云计算时代对IDC建设提出了更多的要求，其需要充分提供强大的数据存储、并发访问能力。具体来说，可以利用虚拟化技术、重定向技术、数据迁移技术等来研发 IDC 平台。大数据时代 IDC 平台建设的主要模式包括虚拟桌面模式、VDC 虚拟数据中小模式等。为了实现以上模式，需要很多的 IDC 建设的关键技术，主要包括虚拟化技术、数据安全和程序隔离技术、数据迁移技术、平台支持技术等 4 个类别。

(1) 虚拟化技术。大数据时代，IDC 建设最为关键的技术是虚拟化。虚拟化可以提高硬件利用率，并且能够降低硬件的购买容量，把应用程序及其运行所需的数据独立出来，还可以按照不同的分配策略赋予用户逻辑存储空间，均衡 IDC 负载，实时地监控数据资源的使用状态，改进数据中心的利用率。

(2) 数据和程序隔离技术。IDC 承载的应用程序和用户数量以千万计，不同的用户需要访问关联的数据，因此亟须采用先进的应用程序和数据隔离技术，以保证用户信息的完整性、逻辑独立性，保证应用进程、动态链接库、应用内容能够独立运行，不会影响其他服务器或应用程序的执行。

(3) 数据迁移技术。IDC 保存的信息量非常多，为了能够提高用户服务水平和 IDC 使用的经济效率，IDC 存储空间划分为不同的访问优先级，其建设的成本也不同。一般来讲，IDC 可以判断用户程序和数据的访问频次，根据访问频次实现动态迁移，将访问频次较高的数据放置在优先级较高的位置，同时也可以将访问频次减少的数据迁移到优先级较低的位置。

(4) 平台支持技术。IDC 建设过程中，为了提高数据传输、交换和共享能力，IDC 平台建设采用的技术更多。例如，采用企业数据交换总线(Enterprise Service Bus，ESB)技术可以注册多种业务，而这些业务可以实现异构系统数据共享；利用 MapReduce 技术可以实现数据的分片存储，能够提高系统的利用率，进一步改善 IDC 平台迁移能力。

6.1.4　基于云计算的 IDC 业务

IDC 提供的传统业务包括主机托管(机位、机架、机房出租)、资源出租(如虚拟主机业务、数据存储服务)、系统维护(系统配置服务、数据备份服务、故障排除服务)、管理服务(如带宽管理、流量分析、负载均衡、入侵检测、系统漏洞诊断)，以及其他支撑运行服务等。如图 6-3 所示，通过虚拟化技术，用户可以以多种方式访问“云”中的资源，无论 PC、手机和工作站，无论采用的是传统互联网还是 4G 网络或者专属 VIP 接入，都可以随时访问到所需的资源。基于云计算的 IDC 业务有以下 5 种。

(1) 弹性计算业务。它可以按计算资源需求来分配云计算服务，可以提供给用户不同规格的计算资源(包括 CPU、内存、操作系统、磁盘和网络)。用户可以根据需要和资费进行资源的申请。弹性计算业务实现了对计算存储网络资源的打包销售。

(2) 在线存储和备份业务。通过虚拟存储可以构建在线视频、网盘等互联网应用。通过虚拟化存储将多个云存储节点的资源虚拟为统一的资源，不仅容量大，成本低，而且支持海量用户的访问和使用。在线存储和备份业务安全性高，稳定性好，容灾能力强，能有效地进行数据的备份和恢复。

(3) 虚拟桌面业务。它可以为个人或者企业用户提供独立运行的桌面计算资源。采用虚拟桌面基础架构，利用云计算的虚拟化技术，可以将虚拟桌面组建部署在云计算服务器集群上。虚拟桌面业务采用以服务器为中心的计算模式，使客户可以在任何时间和地点使用任何终端来访问虚拟桌面，进行操作。

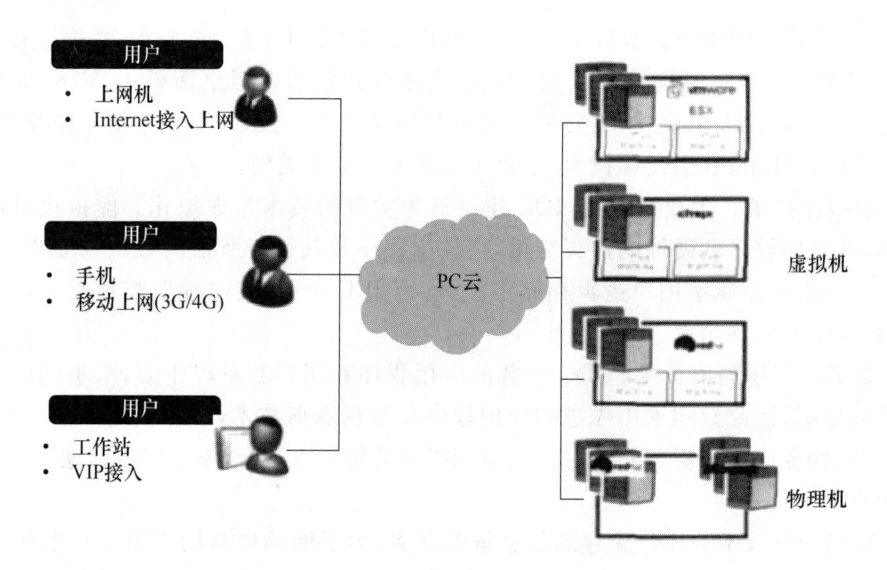

图 6-3 基于云计算的新型 IDC 业务

（4）VDC 虚拟数据中心。数据中心的虚拟化可以整合物理资源、提高资源利用率，可实现高效节能，以及对资源的快速分配和部署。

（5）业务托管和虚拟软件。通过在云平台上部署包括邮箱、视频会议、通信和办公等应用软件，它可以为企业提供 SaaS 服务，进行企业的业务托管。

6.1.5 数据中心的发展趋势

（1）高速以太网。随着信息技术的发展，10 Gbit/s 以太网已经发展成熟，并且已经广泛应用到数据中心当中。10 Gbit/s 以太网的发展和应用，为 40 Gbit/s 以太网和 100 Gbit/s 以太网打下了良好的基础，以太网正在向着高速化的趋势发展。目前，10 Gbit/s 以太网的性能还能够满足服务器虚拟化、云计算、光纤整合的要求。但是，随着社会的发展，对网络数据的传输速率的要求会越来越高，所以以太网的传输速度也必须随时增加。这种形式迫使以太网的运营速度必须尽快提高，这是全球各家数据中心企业的面临的主要挑战。

（2）绿色数据中心。由于信息时代的信息数据量出现了爆炸式的增长，数据中心的规模也随之进行了扩大，从而引发了一系列的后果，如服务器数量大大增加，服务器的运行负担加重，消耗的电力能源增加，对供电行业的要求更苛刻。新时代的数据中心必须向着绿色、节能、环保的方向发展，以努力降低数据中心的能源消耗水平。

（3）虚拟化。虚拟化是建立在云计算技术应用的基础之上的。在传统的数据中心当中，数据的搜集、整合、处理和展示等工作是由服务器来进行的，而虚拟化就是让这一过程脱离空间位置的束缚，从具体的服务器当中转移到虚拟的系统环境当中。换言之，数据中心的虚拟化就是要将底层的计算资源、存储资源和网络资源抽调出来，以方便上层进行调用。在具有这些优点的同时，虚拟化的发展趋势也会对数据中心的性能造成一定的负面影响，如访问虚拟化软件的时候延迟会变长，存储和接入的速度会变慢，对用户的体验造成一定的负面影响。这些负面影响有多大，该如何消除这些影响，则是数据中心企业在发展过程中必须考虑的问题。

（4）信息安全。除了传统的互联网安全风险，还有一些云计算技术应用所带来的风险。

数据中心的信息安全维护，是一项系统性的工程，需要从物理区域的划分、网络隔离与信息过滤、服务监测、设备加固、用户身份的认证和审核等多个角度入手。

6.2　基于云计算的内容分发网络

云计算浪潮的兴起再次对 CDN 提出了新的要求。“云计算＋CDN”模式的出现，使得 CDN 向云计算方向迁移已经是不可阻挡的趋势。在云平台下，各种数据都会存储在云端，强调由云数据中心提供资源，而用户则通过终端设备从云端读取所需要的数据。在各类设备都去云端读取海量数据的过程中，CDN 扮演着不可低估的重要角色，成为云计算的加速器，可以拉近用户与云端的距离，让用户方便、快捷地从云端读取所需要的数据。CDN 服务商在使用云计算技术之后可以实现网络资源共享，降低设备闲置率，并可以根据用户需求制订灵活和多元化的服务策略，实现 CDN 服务商与客户的双赢。

6.2.1　CDN 概述

CDN 的基本思路是尽可能避开互联网上有可能影响数据传输速度和稳定性的瓶颈和环节，使内容传输得更快、更稳定。其目的是通过在现有的 Internet 中增加一层新的网络架构，CDN 系统能够实时地根据网络流量和各节点的连接、负载状况以及到用户的距离和响应时间等综合信息将用户的请求重新导向离用户最近的服务节点上，同时将网站的内容发布到最接近用户的网络“边缘”，使用户可以就近取得所需的内容，提高用户访问网站的响应速度，如图 6-4 所示。

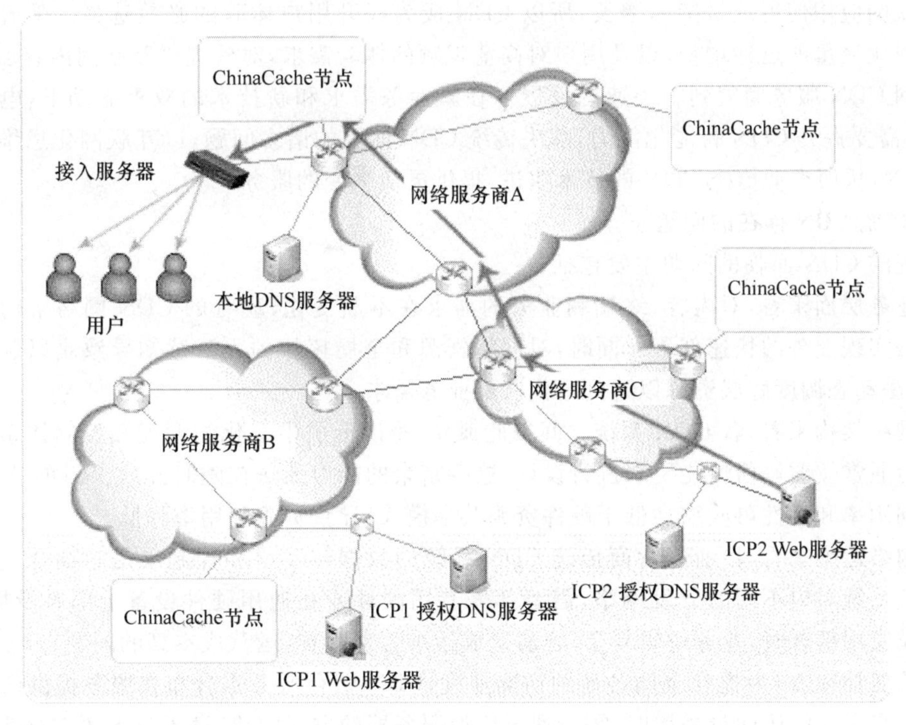

图 6-4　加入 CDN 网络后 Internet 结构图和数据传输方式

CDN的这种网络构建方式的出发点是对传统的互联网发布多媒体信息方式的一种优化，代表了一种基于服务质量的网络服务模式。通过服务器负载和用户就近性的比较判断，以一种高效的方式为用户提供请求服务。在CDN网络上，代理服务器从性质上来说是源服务器的一个镜像，使得用户对源流媒体文件的请求，可以在代理服务器上得到满足。CDN有别于镜像，因为它比镜像更智能，或者可以做这样一个比喻：CDN＝更智能的镜像＋缓存＋流量导流。因而，CDN可以明显提高Internet网络中信息流动的效率，也可以从技术上全面解决网络带宽小，用户访问量大，网点分布不均等导致的问题，提高用户访问网站的响应速度。

当用户访问流媒体内容时，一开始原始服务器会通过CDN系统中的请求路由系统按就近原则来确定离用户最近的最佳代理服务器，同时将该用户的请求转给这个代理服务器。当用户对流媒体内容的请求达到指定的代理服务器时，如果代理服务器上已经存储有用户所请求的流媒体内容，则将其发送给用户；如果代理服务器上没有存储用户所请求的流媒体内容，则从其他的代理服务器或者原始服务器上转发给用户，并将这内容存储到最开始访问的代理服务器上。

CDN分发解决方案解决了与静态网站相关的性能和可靠性问题。而在当今在线业务体验中，与分发静态元素、分发动态元素、应用相关的独特挑战，则由动态网站加速来解决。CDN对网络的优化作用主要体现在如下几个方面：解决了服务器端的“第一公里”问题；缓解甚至消除了不同运营商之间互联的瓶颈造成的影响；减轻了各省的出口带宽压力；缓解了骨干网的压力；优化了网上热点内容的分布。

6.2.2 云计算在CDN中的应用

互联网应用使得流量持续增长，所以CDN成为提升用户体验的必然选择。随着近年来互联网视频流量的迅猛增长，以及用户对高清视频的体验需求，对外提供互联网内容加速服务的互联网CDN服务商得到了快速的发展。在新业务需求和新技术的双重驱动下，电信运营商CDN需要提升CDN智能化能力，解决传统CDN面临的诸多问题，以互联网化思维建设和运营CDN，从而推动传统CDN的技术演进，提供灵活多变的服务。

1. 传统CDN存在的问题

传统的CDN面临的问题主要包括：

从业务层面来看，对内容、终端和业务的需求在不断变化，现有的CDN网络架构和业务流程无法实现业务的快速部署。同时，对网络资源和全局拓扑的无法感知导致难以制订转发策略，无法动态调度底层资源以达到最优匹配业务需求。

从网络架构来看，各CDN系统之间彼此孤立，难以形成中心化的调度和控制体系。设备处理能力通常按照峰值性能要求进行设计，这些富余的能力无法在闲时开放。CDN节点的峰值平均利用率和弹性可收缩性低于硬件资源共享模式，导致资源利用率降低。

从网络运维来看，目前运营商传统CDN系统的数据转发层和控制层是紧耦合关系。不同的业务系统对应不同的分发网络，需要部署专用硬件或在通用硬件设备上部署专用软件。当大规模应用部署时，业务逻辑复杂，容易造成运维管理困难，运营成本高的问题。

从扩展性来看，为提升全国各地的访问速度，CDN缓存服务器分布在服务提供商的各个机房中。当某地区访问量激增时，需要通过增设服务器的方式解决，这不仅无法应对动态访问请求，而且这种补丁式的解决方案也会造成各种维护问题，同时对网络配置的频繁性改变也会影响用户的体验。

2. 云计算的应用

云计算的核心技术之一是服务器虚拟化，目前这一技术已经开始运用到 CDN 之中。在 CDN 系统采用虚拟化技术后，可以提升资源配置能力和优化部署方法，也可以根据用户需求快速调整服务器的处理能力和设备数量。虚拟化技术支持物理服务器之间的虚拟机迁移，能够更好地满足持续性运营的需求，避免硬件故障带来的损失。另外，虚拟机的运营和维护可以通过自动化的管理工具来实现，这降低了难度，节省了成本。例如，在 CDN 边缘节点中部署服务器虚拟化平台，在流量激增时，虚拟化系统工具可以根据设定的参数自动调整资源配置，创建虚拟机并部署操作系统和应用软件，并且在原有系统中运营，从而达到扩大节点处理能力、缓解流量压力的目的。

云计算的另一重要技术——云存储，目前也被运用到 CDN 中。云存储可以低成本存储海量数据，并且提供优于普通存储方案的安全性。利用云计算虚拟化，在 CDN 中心节点和边缘节点引入云存储，利用中心域和边缘域内所有服务器资源的设备能力实现文件的动态分布存储，并能根据用户需求和文件访问的热点程度自动进行存储调整。在云存储过程中，一个文件可以被切割为多个片段，并且在不同存储节点中保存多个副本。用户在访问文件时，可以同时和存储有文件片段的多个节点实现连接，同时对多个文件片段进行读写操作。云存储非常适合大文件的读取以及密集型访问，这恰好吻合了 CDN 的应用需求，其典型应用有高清视频存储。

与最早的静态内容加速不同，采用了云计算技术的 CDN 系统还可具有智能化的日志处理能力，可以综合运用统计分析、数据挖掘及时捕捉用户行为特征等能力，跟进用户需求，从而做到有针对性的资源配置和调动。在此过程中，大量非结构化数据需要系统地采集，而基于新计算集群的分布式计算模型能够针对海量非结构化数据提供并行处理能力，提升 CDN 的智能型。目前，国内外多家 CDN 服务商已经开始瞄准这一趋势进行战略转型。根据莱姆莱特(Limelight)发布的战略，随着未来移动设备和各类移动应用的爆炸式增长，为了应对潜在的市场需求，Limelight 将实现 CDN 与云服务的整合，将现有的各类应用转移到云平台上，借助 CDN 推送给用户(如图 6-5 所示)。

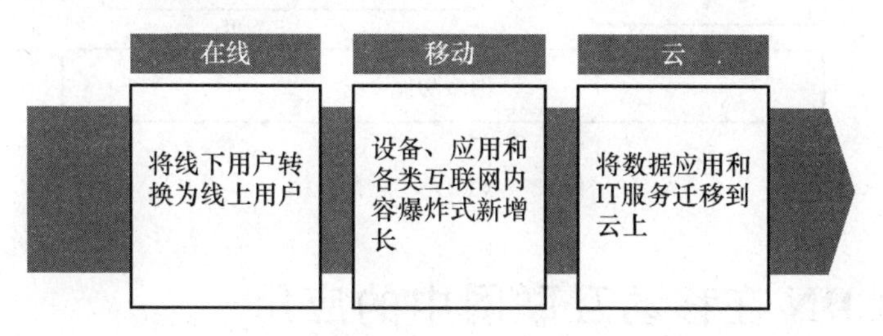

图 6-5　Limelight 的“在线＋移动＋云”战略

6.2.3　虚拟 CDN 系统架构

图 6-6 中内容分发功能、业务服务功能、资源控制功能和资源池 4 个功能模块为虚拟 CDN(Virtual CDN，VCDN)系统的功能，其他功能模块为外部系统功能。

(1) 业务服务功能。它可以为终端用户提供业务服务以及服务页面，也可提供鉴权、认证、计费等功能;同时支持为VCDN租户提供服务以及服务界面,从而租户可以通过使用规范化的应用程序编程接口来完成所需服务的订购。

(2) 内容分发功能。它是传统CDN具备的功能,可实现内容的注入、存储、处理、分发、调度、服务等功能。

(3) 资源池。它包括物理资源池和虚拟资源池。物理资源池能力支持硬件资源的虚拟化,可实现虚拟存储和虚拟交换等功能。虚拟资源池由物理资源虚拟化,其资源能力被分配给相关服务资源,以满足VCDN服务用户的需求。

(4) 资源控制功能。它可以完成对物理资源或虚拟资源的管理。根据租户对VCDN服务的要求,资源控制功能可为用户分配相应的虚拟资源;当内容分发功能配置完内容分发能力后,资源控制功能与骨干网络通信又可为内容分发能力提供资源和网络。

(5) 网络功能。它是承载CDN分发的骨干网络。为支持VCDN的业务功能,网络功能需具备SDN的架构,可通过控制器对VCDN的业务需求提供灵活的网络资源分配服务。

(6) VCDN租户。VCDN可为多个VCDN租户提供服务。不同的VCDN租户可在业务服务功能界面上注册、订购、查询、管理其VCDN服务。

(7) 内容提供商。内容提供商为VCDN租户提供内容服务,一个VCDN租户可由多个内容提供商为其提供内容,而内容提供商也可是VCDN的租户。

(8) 终端用户。由内容提供商提供内容,VCDN租户租用VCDN进行内容分发,VCDN提供端到端的内容分发服务,终端用户则访问内容。

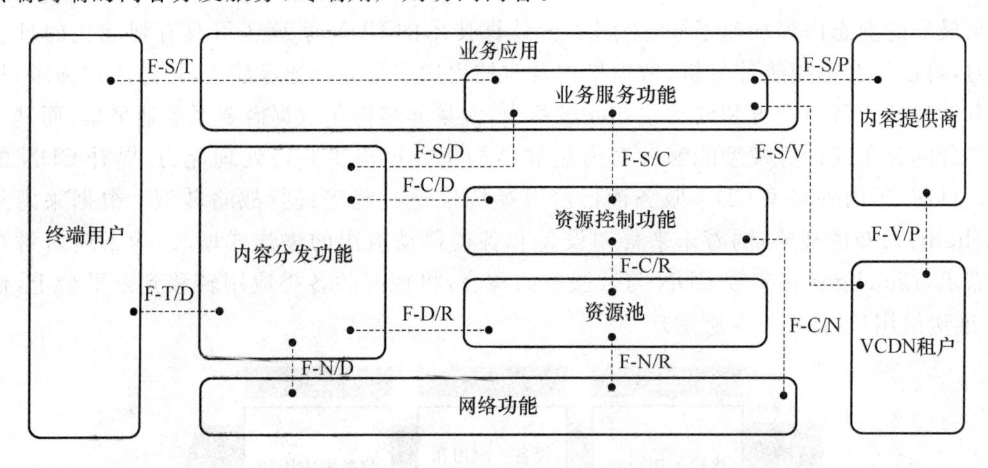

图6-6 VCDN系统架构

6.2.4 CDN在移动互联网中的应用

(1) 静态内容加速:用来帮助网站提高网民对网站页面的访问速度,并大幅减轻源站的访问压力。通过智能域名解析,将终端用户对网站的请求定向到离用户最近的CDN节点,大量的访问请求通过CDN节点得到满足,这提高了访问质量,加快了网站访问速度,同时可以避免源站由于负载过重和网络传输环节不畅而可能影响用户访问的问题。

(2) 动态内容加速:通过智能分析对CDN网络进行了设计与优化,动态优化的同时还结合了基于地域的CDN访问,因此对于跨地域跨多个运营商的实时数据访问,使用CDN动态内容加速会使访问速度有显著的提高。

(3) 大文件下载加速:可以为ICP提供一个快速高效的下载服务解决方案。ICP下载内容被推送到CDN网络某一服务器上以后,将自动下发到指定的下载专用的CDN节点,在很短的时间内就可以为最终用户提供稳定、高质量的下载服务。ICP不必担心随着用户访问量的不断增加,下载服务器的处理能力受到限制以及服务器出口带宽压力越来越大而对最终用户服务质量产品影响的问题。

(4) 流媒体点播加速:可以帮助网站向全国范围内的终端用户提供稳定的视频点播服务。将终端用户对网站的请求指定到用户响应效果最好的流媒体服务节点上,可以为终端用户提供稳定可靠的视频点播服务。

(5) 流媒体直播加速:通过CDN网络节点优化分配,可将终端用户对网站的请求定向到离用户最近响应效果最好的流媒体服务节点上。这样无论用户来自哪里,都可以从性能最优的流媒体访问服务器上来获得高质量的流媒体内容,同时也不用担心大量用户访问带来的带宽压力,故特别适合提供音频、视频的流媒体直播服务的网站。

(6) 全球服务器负载均衡(Global Server Load Balancing,GSLB):是针对在各地分布了镜像节点并且不适合使用网页内容加速服务的网站用户提供的一项服务产品。通过GSLB,可以自动将用户请求定向到最合适的镜像站点,使得用户访问过程透明化,避免用户自己选择镜像站点过程,有效提升服务质量。GSLB同时还可以通过监控所有镜像站点可用状态,这可避免将用户访问定向到失效的镜像站点上。

6.3　移动云计算

云计算是互联网领域的一个新热点。移动互联网和云计算的结合是目前互联网发展的趋势。首先,云计算将应用的"计算"从终端转移到服务器端,从而弱化了对移动终端设备的处理需求;其次,云计算降低了对网络的要求;最后,由于终端不感知应用的具体实现方式,扩展应用变得更加容易,应用在强大的服务器端实现和部署,并以统一的方式(如通过浏览器)在终端实现与用户的交互。因此,云计算的大规模运算与存储资源集中共享的模式,给移动互联网的总体架构带来重大影响,使得移动互联网体系发生变化。在云计算环境下,用户的使用观念也会发生彻底的变化:从"购买产品"向"购买服务"转变,因为他们直接面对的将不再是复杂的硬件和软件,而是最终的服务。

6.3.1　移动云计算概述

狭义云计算指IT基础设施的交付和使用模式,指通过网络以按需、易扩展的方式获得所需资源;广义云计算指服务的交付和使用模式,指通过网络以按需、易扩展的方式获得所需的服务。这种服务可以是IT和软件、互联网相关的,也可是其他服务。云计算的核心思想,是将大量用网络连接的计算资源统一管理和调度,构成一个计算资源池从而向用户提供按需服务。

基于云计算的定义,加以移动二字,便是指通过移动互联网获取基础平台等信息资源或服务的交付与使用模式,是指云计算技术在移动互联网中的应用。智能手机结合了移动通信和互联网的优势,并借助了广大的终端传递服务,加之其应用的云计算拥有强大的信息资源,因此它潜在有巨大商机。

云计算具有以下特点：

(1) 超大规模。“云”具有相当的规模，Google 云计算已经拥有 100 多万台服务器，Amazon、IBM、Microsoft、Yahoo 等的“云”均拥有几十万台服务器。企业私有云一般拥有数百上千台服务器。“云”能赋予用户前所未有的计算能力。

(2) 虚拟化。云计算支持用户在任意位置、使用各种终端获取应用服务。所请求的资源来自“云”，而不是固定的有形的实体。应用在“云”中某处运行，但实际上用户无须了解、也不用担心应用运行的具体位置。

(3) 高可靠性。“云”使用了数据多副本容错、计算节点同构可互换等措施来保障服务的高可靠性，所以使用云计算比使用本地计算机更可靠。

(4) 通用性。云计算不针对特定的应用，在“云”的支撑下可以构造出千变万化的应用，同一个“云”可以同时支撑不同的应用运行。

(5) 高可扩展性。“云”的规模可以动态伸缩，以满足应用和用户规模增长的需要。

(6) 按需服务。“云”是一个庞大的资源池，用户按需购买；“云”可以像自来水、电那样计费。

(7) 极其廉价。“云”可以采用极其廉价的节点来构成，“云”的自动化集中式管理使大量企业无须负担日益增加的数据中心管理成本，而“云”的通用性使资源的利用率较之传统系统大幅提升，因此用户可以充分享受“云”的低成本优势，只需花费几百美元、几天时间就能完成以前需要数万美元、数月时间才能完成的任务。

6.3.2 云计算模式架构模型

按服务层次和服务类型，云计算可分为 IaaS、PaaS、SaaS 3 种模式，如图 6-7 所示。

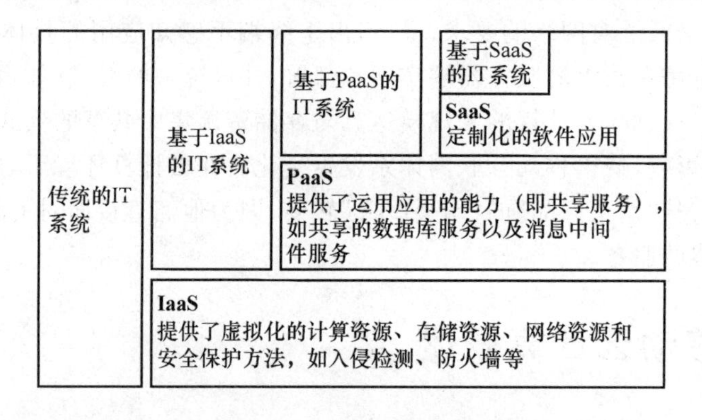

图 6-7　云计算模式示意图

1. IaaS

消费者通过 Internet 可以从完善的计算机基础设施获得服务，称为 IaaS。电信运营商对 IT 资源进行虚拟化，给用户提供的是出租处理服务、网络、存储及其他基本计算资源。用户可任意部署和运行软件，而不需要管理或控制底层的云计算基础设施。如图 6-8 所示，IaaS 可以分为以下几个层次。

位于架构最底层的是资源层，主要包含数据中心中所有的物理设备，如硬件服务器、网络

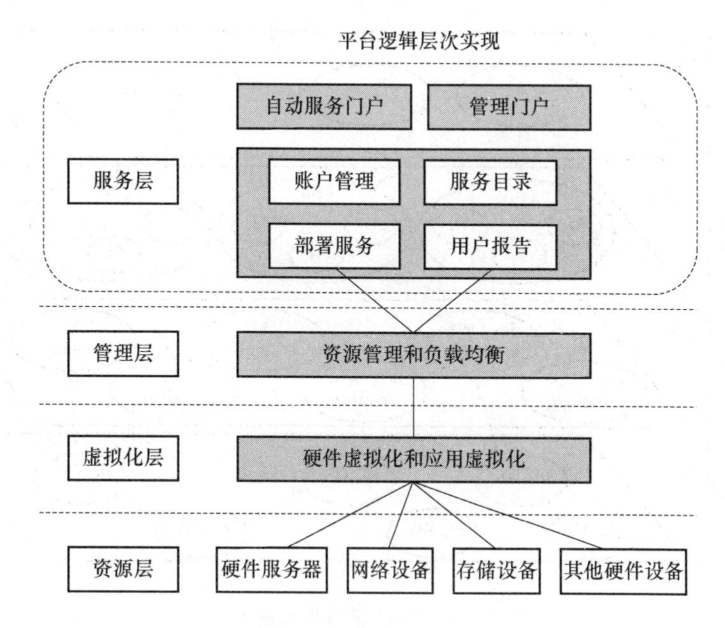

图 6-8　IaaS 基础设施服务的总体技术架构

设备、存储设备以及其他硬件设备。资源层主要包括硬件服务器、网络设备、存储设备、其他硬件设备 4 个部分。位于资源层中都被形象化地看作集中在一个“池”中，因此，资源层中的所有资源将以池化的概念出现。

虚拟化层的作用是按照用户或者业务的需求，从池化资源层中选择资源并打包，从而形成不同规模的计算资源，也就是虚拟机。虚拟化平台主要包括虚拟化模块、虚拟机、虚拟网络、虚拟存储以及虚拟化平台所需要的所有资源，还包括物理资源以及虚拟资源，如虚拟机镜像、虚拟磁盘、虚拟机配置文件等。

管理层主要是对下面的资源层进行统一的运维和管理，包括收集资源的信息，了解每种资源的运行状态和性能情况，决定如何借助虚拟化技术来选择、打包不同的资源，以及如何保证打包后的资源具有高可用性或者如何实现负载均衡等。

服务层位于整体架构的最上层，主要面向用户提供使用管理层、虚拟化层以及资源层的能力。不论是通过虚拟化层中的虚拟化技术将不同的资源打包成虚拟机，还是使用管理层中的高级功能动态调整这些资源、虚拟机，IaaS 的管理人员和用户都需要统一的界面来进行跨越多层的复杂操作。

2. PaaS

基于 PaaS 平台，用户不需管理或控制底层的云基础设施，可高效完成业务开发、业务部署和运营。PaaS 平台概念模型如图 6-9 所示。PaaS 平台概念模型采用分层结构，由用户平面(User Plane，UP)、应用平面(Application Plane，AP)、资源平面(Resource Plane，RP)、物理平面(Physical Plane，PP)和管理平面(Management Plane，MP)组成。

UP 反映了 PaaS 平台的目标使用者，即应用开发者(Dev/Developer)，应用开发者可以开发多个应用，并将其部署到平台中。

AP 反映了应用开发者所开发的大量的不同类型的应用(APP/Application)，每个应用可以包含多个应用实例(Application Instance，AI)。这些应用具有不同的资源消耗和用户访问模型，包括应用逻辑、应用的计算和通信资源开销以及用户请求的分布情况。这些信息将作为

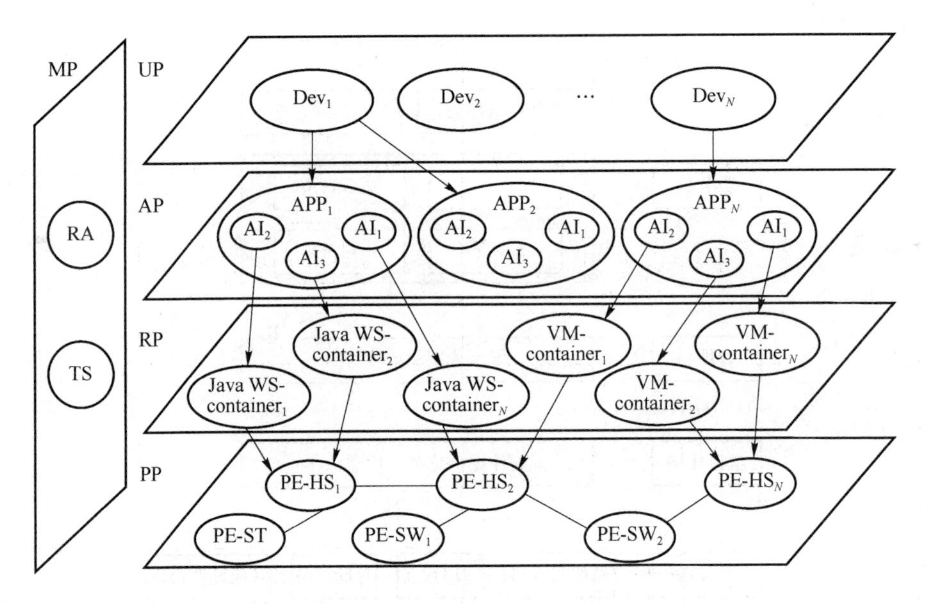

图 6-9　PaaS 平台概念模型

MP 对应用进行管理的依据。

RP 反映了 AI 运行的逻辑环境，由一系列不同类型的容器（CT/Container）组成。这些容器将 PP 所提供的以主机为单位的分散物理资源汇聚在一起，形成资源池。在该平面中，不同类型的 AI 运行于相应的容器中，使用容器所提供的计算、存储和连接等资源。鉴于容器是一个相对独立的逻辑运行环境，容器中既可以运行第三方应用，也可以运行平台的自建应用，同时，第三方应用也可以成为其他第三方应用可调用的组件，从而使得 PaaS 平台支持能力具有高的可扩充性。

PP 反映了 PaaS 平台底层的物理资源，由一系列物理实体（Physical Entity，PE）组成，包括物理主机（HS/Host）、存储器（ST/Storage）和交换机（SW/Switch）等硬件设备，为平台提供了底层的计算、存储和通信能力。

MP 负责完成对其他各平面的调度和控制。该平面包含 2 个组件：资源调度组件（Resource Agent，RA）和任务调度组件（Task Scheduler，TS）。RA 定义了应用经过多层映射最终分布到物理主机上的部署关系，即应用与 AI 的对应关系（APP-AI）、AI 与容器的对应关系（AI-CT）以及容器与主机的对应关系（CT-HS）。TS 定义了应用访问请求（REQ/Request）到达平台后的转发规则，即为每个请求选择合适的 AI 规则（REQ-AI）。

3. SaaS

内容提供商将运行在云计算基础设施上的应用程序以服务方式提供给用户。用户不需要管理或控制底层的云计算基础设施，只需按需租用软件即可，从而省去了在服务器和软件授权上的开支。根据微软所讲，SaaS 体系结构为单实例-多租赁，可分为四级成熟度模型，大体上如图 6-10 所示。

(1) 第一级成熟度模型：定制开发架构。

定制开发架构类似于传统的应用服务供应商（Application Service Provider，ASP）模式，即不同的客户拥有各自主机应用的定制版本，在主机服务器上运行自己的应用实例。一般来说，传统的客户端-服务器应用无须太多开发工作，也不必重新设计整个系统，就能转变为第一级成熟度的 SaaS 模型。

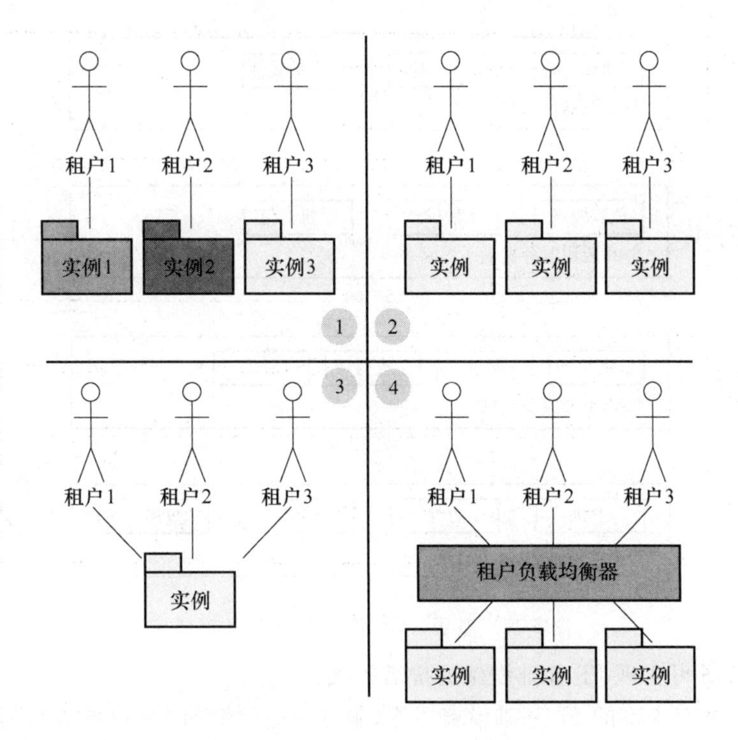

图 6-10　SaaS 应用架构成熟度模型

（2）第二级成熟度模型：可配置性架构。

第二级成熟度模型提供了较大的灵活性，通过配置程序元数据，使许多客户可以在不同的情况下使用相同的代码库，但彼此之间仍然完全隔离。供应商的所有客户都使用相同的代码库，这大幅降低了 SaaS 应用的服务要求，因为代码库的任何更改都能立刻方便地作用于供应商的所有客户，从而无须逐一更新或优化每个定制实例。

（3）第三级成熟度模型：高性能多租户架构。

供应商通过运行单一实例来满足客户需求，并采用可配置的元数据为不同的用户提供独特的用户使用体验和特性集。授权与安全性策略可确保不同客户的数据彼此区分开来。从最终用户的角度来看，不会察觉到应用是与多个用户共享的。这种方法使供应商无须为不同客户的不同实例提供大量服务器空间。因此使用计算资源的效率将大大超过第二级成熟度，从而直接降低了成本。

（4）第四级成熟度模型：可伸缩性多租户架构。

第四级成熟度是最高级成熟度，这时供应商在负载平衡的服务器群上为不同客户提供主机服务，运行相同的实例，不同客户的数据彼此分开，可配置的元数据可以提供独特的用户体验与特性集。SaaS 系统具备可扩展性，可轻松满足大规模客户的需要，可在无须对应用进行额外架构设计的情况下根据需求灵活地增减后端服务器的数量，不管有多少用户，都能像针对单个用户一样方便地实施应用修改。

4. 基于云计算的移动互联网服务模式

在移动互联网服务提供平台的构建中，云计算能通过 IaaS、PaaS 及 SaaS 3 种模式提供支撑，通过图 6-11 所示的云服务架构，结合电信运营商、应用开发商及内容提供商，可为最终用户提供优质的服务体验，打造云服务优势，实现价值链共赢。

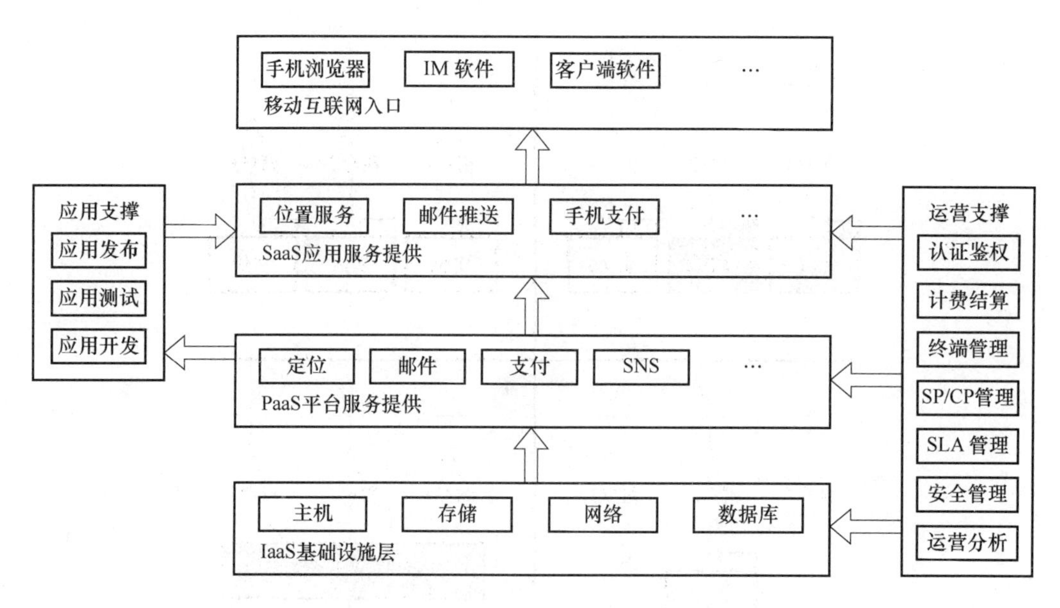

图 6-11 基于云计算的互联网服务模式

（1）通过 IaaS 可实现 IT 基础设施的按需扩展。

电信运营商拥有丰富的 IT 基础设施资源（服务器、存储及网络设备等），但大型数据中心资源的利用率并不是很高。电信运营商可利用虚拟化和分布式运算技术整合这些计算资源，将其打包成 IaaS 提供给上层平台和应用，为移动互联网服务提供平台提供灵活可靠的计算能力。

（2）通过 PaaS 可提高电信运营商的核心竞争力。

移动互联网服务提供平台的关键在于 PaaS 的应用。通过 PaaS 对现有各种业务能力进行整合，可有效地聚合产业链，提高用户黏性。PaaS 平台向下根据业务能力测算基础服务能力，通过 IaaS 提供的 API 调用硬件资源；向上提供业务引擎和业务开发接口，供电信运营商自己和第三方开发者开发 SaaS 应用，并提供给最终用户。

（3）通过 SaaS 服务可实现用户简单接入、按需服务。

电信运营商和第三方开发者利用 PaaS 平台提供的业务能力和业务引擎，开发并提供满足最终用户需求的各种应用，以服务形式供用户通过移动终端消费。由于手机终端的多样化，若将应用覆盖到各种终端，开发者必将耗费大量精力来完成代码的移植和测试。而基于 SaaS 的应用提供，大量的数据处理和运算放在云端进行，用户只要使用浏览器或简单的客户端就能实现移动互联网业务的接入及按需消费。

（4）通过运营支撑平台实现公共支撑。

电信运营商已在规模化的可靠运营方面积累了丰富经验。运营支撑平台依托庞大而稳定的基础运营平台及专业技术支持队伍，能为移动互联网服务平台提供运维管理、安全管理及 SLA 管理等公共支撑，从而保证软件服务提供商的各种应用系统长时间、稳定地运行。运营支撑平台整合电信运营商所拥有的庞大客户资源和网络优势，实现移动互联网用户接入的统一认证和鉴权，提供 SaaS 及 PaaS 用户服务的计费方式，实现了 SP/CP 的结算和管理，并通过运营数据分析，研究用户消费习惯，以进行针对性营销。

6.3.3　云转码与云存储

1. 云转码技术

云转码是指将视频通过服务器(云端)转换成适合移动设备播放的视频格式的云计算技术。通常我们下载影片时,大多数都是 RMVB/AVI 格式的,而一些移动设备,像 MP4/PSP 等又不支持这些格式的播放,这时候就需要用户进行手动影片转码操作。通过云转码服务,将影片在下载的终端转换好后,提供给用户下载,这样可以大大节约用户的宝贵时间。移动互联网云转码平台是通过云计算技术架构,实现对所有主流格式、编码的源视频进行自动化的实时转码和处理,同时智能适配输出的移动网络和终端,满足将视频内容向移动互联网上的多种终端分发的需求,提供高性能、低成本、可管理的云转码服务,以及灵活多样、标准便捷的部署和集成方式。云转码平台结构如图 6-12 所示。移动互联网云转码平台的系统架构包括以下 3 层功能,它们可以实现统一的云服务接入、云资源调度和云平台管理。

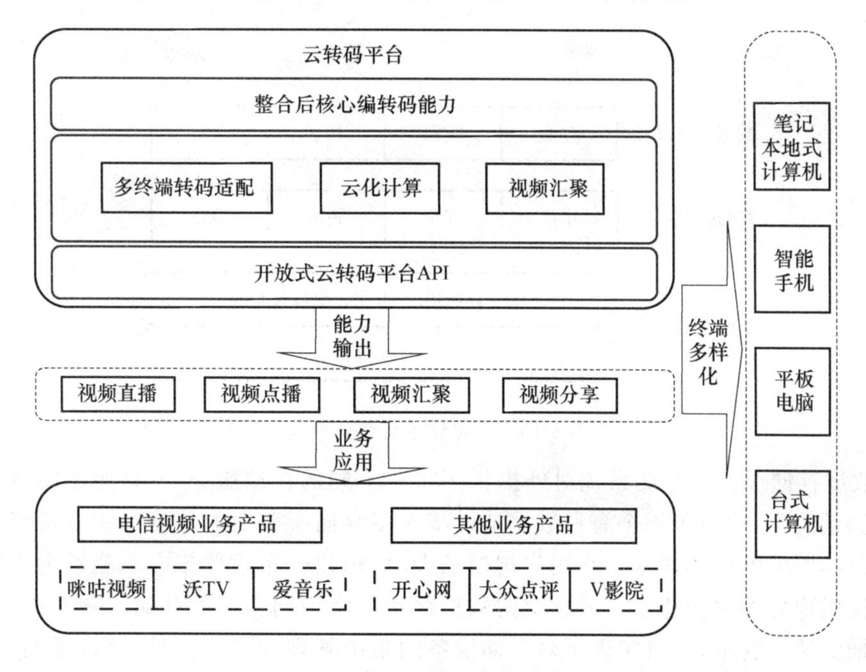

图 6-12　云转码平台结构

(1) 媒体源接入层

该层能够对不同格式和编码的视频文件进行解码处理,智能适配源视频 CDN、FTP 和 Web 等媒体源服务器协议,也能够对 RTSP、MMS、HLS、RTMP 等不同协议的视频监控源和视频直播源进行解码处理。

(2) 编码处理层

该层能够按区域或业务部署转码计算节点集群,支持 Hadoop 云计算框架和虚拟机资源,按照平台管理节点智能调度合适的转码计算节点进行编码,并将相关任务日志记录到数据库。

(3) 输出适配及负载均衡层

该层能够实时适配用户的终端及网络,支持 RTSP、HLS、HTTP 等流媒体传输协议;兼容 3G、4G、Wi-Fi、ADSL 等用户连接方式,能够实时计算终端的网络速度,向用户提供最佳视频码率;实时输出实现负载均衡,并通过缓存策略和缓存文件,进一步提升性能和并发容量。

2. 云存储技术

随着 SaaS 的兴起,云存储成为信息存储领域的一个研究热点。与传统的存储设备相比,云存储不仅仅是一个硬件,而是一个由网络设备、存储设备、服务器、应用软件、用访问接口、接入网和客户端程序等多个部分组成的系统。云存储提供的是存储服务。存储服务通过网络将本地数据存放在存储服务提供商(Storage Services Provider,SSP)提供的在线存储空间。云存储这个概念一经提出,就得到了众多厂商的支持和关注。Amazon 公司推出了弹性块存储技术,它可支持数据持久性存储;Google 推出了在线存储服务 GDrive;内容分发网络服务提供商 CDNetworks 和云存储平台服务商 Nirvanix 结成战略伙伴关系,提供了云存储和内容传送服务集成平台。云存储平台整体架构可划分为 4 个层次(如图 6-13 所示),自底向上依次是:

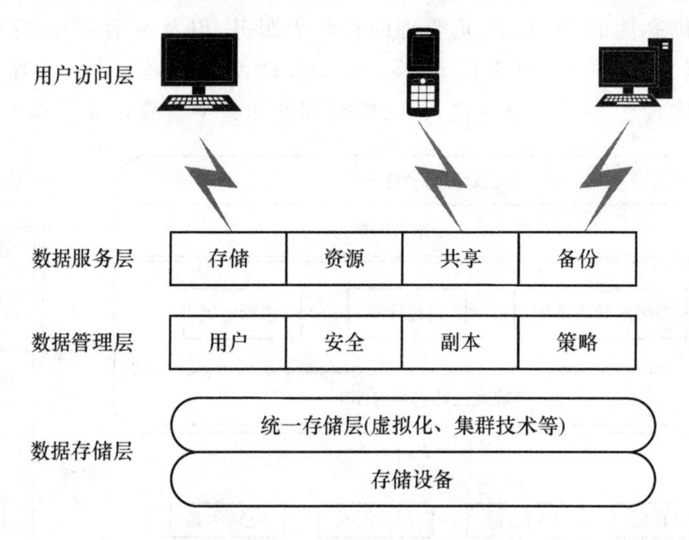

图 6-13 云存储平台整体架构

(1) 数据存储层。云存储系统对外提供了多种不同的存储服务,各种服务的数据统一存放在云存储系统中,形成了一个海量数据池。基于多存储服务器的数据组织方法能够更好地满足在线存储服务的应用需求。在用户规模较大时,构建分布式数据中心能够为不同地理区域的用户提供更好的服务质量。云存储的数据存储层将不同类型的存储设备互连起来,实现了海量数据的统一管理,同时实现了对存储设备的集中管理、状态监控以及容量的动态扩展,它的实质是一种面向服务的分布式存储系统。

(2) 数据管理层。云存储系统架构中的数据管理层可为上层提供不同服务之间公共管理的统一视图。通过设计统一的用户管理、安全管理、副本管理及策略管理等公共数据管理功能,将底层存储及上层应用无缝衔接起来,实现了多存储设备之间的协同工作,以更好的性能对外提供多种服务。

(3) 数据服务层。它是云存储平台中可以灵活扩展的、直接面向用户的部分。根据用户需求,可以开发出不同的应用接口,提供相应的服务,如数据存储服务、空间租赁服务、公共资源服务、多用户数据共享服务、数据备份服务。

(4) 用户访问层。通过用户访问层,任何一个授权用户都可以在任何地方,使用一台联网的终端设备,按照标准的公用应用接口来登录云存储平台,享受云存储服务。

6.3.4 移动云计算前景

对于移动互联网的用户而言，云计算模式提供的服务有着诸多优势与便利。

(1) 可以不再依赖于某特定的终端来访问和处理数据。只要连入互联网，无论何时何地，都能同步和共享所有数据资源。

(2) 不必自己维护。用户的所有数据存储和程序运行都在云端进行，因而用户自己并不需要进行软件的维护等问题，只进行使用即可。

(3) 用户不需要购买大量的硬件资源以满足海量存储。云端将提供无限的存储服务，其他繁重的工作也由网络来处理，从而降低了大量的成本。

移动云的制约条件总结为表 6-1 所示。

表 6-1　移动云的制约条件

挑　战	解决方法
依赖互联网	政府和商业机构重视互联网基础设施的建设，互联网的接入方式越来越多，带宽越来越大，速度越来越快，可靠性、稳定性、抗灾性越来越强
数据安全性	创建高可靠性存储环境，制订数据备份、容灾策略，规范和提高数据存储服务的质量和安全指标
数据保密性	实行软硬件保密措施，加强 SaaS 软件商的信用建设

移动互联网业务从最初简单的文本浏览、图铃下载等形式发展到固定互联网业务与移动业务深度融合的形式，正成为电信运营商的重点业务发展战略。在云计算模式下，用户的计算机会变得十分简单，此外，云计算能够轻松实现不同设备之间的数据和应用共享。云计算为我们使用网络提供了几乎无限多的可能，为存储和管理提供了几乎无限多的空间，也为我们完成各类应用提供了几乎无限强大的计算能力。

6.4 SDN 与 NFV 技术

SDN 是一种创新性的网络架构，它定义了开放的可编程接口、集中化控制和控制转发分离这 3 个架构特征，实现了网络上前所未有的可编程性。NFV 是一种创新性的网络设备形态，它通过广泛使用的硬件承载各种各样的网络软件功能，实现了传统网络设备的同等功能。众所周知，网络由网元功能及其之间的网络连接共同组成，而 SDN 和 NFV 就是类似于网络连接与网元功能的关系。SDN 提供网络连接，而 NFV 提供网元功能，二者相互独立又相互补充。一方面，NFV 为 SDN 的运行提供新的网元形态，增加了网络功能部署的灵活性；另一方面，NFV 的软件控制平面被转移到了集中控制器中，而 SDN 进一步推动了 NFV 功能部署的便利性。

6.4.1 SDN 与 NFV 概述

SDN 的思想最早来自学术界，其标准化进程如图 6-14 所示。这可以追溯到 2006 年斯坦福大学 Martin Casado 领导的 Ethane 项目，受该项目思路的启发，2008 年，Martin Casado 和他的导师 Nick Mckeown 在 SIGCOMM 会议上发表了文章 *OpenFlow：Enable Innovation in Campus Networks*，首次提出将 OpenFlow 协议用于校园网络的试验。2011 年初，在德国电信、微软等企业的推动下，共同成立了开放网络基金会(Open Networking Foundation，ONF)，致力于推动 SDN 架构、技术的规范和发展工作，并在 2012 年 4 月发布了 SDN 白皮书 *Software-Defined Networking：The New Norm for Networks*，将 SDN 定义为："SDN 是一种新兴的、控制与转发分离并直接可编程的网络架构，其核心是将传统网络设备紧耦合的网络架构解耦成应用、控制、转发三层分离的架构，并通过标准化实现网络的集中管控和网络应用的可编程。"2012 年是 SDN 发展过程中里程碑式的一年，谷歌宣布其主干网络已经全面运行在 OpenFlow 上，并且通过 10 Gbit/s 的网络链接分布在全球各地的 12 个数据中心，使广域网线路的利用率从 30%提升到接近 100%；德国电信也在 2016 年宣布部署 SDN。

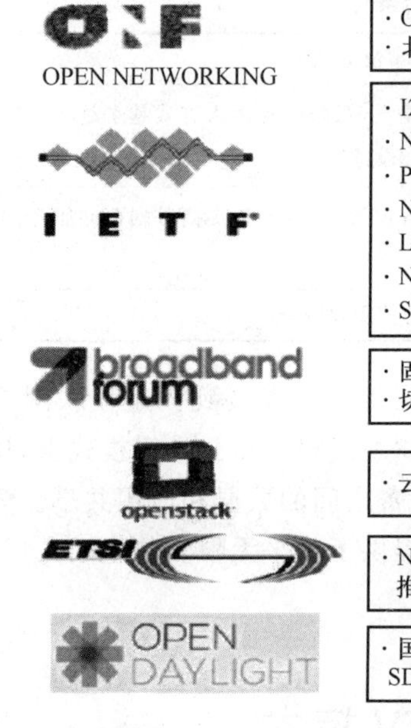

图 6-14 SDN 标准化进程

NFV 起步更晚一些。2012 年，在多家运营商的主导下，通过 ETSI 发布关于 NFV 的技术白皮书，对 NFV 给出了定义："NFV 是一种通过硬件最小化来减少依赖硬件的更灵活和简单的网络发展模式。"其实质是将网络功能从专用硬件设备中剥离出来，实现软件和硬件解耦后的各自独立，基于通用的计算、存储、网络设备并根据需要实现网络功能及其动态灵活的部署。NFV 的目标是采用业界通用的硬件加软件的方式实现各种网络功能，其中通用硬件包括各种基于 x86 架构的服务器和各种通用的以太网交换机等廉价设备。NFV 意味着各种网络功能将以软件的方式交付给运营商，而网络运营商只需要在云计算数据中心环境下安装、运行并维护该软件即可。

目前，从事 SDN、NFV 相关标准的组织包括 ONF、IETF、CCSA、BBF、OpenStack、ETSI、OpenDaylight 等，具体参见图 6-14。ONF 是目前 SDN 领域最有影响力的标准化组织，其推出的 Openflow 1.0 和 Openflow 1.3 已经得到了设备厂家的广泛支持。随着 SDN 应用的快速发展，北向接口的定义和标准化将越来越影响产业进展。ONF 在北向接口的定义方面目前并未取得实质性进展。国内 CCSATC1 基于北向接口的行标项目将有助于北向接口的标准化。

1. SDN 与 NFV 联系

SDN 和 NFV 有很多相似之处，它们的核心之处都在于软件和硬件分离，同时，都是尽量采用标准的硬件和独立开发的软件，强调业务的开放与创新。但 SDN 更侧重于网络的调度，是整个网络的概念；NFV 强调的是网络功能的虚拟化，可以单点实施，通过协调层形成业务功能链，图 6-15 描述了两者的关系。NFV 和 SDN 并不是必须相互依存。采用 SDN 网络提供网络连接时，网络功能可以基于传统的硬件实现。类似地，采用 NFV 提供网络功能时，网络连接可以采用传统的策略路由或者标签转发等非 SDN 转发技术。但是两者相互结合、相互补充，将会发挥更大的效应。

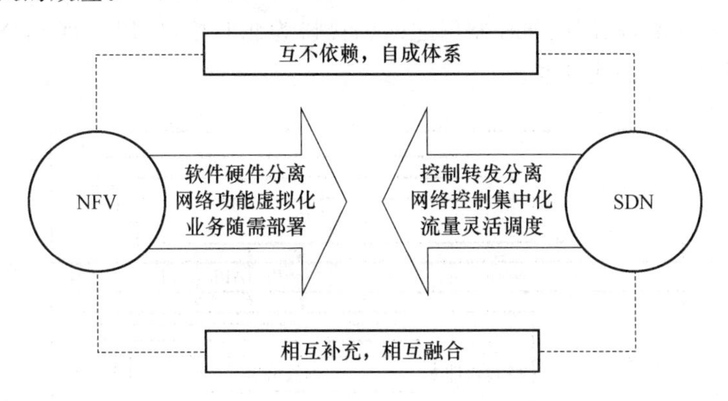

图 6-15　NFV 与 SDN 关系

一方面，通过 SDN 技术可以将网络节点的功能进一步拆分，使转发功能和业务功能分离，业务功能用 NFV 实现：如数据中心内的负载均衡器设备，可以将转发功能卸载到网卡或者 Openflow 交换机上，而较高级的负载均衡策略由虚拟机实现。

另一方面，NFV 可基于 x86 通用硬件为 SDN 的控制和转发网元提供虚拟机资源，如采用虚拟机(Virtualization Manager，VM)形式的控制器、虚拟路由器。但转发层面运行在虚拟化的 x86 通用硬件上是否可以满足性能要求还需进一步研究和验证。

2. SDN 与 NFV 发展趋势

SDN 与 NFV 是变革性的技术，它们的出现改变了传统网络产业的游戏规则，就像多年前 IT 产业从封闭走向开放一样。纵观 SDN 与 NFN 的发展，将呈现以下趋势：

(1) 商用部署加快。2016 年，SDN 在云服务提供商和通信服务提供商数据中心的部署比例将从 2015 年的 20%提高到 60%，同时，SDN 的企业采用率预计将从 6%提升至 23%。

(2) SDN 和 NFV 将进行有机结合，构建云网协同的新型网络。特别是在控制面，SDN 与 NFV 本身就有很多相似的技术。NFV 的功能虚拟化计算可以作为 SDN 调度网络的策略输入。基于 SDN-O 和 NFV-O 的 E2E 业务链技术，可以成为电信网络全面开放化、业务部署敏捷化的撒手锏。

(3) 将塑造 SDN 和 NFV 的全产业链。建立包含运营商、电信设备商、互联网公司、IT 厂商、软件开发商、芯片和器件厂商在内的新型 ICT 产业链。

(4) 开源平台将带来新的商业模式。SDN 开放社区有 OpenDaylight、ONOS；NFV 的开放社区有 OPNFV、OpenStack 等。开源平台的崛起将重新定义设备厂商角色，产生新的机遇和商业模式。

6.4.2 SDN与NFV技术及其架构

1. SDN技术架构

SDN的核心在于将网络中的控制平面和数据平面相分离,通过在控制平面进行集中的软件升级并实时下发到网络设备中生效,实现了快速灵活的网络定制功能。此外,SDN通过开放北向接口,使得用户可以根据自身的业务与应用的个性化需求来定制网络资源。如图6-16所示是ONF提出的SDN架构,分为3层:最上层为应用层,包括各种不同的业务和应用;中间的为控制层,主要负责处理数据平面资源的编排,维护网络拓扑、状态信息等;最下层为基础设施层,负责数据处理、转发和状态收集。控制层与基础设施层之间的接口为南向接口,定义了开放的OpenFlow标准;应用层与控制层之间的接口为北向接口,用于将SDN控制器开放给不同的业务应用进行定制化开发。

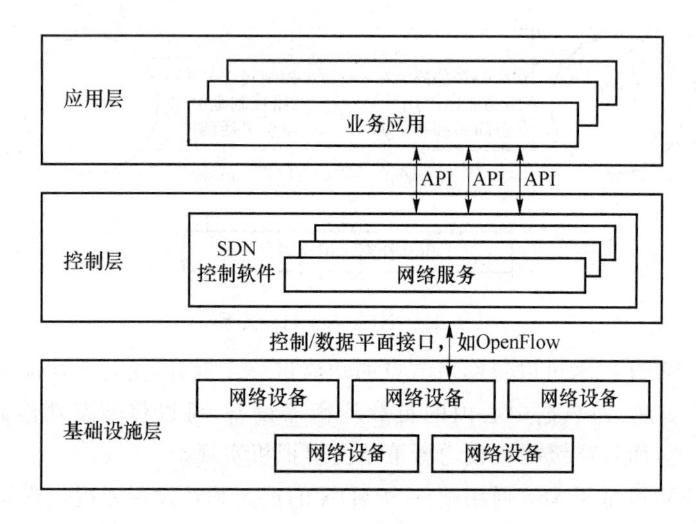

图6-16 ONF提出的SDN架构

SDN不应被定义为一种网络技术,更为准确的说法是,SDN是由多种重要技术、解决方案共同形成的下一代网络体系架构。这里将主要介绍经常采用的3种SDN重要技术:叠加网络、SDN控制器、虚拟可扩展局域网(Virtual extensible Local Area Network,VxLAN)。

(1) 叠加网络

叠加网络是指以现行的IP网络为基础,在其上建立叠加的逻辑网络。其屏蔽掉底层物理网络的差异,实现网络资源的虚拟化,使得多个逻辑上彼此隔离的网络分区以及多种异构的虚拟网络可以在同一共享网络基础设施上共存。根据上述内容可知,逻辑网络叠加层的概念并非由SDN发明,VLAN(Virtual Local Area Network,虚拟局域网)就是典型的代表。它的主要思路可被归纳为解耦、独立、控制3个方面。

(2) SDN控制器

控制和数据平面的分离应是SDN最基本的原则之一,其思想是将网络设备的控制平面迁移到集中化的控制器中,利用标准化的南向接口替换网络设备中的控制平面,并在控制器中增加了可编程的北向接口供上层调用。因此,控制器在SDN架构中具有非常重要的地位,在SDN系统中,各个层次之间的接口都以它为中心进行定义。

（3）VxLAN

VxLAN 是一种网络虚拟化技术，目标在于改善现有 VLAN 技术在部署大规模云数据中心时遇到的扩展性问题。该技术是由 VMware、Cisco、Arista、Broadcom、Citrix 共同提出的 IETF 草案，它把于 MAC 地址的二层以太网帧封装到三层 UDP 分组中。通过这种 MAC-in-UDP 的封装技术，VxLAN 为虚拟机提供了与位置无关的二层抽象，使得位于不同数据中心的虚拟机可以通过大二层网络实现通信，也使得虚拟机跨站点热迁移更加便捷。和 VLAN 类似，VxLAN 也是通过逻辑网络实现对多租户的彼此隔离，同时由于 VxLAN 采用 24 位标识符，它所标识的虚拟化空间数量可以达到 1 600 万个，远超 VLAN 所标识的 4 096 个。

2. NFV 技术架构

NFV 通过将专有设备的功能进行软件化，使得一个性能足够的 x86 服务器或云平台上的虚拟服务器可实现专用的路由器、深度报文解析、防火墙等设备的功能。图 6-17 是 ETSI 提出的通用 NFV 网络架构，该架构中包括：

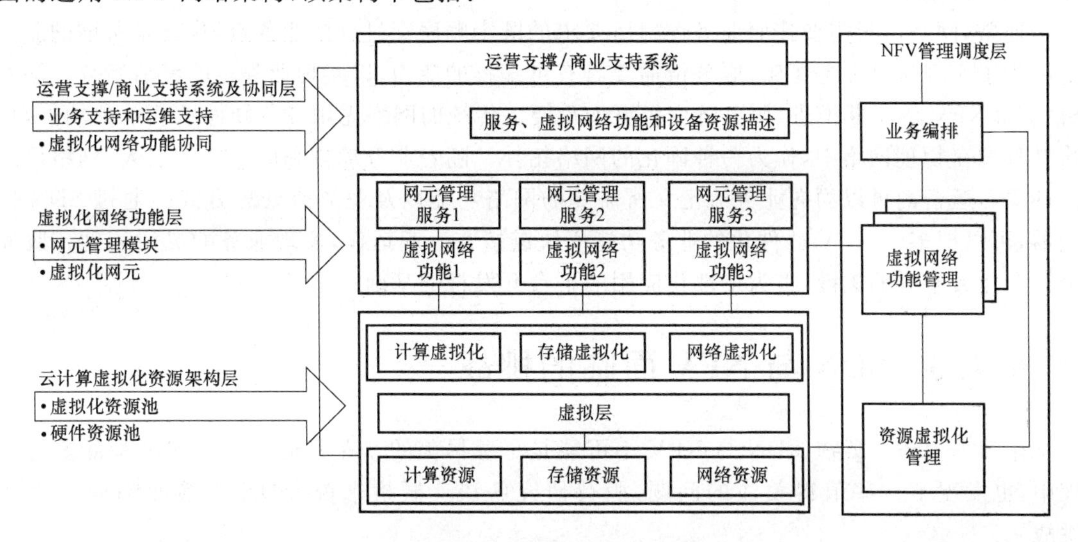

图 6-17　ETSI 提出的通用 NFV 网络架构

（1）云计算虚拟化资源架构层。它主要完成对硬件资源的抽象，形成虚拟资源，如虚拟计算资源、虚拟网络资源和虚拟存储资源等。NFV 中所说硬件资源池中的物理资源，包括交换机、路由器、计算服务器、存储设备。

（2）虚拟化网络功能层。虚拟化网络功能层中的虚拟网元就逻辑功能而言与物理网元相同。

（3）运营支撑/商业支持系统及协同层。对于电信运营支撑和商业支持领域，它包含众多软件，这些软件产品线涵盖基础架构领域、网络功能领域，功能上可以支持传统的财务管理到复杂的服务管理。电信运营商通过此层把 NFV 技术架构和现有的运营支撑系统/商业支持系统集成在一起。

（4）NFV 管理调度层。它在 NFV 参考架构的底层，需要一个统一的、全面的基础架构平台管理工具。这个管理工具允许 IT/网络运维团队采用更加简单、自动化的方式去管理、配置、协作 NFV 的基础设施。管理软件应当基于 REST API 等通用接口设计，易于扩展到整个数据中心的设备管理甚至云管理，以便大大降低设备运营成本，同样也降低为 NFV 网络功能提供快速运行平台服务的时间。

业界普遍认为若要NFV技术真正实现商用，有两个关键问题是必须要关注的，它们分别是与硬件相关的通用服务器性能问题、与软件相关的服务链问题。

（1）通用服务器性能

通过在云数据中心中引入NFV技术，可以将路由器、防火墙、负载均衡器等任何类型的网络功能运行在共享的通用服务器上，并可以将它们按需划分为虚拟机软件实例。这样做的好处是可以有效地降低投资成本和维护成本，并缩短业务部署与上线时间。但同时必须面对一个较为棘手的问题，即通用服务器能否完全代替旧有专有硬件网络设备。ASIC、NP、CPU 3类芯片构建了IT架构的基础，前二者基于流水线（Pipeline）模式的传统做法，对网络报文的转发和处理可以达到很高的性能，但业务固化，应用灵活加载的能力欠缺；新IT融合架构的本质在于"面向应用"，因此以x86架构为代表的CPU通用架构异军突起，得到了广泛的关注。

（2）服务链

通常，网络流量需要按照业务逻辑所要求的既定顺序穿过这些业务点，这就是所谓的服务链。为了实现各种业务逻辑，服务链需要具有可编程的能力，以实现业务点的灵活组合。随着SDN和NFV的不断推进，服务链变得更加重要。传统的网络先用专业硬件承载单独功能，再将其部署在物理网络中，作为一种固化的网络拓扑。随着业务编排和服务链的引人，网络可以被抽象。运营商可以面向业务流定义所需要的网络功能以及业务流处理方式。通过SDN控制器，可以把多个NFV软件化的业务功能模块链接在一起运作，实现业务的灵活调度。服务链是多业务整合的关键，也为个性化应用的平台开发打下基础。

6.4.3 SDN与NFV面临的挑战

作为一个新兴事物，SDN与NFV不可能是尽善尽美的。在其逐步研究和试验部署的过程中，也发现了一些值得关注的问题，亟待研究解决。概括来说，SDN当前面临如下六大挑战。

（1）接口/协议标准化的问题

主导SDN的ONF也开始强调Drive，对于南向接口不再局限于OpenFlow，同时对于北向接口以RESTful为主，希望借助IT的思路并采用模型/模板的方式，通过每个厂商公布自己的模型，就可以实现互通和控制。在SDN应用层的实现上，VMware和OpenStack各成体系，非常类似于手机操作系统中的iOS和Android。为此，SDN标准体系是否要统一或能否统一还有争论。

（2）安全性的问题

SDN的集中控制方式及开放性将使得控制器的安全性成为潜在风险，需要建立一整套隔离、防护和备份机制来确保其安全稳定运行。具体来说，控制器本身的安全（如单点的鲁棒性）、控制器和应用层之间的安全（如授权及认证、安全隔离）、控制器和转发设备之间的安全（如数据通道安全、访问控制一致性）都缺乏有效的解决方案。

（3）SDN设备的关键指标的问题

现有的ASIC芯片架构都是基于传统的IP或以太网寻址和转发设计的，无法在SDN架构下维持设备的高性能，特别是基于OpenFlow的专用芯片架构及实现方案还有待开发。通过实验室测试发现，许多组网的关键指标（如流表容量、流表学习速度、流表转发速率、转发时延等)在不同厂商设备上的差异极大,难以达到商用标准。

(4) SDN 的集中控制理念还未统一的问题

SDN 的集中控制理念在网络控制架构体系方面还没有得到一致的认同,需要进一步研究明确控制架构的层次划分和控制层面的组成。由于网络专业类别的不同,是需要专业控制器还是通用控制器进行按需组件还未明确。在控制器的实现方式上,除了之前提到的多样化的问题,还存在网络不同域中的控制器层次架构不一致的情况,例如,在数据中心中采用单层架构,在移动核心网中采用 3 层架构。同时,南向接口中除了支持 OpenFlow 外,还存在多种选择;在北向接口方面 ONF 也明确了不同的场景将使用不同的北向接口,而对东西向接口的研究工作刚刚开展,暂时没有较为一致的认识。

(5) 互操作性方面的问题

各厂商对 SDN 标准的支持程度有差异,实现互操作有一定难度。仅以相对标准化程度较好的 OpenFlow 为例,不同版本协议就存在兼容性问题,例如,使用最多的 OpenFlow 1.0 和 OpenFlow 1.3 就不能兼容;而且不同厂商实现 OpenFlow 时在功能上取舍不一,迫使 ONF 不得不推出 OpenFlow v1.0.1 一致性认证。

(6) 不能很好地满足云计算服务网络需求的问题

作为 SDN 典型应用的云数据中心场景,现有开源的 Orchestrator 尚不能很好地满足云计算服务网络需求,包括难以高效实现租户网络的隔离,而 VxLAN 等叠加网络技术的配置复杂,不支持防火墙、负载均衡等基本网络功能与虚拟机组网的有机整合等。

而相对应用和试验更快的 NFV 的情况也未见乐观,主要面临着如下四大挑战。

(1) 可靠性问题。传统核心网采用高可靠性的专用电信设备,可靠性达到 99.999%(俗称“5 个 9”),但虚拟化后的设备基于通用服务器,而通用服务器的可靠性明显低于传统的专用电信设备。

(2) 数据存储转发性能问题。设备性能主要体现在设备的计算能力、数据转发能力及存储能力上,而虚拟化设备的性能瓶颈主要集中在 I/O 接口数据转发上。从目前测试的结果看,和传统设备相比大概有 30%~40%的性能损失,未来目标是将性能损失减少到 10%之内。

(3) 业务部署方式问题。传统网络采取的是先根据所部署业务进行网络容量测算,然后进行硬件设备采集,再进行到货调试上线的流程,而在虚拟化网络中,硬件采用虚拟化硬件池中的资源,由 MANO(Management and Orchestration,管理与编排)实现业务编排、虚拟资源需求的计算及申请,完成网络能力部署。这使得现有业务部署的流程需要打破和革新,对现行的设备采购模式和运维模式都会产生较大的冲击。

(4) 虚拟化架构中的标准问题。以核心网虚拟化为例,目前需要标准化的内容并非电信网络架构、功能,更多集中在管理接口方面,且涉及多个标准化组织及开源组织,难度极大。

6.5　移动互联网大数据

移动互联网正在以快速的发展去超越传统的互联网产业,并极快地占领市场。用户更加地关注于各种 APP。微信、陌陌、微博等各种社交软件层出不穷,使得移动互联网的发展迎来了大数据时代。将移动互联网中有价值的用户信息进行挖掘和分析对于商业价值和社会价值都有深远的意义。移动互联网大数据是指用户使用智能终端在移动网络中产生的数据,主要包括：

- 与网络信令、协议、流量等相关的网络信息数据；
- 与用户信息相关的用户数据；
- 与业务相关的数据。

6.5.1 移动互联网大数据概述

2008年开始，移动计算、物联网、云计算等一系列新兴技术相继兴起。这些技术的发展及其在社交媒体、协同创造、虚拟服务等新型模式中的广泛应用，使得全球数据量呈现出前所未有的爆发式增长态势，数据复杂性也急剧增长。这客观上要求新的分析方法和技术来挖掘数据价值，此时大数据技术应运而生，并得到迅速发展和应用，如此，大数据时代真正到来。大数据是一个体量和数据类别都特别大，无法用传统数据库工具对其内容进行抓取、管理和处理的数据集。对其概念的界定有以下几种解释。

麦肯锡对大数据定义是：大数据指的是大小超出常规的数据库工具获取、存储、管理和分析能力的数据集，但并不是说一定要超过特定TB值的数据集才算是大数据。

研究机构Gartner给出的定义是：大数据指的是无法使用传统流程或工具处理或分析的信息。同时，一些相关科学家及研究学者把它界定为需要新处理模式才能具有更强的决策力、洞察发现力和流程优化能力的海量、高增长率和多样化的信息资产。

综合相关研究者说法，业界将大数据的特点归纳为5个“V”——Volumes（大量）、Variety（多样）、Velocity（高速）、Veracity（精确）、Value（价值），总结在表6-2当中。

表6-2 大数据的特点

5个“V”	特点	描述
Volumes	数据体量大	指代在10TB规模左右的大型数据集，但在实际应用中，很多企业用户把多个数据集放在一起，已经形成了PB级的数据量
Variety	数据类别大（多样性）	数据源多，数据种类和格式日渐丰富，已冲破了以前所限定的结构化数据范畴，囊括了半结构化和非结构化数据，包括网络日志、视频、图片、地理位置信息等
Velocity	数据处理速度快	能够对大量多类型的数据进行实时处理，而云计算、移动互联网、物联网、手机、平板电脑、PC以及遍布各地的各种传感器，都是数据的来源或其承载的方式
Veracity	数据真实性高	随着数据体量和类型的增大，可获取的信息相对较多，不再是抽样信息而是全局信息，所以数据的真实性能够得到有效保证
Value	数据价值密度低	由于数据的体量和类别都比较大，相对有用的信息可能会比较少

移动互联网下的大数据，除了上述5个“V”特点外，产生的数据还呈现出立体化的特点，对整个大数据系统带来了质变。

第一，移动互联网的实时定位功能使得大数据的应用更加广泛，催生了相关服务行业的壮大和社会整体稳定。通过手机可以进行地图导航，让人们更加了解所在的城市；在社交领域的搜寻附近功能不仅可以推进聊天交流的发展，更带来餐饮业、娱乐业的壮大；在出行中的打车软件则节省了双方的时间，提高了人们的效率。

第二，移动互联网使大数据信息实现了完全的公开化。一方面，用户的个人隐私变得不复存在；另一方面，也为相关行业的发展提供了研究机会。用户在参与各个软件的过程中产生的数据能够被其他技术团队所捕获，任何用户的个人信息都完全暴露，这些信息也能够被二次利用。而且，获取大量用户的大量数据信息，也为相关的研究工作带来了便利。

第三，移动互联网使人们对大数据的处理理念发生了质变，主要集中在数据的挖掘和分析处理的思维上。大数据从根本上来说，不在于它的大，而在于它的全，这是大数据具备价值的根本。在处理过程中，重视相关性分析，而不再陷入精准理论的解释，才是使用大数据应有的思维，更加符合市场经济的实用性，因为毕竟有些现象无法用现在的科技水平进行合理性的解释。

6.5.2 移动互联网大数据关键技术

移动互联网大数据的关键技术涉及多源数据采集、海量异构数据管理、实时数据挖掘、高效资源管理与分析等，这些技术的核心是数据的管理、分析和呈现。

1. 海量异构数据管理技术

移动互联网时刻都在产生海量的多源异构数据。针对大数据 5 个“V”的特点给海量异构数据的管理带来的挑战，海量异构数据管理需重点关注如图 6-18 所示的架构中的关键模块，具体如下所述。（图 6-18 中①至⑥的含义对应于下文中①至⑥的内容。）

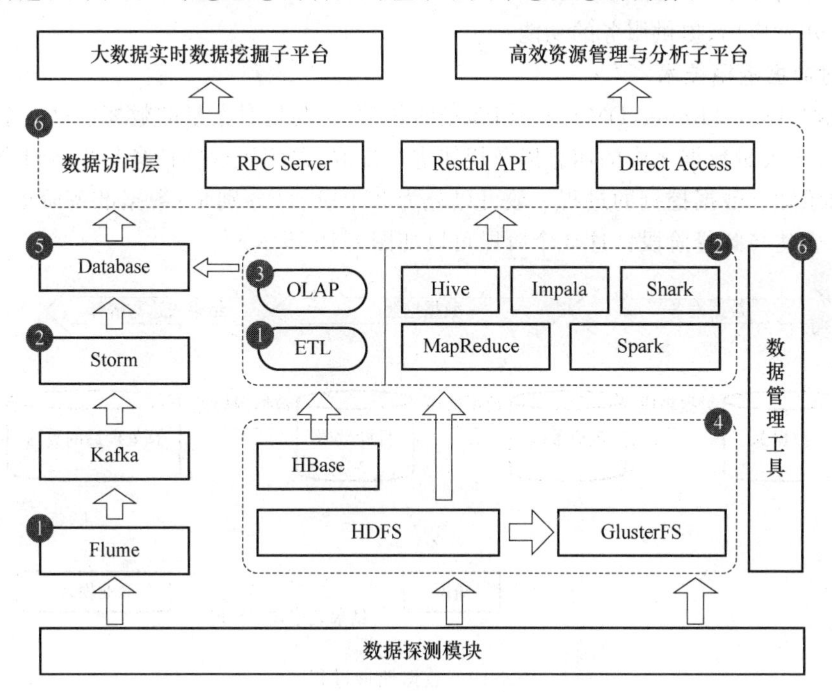

图 6-18　移动互联网大数据的处理架构

① 流处理与批处理模块；

② 异构数据融合与海量数据集成模块；

③ 文件系统模块；

④ 数据库系统模块；

⑤ 数据管理易用性模块。

⑥ 为数据管理、挖掘、呈现提供接口的数据访问模块。

针对移动互联网大数据处理的不同要求，数据探测模块可将数据分别送给实时流处理系统和批处理系统。

流式处理系统主要采用 Flume、Kafka、Storm 的系统架构，数据处理后存入数据库系统，并向数据访问层提供数据服务。其特点是具备实时处理能力。

批处理系统是首先将数据进行存储，再进行计算和处理的，这在某些场景下时延较大。其存储系统可选用 HDFS 或 HBase，对于冷数据可采取存入 GlusterFS 的策略，以降低成本。常用的批处理系统先通过提取变换负载（Extraction Transformation Loading，ETL），即数据的提取、转换和加载，然后利用在线分析处理（On-Line Analytical Processing，OLAP）技术对多维异构数据进行建模分析，也可以进行更复杂的数据模型的建立。Hadoop 批处理系统里面具体可利用的组件包括最常用的 MapReduce，以及 Hive、Impala、Shark 等，这些组件的灵活使用可以给下一层的数据挖掘模块提供丰富、统一的结构化数据基础。

随着移动互联网大数据处理技术的发展，相关技术也在不断地发展和演进中。例如，高效的分布式计算系统 Spark 将中间数据存放在内存中，提高了迭代运算效率，并支持实时批计算；Pregel 计算模型用于解决分布式图的计算问题，可绘制大量网上信息之间的"图形数据库"，如网页链接关系和社交关系图等。数据访问层重要的功能是抽取下层处理的结果数据，屏蔽下层处理的复杂性，通过某种接口（如 RESTful API）提供给前端应用接口进行展现，且该层还具有开发应用、提供服务的功能。

2. 实时数据挖掘技术

数据挖掘（Data Mining，DM）是一门新型的科学，主要是对大量的数据通过一系列的系统分析，将深藏于大量数据之中的信息以及规律进行提取，并利用这些信息与规律对未来的工作进行预测和感知。数据挖掘的过程一般可以分为 3 个阶段，分别是：数据准备阶段、数据挖掘阶段和结果表达与解释阶段。这 3 个阶段可以如图 6-19 所示。

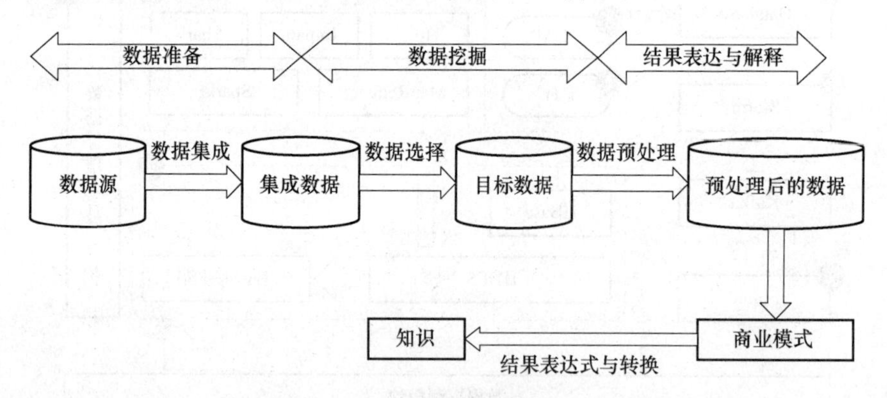

图 6-19　数据挖掘过程

移动互联网大数据纷繁复杂，对不同的使用目的，有不同的实时数据挖掘技术（如图 6-20 所示）。

(1) 无线网络数据挖掘技术

随着移动网络的发展，网络结构变得比较复杂，体现在网元多，无线技术多，网络故障诊断困难，干扰用户体验的因素很多等方面。无线网络数据挖掘模块根据对无线网络的理解，以及网络中能够产生的各类日志文件、信令采集系统、计费信息、用户签约信息等，综合大数据分

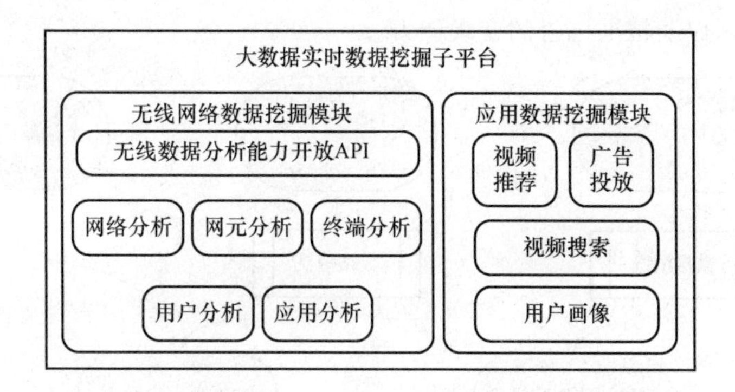

图 6-20　实时数据挖掘技术

析，通过统计和数据挖掘，生成报表，并对外提供数据分析能力、开放的 API。其具体可以提供的信息包括以下几种。

① 网络分析：包括全网的流量分析、会话和告警分析、漫游分析、网络的使用变化趋势分析、网络性能 KPI 分析。

② 网元分析：包括网元对比分析、网元组对比分析、网元时间变化趋势分析、全网蜂窝小区负载累计分布分析和 RNC(Radio Network Controller，无线网络控制器)性能负载分析。

③ 终端分析：包括终端设备使用趋势分析、终端设备每天每小时时段变化趋势的分析、终端设备的性能指标分析等。

④ 用户分析：包括用户比较分析、无线共享路由用户对比分析、无线共享路由用户的资源使用分析、无线共享路由用户的设备型号/操作系统构成分析、用户组的比较分析、全网用户累积分布分析、单用户时间变化趋势分析等。

⑤ 应用分析：包括应用业务使用趋势分析、指定终端设备类型上的 TopN 应用业务分析、应用业务性能分析、应用业务系统分组的性能 KPI 分析、应用业务组使用趋势分析、应用业务每天每小时时段趋势变化分析。

⑥ 其他组合分析：包括各类 QoS/QoE 指标分析，不同纬度的用户、业务、网络状况分析，各类网络安全、负荷等统计和告警信息分析。

(2) 多媒体数据挖掘技术

针对移动互联网中的用户行为数据，多媒体信息数据挖掘技术(以典型的视频应用为例，如图 6-21 所示)的关键技术包括精准的用户画像建立、视频推荐、广告投放等。

用户画像挖掘的基础数据主要依赖用户的视频播放记录、用户注册信息、搜索行为、社交行为数据等。其关键是通过大数据机器学习分类算法训练出一系列可泛化的模型，包括行业定向模型、性别模型、年龄段模型等。使用这些分类预测模型，先对注册用户属性信息和行为信息的数据清洗，之后合并形成用于原始训练的用户数据。这样可对线上的匿名用户的属性进行预测判断，完善用户画像。

视频推荐技术基于用户行为数据，定期计算视频的热度、视频的新鲜度、用户的各项反馈数据，并实时计算视频内容相似度、解析线上请求、了解推荐意图、识别用户 ID，获取推荐的候选列表，经过合并、重排，过滤用户已经看过的视频等工作，最后生成推荐给该用户的个性化推荐结果。

通过建立更加完整的用户画像，视频推荐技术为广告主定制有针对性的人群定向模式为实现，合理配置和优化多媒体平台的广告资源提供了可能。这些关键技术可以有效提高多媒体平台的运营能力，以及精准广告的变现能力。

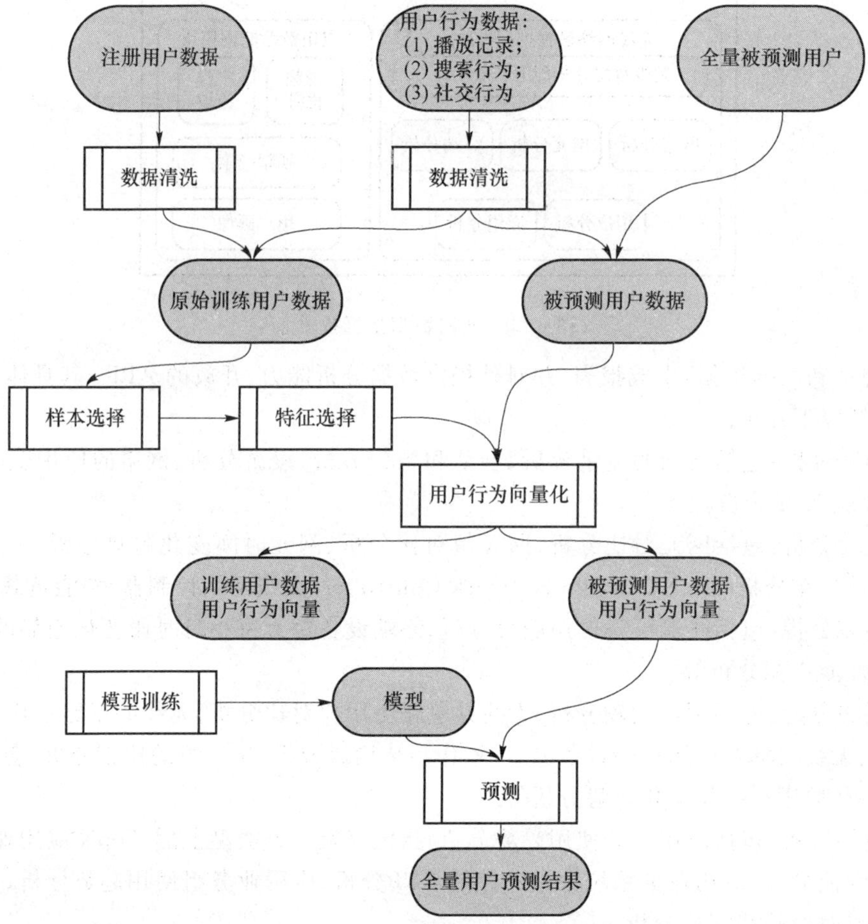

图 6-21　多媒体信息数据挖掘技术

3. 大数据分析技术

深度学习和知识计算是大数据分析的基础，而可视化既是数据分析的关键技术也是数据分析结果呈现的关键技术。大数据处理和分析的终极目标是借助对数据的理解辅助人们在各类应用中做出合理的决策。在此过程中，深度学习、知识计算、社会计算和可视化起到了辅助的作用。

(1) 深度学习提高精度：要挖掘大数据的大价值必然要对大数据进行内容上的分析与计算，而传统的数据表达模型和方法通常是简单的浅层模型学习，其效果不尽人意。深度学习可以对人类难以理解的底层数据特征进行层层抽象，凝练具有物理意义的特征，从而提高数据学习的精度。因此，深度学习是大数据分析的核心技术。

(2) 知识计算挖掘深度：每一种数据的来源都有一定的局限性和片面性，只有对各种来源的原始数据进行融合才能反映事物的全貌，而且事物的本质和规律往往隐藏在各种原始数据的相互关联之中。而借助知识计算可以将碎片化的多源数据整合成反映事物全貌的完整数据，从而增加数据挖掘的深度。因此，基于大数据的知识计算是大数据分析的基础。如何基于大数据实现新知识的感知、知识的增量式演化和自适应学习是其中的重大挑战。

(3) 社会计算促进认知：IT 技术的发展使得社会媒体成了一类重要的信息载体，承载着对事物的客观或主观描述信息。因此,通过基于社会媒体数据的社会计算可以促进人们对事物的认知。但是,社会媒体大数据往往蕴含着一个体量庞大,关系异质,结构多尺度和动态演化的网络,对它的分析既要有有效的计算方法,更需要有支持大规模网络结构的图数据存储和管理结构,以及高性能的图计算系统结构和算法。

(4) 强可视化辅助决策:对大数据查询和分析的实用性和实效性对于人们能否及时获得决策信息非常重要。而强大的可视化技术,不仅可以对数据分析结果进行更有效地展示,而且可以在大数据分析过程中发挥重要作用。

6.5.3　移动互联网大数据机遇与挑战

随着 4G 时代的来临,我们真正进入了移动互联网时代,LTE 网络数据流量已经占到移动上网总流量的 70%以上,在局部热点区域呈现出高用户密度、高并发、大流量的特征。移动运营商需要确保全网以及热点区域、热点业务的业务质量。同时,互联网巨头以多种方式,通过 OTT 产品和应用渗透客户和实现跨界融合,直接与网络运营商展开竞争,对传统的网络运营商构成严重威胁。运营商需要在保证用户体验、优化成本和利润的前提下,高效地应对网络实现端到端的管理、设计和运营这一挑战。

1. 移动互联网大数据的机遇

移动互联网大数据可以为电信行业提供海量的通信网络运营数据,包括网络信令、网络运营服务质量、亿万用户的基础信息和位置信息、各类应用的使用信息、物联网和视频网络的使用信息等。对这些数据的处理、分析是了解网络运营状态、互联网应用发展趋势和改善客户体验的重要技术。

通过大数据分析,能够超越客户支持范畴在整个客户生命周期中帮助客户,也能够提升客户体验。大数据分析也是简化网络和服务管理流程,提高运营效率的重要技术。移动客户体验方案大数据分析的结合可以提供客户在任何时间、地点经历了何种体验的完整信息,这是运营商管理网络的基础,能够收集到大量高度个人化的数据资源。如何合理、有效地发挥这些数据资源的作用,成为电信运营商面临的机遇与挑战。移动互联网大数据可以帮助运营商预期网络上发生的情况和客户兴趣,同时做出适当响应。这些大数据能够帮助服务商优先考虑重要的问题,以及提供积极的技术支持、改善客户体验、减少客户流失倾向。

2. 移动互联网大数据面临的挑战

移动互联网大数据是网络运营发展和创造新的商业模式和价值的核心。这些数据产生于网上交易、电子邮件、视频、音频、图像、点击流、日志、帖子、搜索查询、健康档案、社交互动、科学数据、传感器和移动电话及其他应用。由于数据量规模巨大,传统的技术已经难以撷取、存储、管理、共享、分析,并难以将其结果可视化。以下是移动互联网大数据所面临的挑战。

(1) 多源数据采集问题。在已有的数据采集系统中,数据收集不全面是一个普遍的问题,如何处理来自多源的数据是移动互联网大数据时代面临的新挑战。其中,迫切需要解决如下几个问题:因无线移动网络结构复杂,需要在网络中高效地采集数据;对多源数据集成和多类型数据集成的技术需要进一步研究;需要兼顾用户的隐私和数据的所有权和使用权等。

(2) 移动互联网海量异构数据管理问题。据统计,2003 年前人类共创造了五艾字节(Exabytes)的数据,而今天两天的时间就可以创造如此大量的数据。这些数据大部分是异构数据,有些具有用户标注,有些没有;有些是结构化的(比如数值、符号),有些是非结构化话的

(比如图片、声音);有些时效性强,有些时效性弱;有些价值度高,有些价值度低。

(3) 移动互联网大数据实时数据挖掘问题。传统意义上的数据分析主要针对结构化数据展开,且已经形成了一整套行之有效的分析体系。但是,对于移动互联网来说,涉及更多的是对多模态数据的挖掘,多模态数据包括手机上的传感器及各种无线信号和蓝牙等收集到的数据,它需要经过不同层次的加工和提炼才能形成从数据到信息再到知识的飞跃。

(4) 高效资源管理与分析问题。移动互联网系统存在高度的混杂性特征,使得移动互联网的运行场景和待处理因素极为复杂多样,这就对移动互联网的资源可靠性提出了要求,使其需要对相应的检测方法进行研究。支持移动互联网大数据的资源管理是移动互联网运行的基础,为移动互联网大数据的感知、采集、交互、处理和决策提供了重要支撑。

参考文献

[1] 郑凤,杨旭,胡一闻,彭扬. 移动互联网技术架构及其发展(修订版)[M]. 北京:人民邮电出版社,2015.

[2] 吴小芳. 数据中心发展趋势探讨[J]. 中国新通信,2017,19(1):19-21.

[3] 莫加亮. 云计算推动 IDC 向 VDC 转型分析[J]. 电子测试,2017(11):63-64.

[4] 乔治,迟永生,刘雨涵. 虚拟 CDN 网络架构及应用研究[J]. 邮电设计技术,2017,4:12-16.

[5] 崔亚娟,陶蒙华. 下一代 CDN 架构及关键问题探讨[J]. 信息通信技术,2011,5(3):39-43.

[6] 单寅. CDN 与云计算融合发展引领新一轮浪潮[J]. 世界电信,2012,25(7):70-75.

[7] 崔勇,宋健,缪葱葱,等. 移动云计算研究进展与趋势[J]. 计算机学报,2017,40(2):273-295.

[8] 徐志伟. 移动+互联网+云计算的应用探析[J]. 中国新通信,2017,19(3):110-111.

[9] 姜逸文. 云计算与移动互联网的关系及其在移动互联网中的应用[J]. 中国新通信,2014,16(9):69-70.

[10] 赵慧玲,史凡. SDN/NFV 的发展与挑战[J]. 电信科学,2014,30(8):13-18.

[11] 刘旭,李侠宇,朱浩. 5G 中的 SDN/NFV 和云计算[J]. 电信网技术,2015,5:1-5.

[12] 吴江涛,曹小刚,姜姗. 基于 SDN、NFV 的虚拟网络解决方案在云计算中的应用[J]. 电信工程技术与标准化,2017,30(7):14-19.

[13] 金珊,沈蕾,王大鹏. 移动互联网大数据关键技术[J]. 电信网技术,2014,7:30-34.

[14] 赵永波,陈曙东,管江华,等. 基于海云协同的物联网大数据管理[J]. 集成技术,2014,3(3):49-60.

第7章　移动互联网典型新式应用

互联网已经从计算机走向手机及其他移动设备。移动互联网能取得如此快速的发展的原因之一是移动应用的爆发式增长。移动应用产品的完善,加强了用户的使用黏性,进一步促进了大量基于平台的移动互联网应用的研发和创新。在移动互联网业务方面,业务种类增长迅速,多元化发展趋势清晰。手机搜索、手机支付、位置服务、即时通信、网页浏览、手机视频、文件下载、在线游戏、阅读、音乐、互动社区等应用的不断涌现,表现出移动互联网旺盛的发展活力,其中,除传统的手机音乐、手机阅读业务以外,移动即时通信、手机搜索、手机社交是我国移动互联网发展最为迅速、渗透率最高的业务。

移动互联网是移动通信与互联网融合发展的结果,继承了互联网的业务多样性和移动通信的可移动性,又出现了自身的新特性。移动互联网最大的特点就是开放,而开放带来的后果就是原来封闭的传统模式被打破,产业链各个环节逐步被互联网、终端企业所替代。尤其是在智能手机快速发展的今天,这一现象更为突出。在功能手机时代,运营商是产业链的主导,而到了智能手机时代,除了通信网络及部分收费功能外,其他环节几乎全部被其他企业所取代。尤其是苹果、Google等通过智能手机的发展,占领了操作系统、门户、浏览器等的制高点,甚至开始向收费平台扩张,进一步加强其在产业链的控制能力。移动互联网的主要业务包括移动社交、移动广告、移动应用商店、移动支付和即时通信等。

应用服务是移动互联网的核心,也是用户的最终目的。本章旨在介绍移动互联网的典型新式应用。例如,从O2O智慧商城、移动视觉搜索,到医疗卫生LBS平台、手机游戏,再到移动视频监控,每一个应用都是与我们的生活息息相关的。

7.1　O2O智慧商城

近几年来,随着如火如荼的电子商务对实体商城带来的冲击,实体商城如何开展电子商务正在成为一个新的热点。从单纯的概念来看,未来的一切产业都将变得互联网产业化,而伴随着物联网、云计算、4G、大数据、可穿戴设备的不断涌现和智慧城市建设的快速发展,智慧商城正在成为继传统百货商城第一次商城革命和城市综合体第二次商城革命之后的第三次智慧商城革命。智慧商城作为商城的第三次革命,是一次融合了新网络、新数字、新智慧的颠覆性革命,是超越实体商城、跨越传统交易的一次商业模式和商业价值的革命。

“智慧商城”就是在传统商城和文化商城的基础上,运用物联网、云计算、大数据、移动商务和电子商务等新兴科技手段对传统商城进行数字化、智能化的一种嵌入和复合,就是让人与人、物与物更智能、更便捷地交流。通过“线上预订,线下服务”的O2O模式,它将给每个人的生活采购方式带来改变。

智慧商城有如下5个基本特征。

(1) 运营互联网化。将借助云计算和物联网(条码、二维码等)的方式,实现商城运营的全程电子商务。

(2) 数字商品化。在智慧商城环境下,不仅是单纯的商品交易,而是借助互联网的基本功能和特点,整合商铺、商家的资源,进行数字化拓展,进而实现数字贸易。

(3) 数据共享化。智能传感设备将商城设施物联成网,对商城运行的核心系统实时感测。

(4) 系统集成化。物联网与互联网系统完全连接和融合,将数据整合为商城核心系统的运行全图,提供智慧的基础设施,如智慧停车系统、移动支付系统等。

(5) 运作协同化。基于智慧的基础设施可使得商城里的各个关键系统和参与者进行和谐高效地协作,达成商城运行的最佳状。

7.1.1 智慧商城的关键技术及实现

基于社区的服务、基于定位的服务和移动支付将是基于 O2O 智慧商城的关键技术,通过电子优惠券、Wi-Fi、二维码、APP、移动 SNS 等技术手段,将给予客户以最大限度的关注、与消费便利,同时,商家也将获取最大限度的价值人群,取得最大限度的商业效率。只有定位到每个顾客,移动互联网的技术革命才可以带来商业革命。

1. 精准推送技术

提起 Wi-Fi 多数人并不陌生,但是,从功能的角度上来看,或许很多人都并不知其还具有通信这个功能,且也能实现将各种信息进行及时推送的目的。对于 O2O 智慧商城来说,Wi-Fi 无疑是其最为基础的一种应用技术。利用 Wi-Fi,商家能够对用户的基础信息进行准确、有效地获取,并通过对这些信息的分析,判断出用户的个人爱好及消费特点,以进一步提高商家的经营效益。

可利用商城 Wi-Fi 的通信功能,进行上网和信息的推送。只要在这些门店上网注册了的用户,我们都可以通过合法公开的渠道,获得详细的客户数据。同时,平台提供基于移动终端的被动检测机制,95%的智能手机、70%的普通手机都会在接近本店时被检测到。如果这个手机属于一个已上过网、下载过 APP、登记过会员卡的用户,那么他就会被立刻识别出来,通过行为分析精准地推送消费者喜好的消费品,这样就增加了交易的机会和成功率。

2. 基于 Wi-Fi-LBS 技术

LBS 是通过电信移动运营商的无线电通信网络(如 Wi-Fi、3G、4G)或外部定位方式(如 GPS)获取移动终端用户的位置信息(地理坐标或大地坐标),在 GIS 平台的支持下,为用户提供相应服务的一种增值业务。商场部署 Wi-Fi 网络,由 AP 探测手机的信号强度,将其上报至接入控制器(Access Control,AC)。AC 将汇聚的 AP 探测的信息交互至本地位置控制器(Location Control,LC),由 LC 进行协议解析,转换为标准定位信息报文。LC 将定位信息报文发送给定位服务器(Positioning Server,PS),由 PS 进行位置解算后将位置信息用于提供服务并存入数据库,进行大数据分析。Wi-Fi 网络的位置信息处理过程如图 7-1 所示。

3. 基于大数据和云计算的商业数据挖掘技术

O2O 企业可以通过大数据技术逐渐积累起另一项资源——数据资源。随着近几年大数据技术的发展,O2O 的数据商业架构也越发清晰:线上运营+线下体验,中间是用户数据。数据同时驱动着线上与线下的发展。线上为线下带来订单,而线下为线上提供体验。数据在线上与线下之间流通,形成了一个闭环。可以说 O2O 模式是大数据时代的信号灯,将会给消费者、市场、组织、管理到品牌与营销带来一系列的影响。

对用户日常的消费记录、会员信息以及 APP 数据信息等基础信息进行深度挖掘后,借助

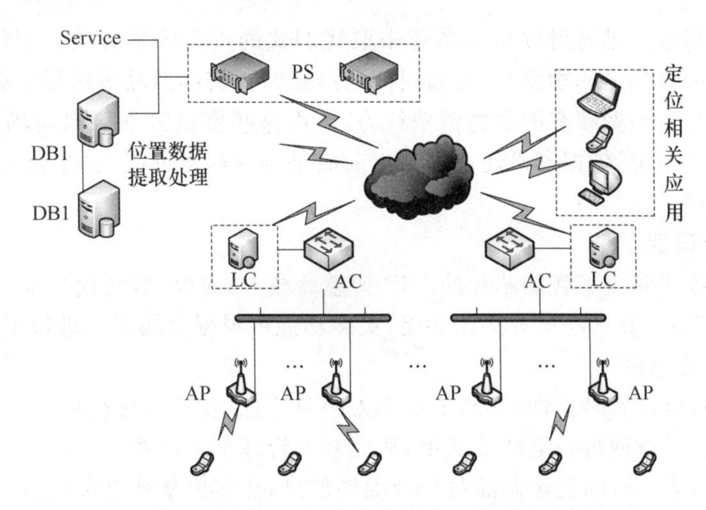

图 7-1　Wi-Fi 网络的位置信息处理过程

CRM(客户关系管理)源对用户的 TAG(标签)以及会员账号进行有效地整合,可以使之形成一种具有较高利用价值的身份,同时也可向商家提供经营所需的各类基础报表,如基于 TAG 的分析报表、统计分析报表、终端用户轨迹图。

7.1.2　信息技术在智慧商城中的应用

1. 购物行为分析

通过数据分析并结合 LBS,可以精确地知道人流分布;通过对节假日的人流和驻店时间分析,可为运营提供保障;通过对新老客户数和入店率的分析,可快速地定位用户的人群特征,如图 7-2 所示。

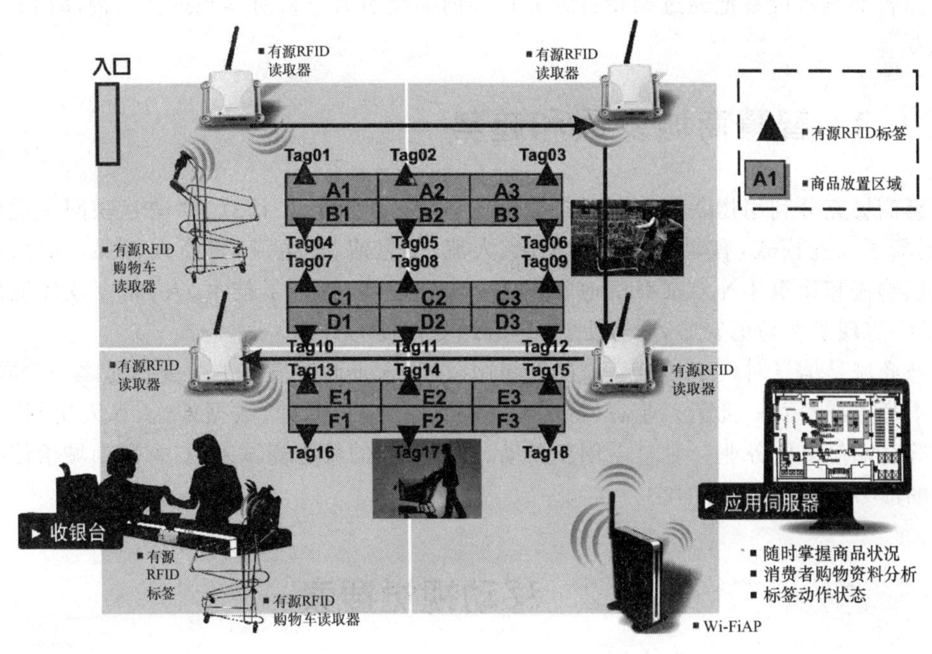

图 7-2　商场的购物行为分析

卖场营业者可以借助着射频识别系统来取代旧式的资料收集方式。利用 RFID 的特性，卖场营业者可将顾客们的购物路线、停留时间与结账时销售的商品等信号资料结合处理过后，依据这些资讯来分析消费顾客的购物消费行为，并由这些资讯来推测出卖场摆售商品的位置是否符合商品销售情况，依据资讯还可判断出商品是否有摆售价值，这有助于卖场营业者在进行销售方面的管理。

2. 顾客身份识别

卖场为客户提供集成了智能芯片的 VIP 智慧商城卡（或以 APP 代替卡）。该卡具有消费结账、积分、会员识别、商场停车等实用功能，更多功能可根据商场需要进行定制升级。

- 享受会员优惠价。
- 积分查询：可以实时查询积分，了解个人积分信息，查看心仪礼品。
- 消费管理：可查询每一笔消费账单，从而有效管理个人消费。
- 优惠信息：第一时间推送商品打折及促销信息，让客户享受更多优惠，这样可以增加客户的黏性，提升二次消费的黏合性。

3. 自助智能泊车

自助智能泊车实现全自动智能泊车的同时，与卖场购物行为分析功能挂钩，将会员卡、车牌、手机号码、身份证进行绑定。实现对消费行为及习惯的分析，例如，VIP 在商场消费 5 000 元，将信息自动给停车系统，当停车系统识别到车牌时，自动放行通过，这给客户有下次再消费的动力。

4. 基于 LBS 与云计算的定位和通信服务

Wi-Fi 满足了消费者上网的需求，而通过基于 LBS 的服务，商业地产运营者将获取商业客流的位置信息，而后对消费者进行行为分析，最终给自身运营和商户提供增值服务。例如，商业地产运营者可以知道店面的客户人群的特征，如年龄、身份、性别信息；商场的运营者也可以通过流量来确定商铺的租金价格和商铺适合的商业类型。

5. 热卖商品智能推荐

利用各类显示设备把通过购物行为分析和商品吸引力分析所得到的热门商品向其他客户进行推荐。

7.1.3 智慧商城发展和趋势

智慧商城充分利用物联网、大数据、电子商务、移动支付、云计算、移动互联网等现代信息技术，创新了商业模式，有效优化整合物流、人流、信息流、资金流，将商人、商品、信息基础设施、金融、物流和建筑体等要素有机地联成一个协同整体，提升了技术、人、制度及环境的智慧水平，最终实现了交易更安心，服务更高效，应用更便捷的目标。

智慧商城是信息时代下传统商城的升级版，也是未来商城发展的主要形态之一。同时，智慧商城本身也孕育着一批新兴业态，特别是互动共享、虚拟商铺、数据推送、私人定制、专业资讯服务等高端信息服务业。对急需创新驱动、转型发展的传统商城来说，智慧商城给传统商场带来新的活力，其价值不言而喻。

7.2 移动视觉搜索

随着移动互联网和 Web 2.0 技术的迅速发展，跨媒体检索和移动搜索已逐渐成为信息科学领域新的研究热点，特别是移动视觉搜索(Mobile Visual Search，MVS)更成为信息检索领域重要的前沿课题。2009 年 12 月，在斯坦福大学主办的第一届移动视觉搜索研讨会上首次提出了 MVS 概念。随着移动设备、基础理论和相关技术的逐渐成熟，MVS 应用已迅速渗透到电子商务、旅游服务、市场营销等领域，尽管规模有限，但影响面却极大。更有大量研究认为，在未来信息检索领域，MVS 与移动增强现实(Mobile Augmented Reality，MAR)技术的有机融合，可能会成为继搜索引擎之后互联网的新一代革命性服务模式。

视觉搜索简单地说就是"以图搜图"。与简单的小规模图像检索不同，视觉搜索需要对大规模图像库提取特征，然后建立索引库，在用户搜索时对查询图像提取特征，在特征索引库中快速检索并按相关性排序，返回一个库的图像结果列表，这个列表也可同时包含库中与查询图像相关、结合用户特征和搜索场景的关联信息。移动视觉搜索是通过智能手机、平板电脑等移动终端获取现实世界中的图像或视频作为查询对象，通过移动互联网检索视觉对象关联信息的视觉搜索。

移动视觉搜索主要使用图像的局部特征进行检索。基于局部特征的图像检索基本流程如图 7-3 所示，主要包括建库和检索两个过程。建库是指通过对库图像进行特征提取和表示，构建特征索引数据库的过程，该过程一般采用批处理的离线方式。检索是指对查询图像进行特征提取和表示后，在特征库上进行匹配，返回和查询图像相似的结果的过程。

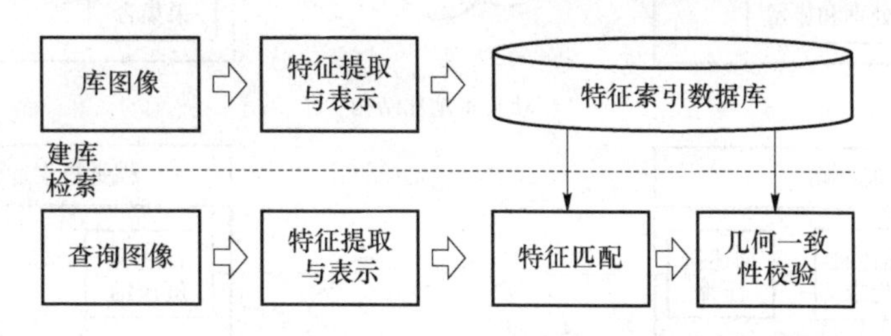

图 7-3　基于局部特征的图像检索基本流程

7.2.1　移动搜索框架

从已有的研究文献来看，大多数研究对 MVS 的基本架构未作详细分类，基本上都是对 MVS 的结构及通用表述方法进行了阐述。事实上，随着 MVS 系统构建、运营模式及应用领域的不同，其设计思想及实现方式有较大差异。目前流行的 MVS 系统设计与实现方式各有不同，本文依据视觉检索方式及需求的区别，将 MVS 分为 3 种基本架构：标准架构、本地化架构和混合架构。图 7-4 列出的是 MVS 基于 C/S 模式的 3 种基本架构。

(1) 标准架构：通过移动智能终端获取视觉对象后，在本地进行压缩编码，将待搜索视觉对象通过无线网络传输至远程服务器端，在远程服务器上完成视觉对象的分析和匹配过程，再将搜索结果返回至移动智能终端。

(2) 本地化架构：根据移动用户的历史行为及搜索需求，自动在移动智能终端本地缓存中建立临时视觉对象知识库，当移动智能终端获取视觉对象后，先在本地缓存中进行搜索，当无法在本地搜索出用户感兴趣的对象时，然后将搜索请求通过无线网络发送至远程服务器，由远程服务器端完成视觉对象的匹配过程，最后将搜索结果返回至移动智能终端。

(3) 混合架构：前两者的综合运用，通过移动智能获取视觉对象后，在移动智能终端提取视觉对象局部特征，将局部特征数据编码后，通过无线网络传输至服务器，由服务器根据传递过来的局部特征数据进行匹配，再将搜索结果返回至移动智能终端。

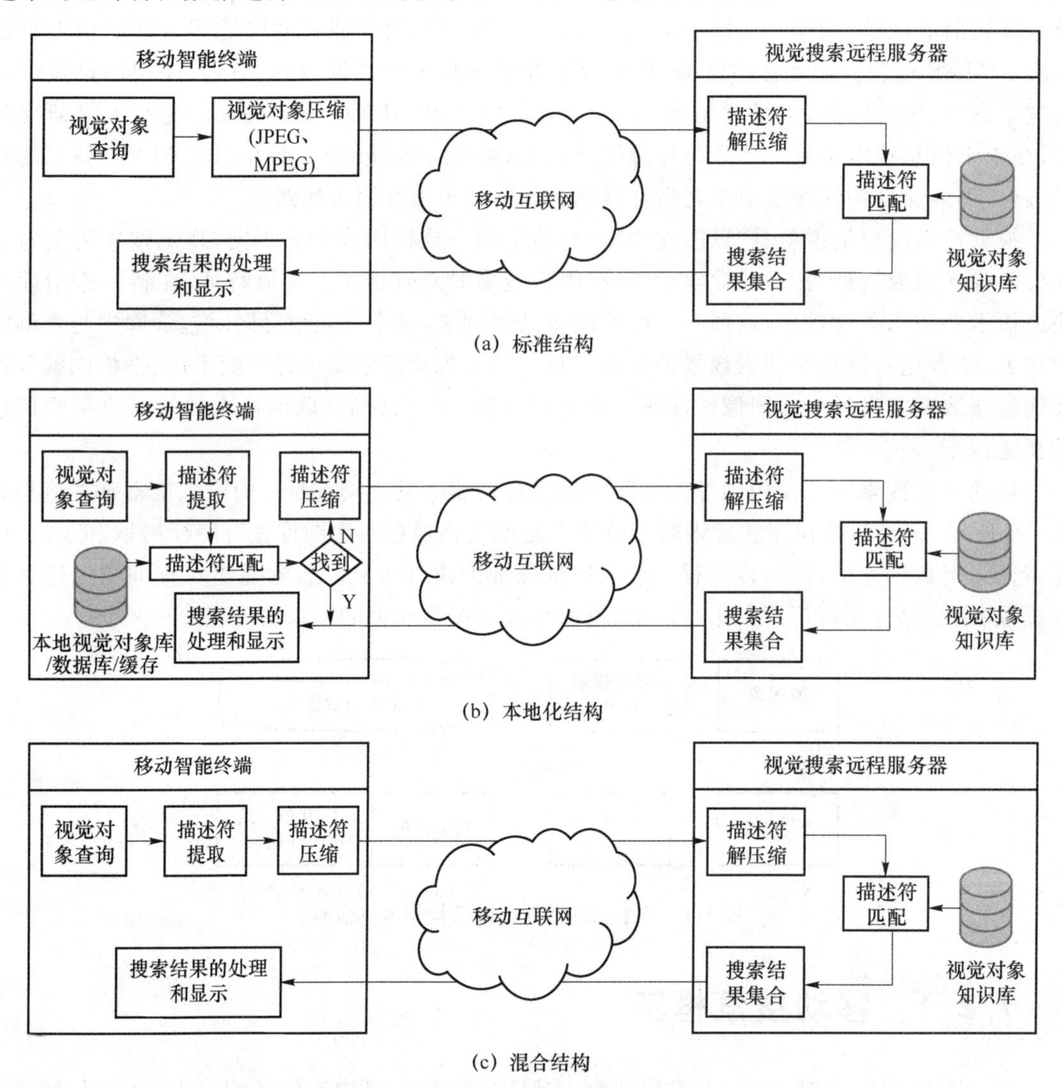

图 7-4　MVS 基于 C/S 模式的 3 种基本架构

7.2.2　移动视觉搜索在数字图书馆的应用

数字图书馆移动视觉搜索机制是信息服务机构(如图书馆、数据库厂商等)与信息资源内容(如文本、图像、视频、3D 模型等)在基于关键字的信息检索模式和移动搜索模式之外的"第三类"检索规则和机制，主要由"第三类组织"，即数字图书馆，来完成移动视觉搜索与视觉对象、图书馆、信息资源之间的关联信息服务配置。它也是为了约束数字图书馆领域的各个主体(包括论文、专利及图书等信息资源，作者、引文关系、信息检索模式、信息资源的关联信息等)的行为和信息交互的一系列规则和机制。

1. 数字图书馆移动视觉搜索应用案例

若将移动视觉搜索与虚拟增强现实技术有机结合起来，并将其应用到数字图书馆领域，以移动智能终端为服务平台的"所需即所见"式的信息检索和信息服务模式，将可能成为继搜索引擎之后的新一代信息服务范式。例如,用手机拍摄到某图书馆的图片或视频时,以该视觉对象作为检索对象进行搜索后,该图书馆在互联网或数字图书馆中的相关文字描述、图片、视频介绍、结构布局甚至内外部 3D 模型等在经过信息资源整合后,就会精确地显示在用户手机屏幕上;若将移动视觉搜索与移动位置服务结合起来,在图书馆内用户开启摄像设备就可获取该文献资源分布情况、图书馆结构布局,并查看阅览座位、信息共享空间等利用及闲置情况;若开启移动增强现实终端应用,将手机摄像设施对准书库内的书架,增强现实应用将对手机屏幕内的书库信息进行深度分析,随即获取到该书库及周边区域内文献资源的分布信息,并可以选择性点击阅读屏幕内摄入的文献资源的电子版。

2. 移动视觉搜索机制

移动视觉搜索机制作为大数据知识服务和知识发现的重要组成部分,相关机制的架构设计是进行数字图书馆大数据信息检索、实现信息资源向知识转化的前提,主要包括:

(1) 视觉对象大数据的表达

用户需要获取的信息在数字图书馆中是以不同结构、类型、粒度、方位和层次的方式进行呈现的。蕴含在图片、视频、3D 模型等视觉对象中的关联信息的价值除了远远高于使用传统信息检索模式所获取的信息价值,此外,这些关联信息还可视为该信息资源在不同视觉对象中的关联投影。因此,视觉对象表达的特征提取过程需要考虑多元化、多源、非结构化的视觉对象特征之间的关系以及模型的相互转化与有效关联。

(2) 移动视觉对象的检索

为了从视觉对象大数据中检索出符合用户的信息服务需求和其感兴趣的信息,就必须对视觉对象间的关联性、相似性、差异性进行有效度量。通过在此基础上的视觉对象大数据的表达、组织、管理,可以实现从多元化、多源、多模态、非结构化或半结构化的视觉对象中快速检索到用户感兴趣的信息,提升移动视觉搜索性能和利用效率。

(3) 移动视觉搜索模式的理解

移动视觉搜索模式的主要目标是实现视觉对象向知识的转化,因此移动视觉搜索场景的语义理解异常重要。根据已有的研究来看,当前对于移动视觉搜索场景的分析与处理方式,基本实现了由"面向内容"到"面向场景"的分析与处理方式的转变,但由于视觉对象底层数据与高层语义信息之间尚存在一定的语义鸿沟,缺乏对移动视觉搜索目标与关联信息之间关联关系的认知、视觉搜索目标与移动视觉搜索场景关系的认知,使得移动视觉搜索目标在视觉对象获取、特征提取与分析的过程中,对移动视觉搜索匹配过程的处理与分析容易出现信息处理能力不足的问题。

(4) 视觉对象知识库的建立

数字图书馆移动视觉搜索依赖于数字图书馆中视觉对象的高效率、高精确度的分析、匹配与识别。通过建立高质量、高度结构化、高度精确的视觉对象知识库,用户可快速地将虚拟信息世界中的视觉对象与物理图书馆中的事物进行有效关联,从而准确、便捷、快速地获取移动互联网另一端图书馆所提供的信息服务,获取与预期移动视觉搜索需求相匹配的关联信息,也从而实时享受数字图书馆所提供的"所见即所知、所知即所获"的新一代嵌入式协作化信息交互服务。

(5) 移动视觉搜索模式的建立

移动视觉搜索模式的构建过程包含视觉对象的获取与存储、移动视觉搜索需求的处理与分析、移动视觉搜索任务的执行、移动视觉搜索可视化及移动视觉搜索结果的资源整合等,这些过程都具备了视觉对象大数据的特点。相较于视觉对象知识库的构建而言,移动视觉搜索模式的构建难度更大,它依赖于大数据、视觉对象知识库、深度分析和知识计算等理论和技术支持。

7.2.3 移动视觉搜索主要挑战

随着移动互联网技术的发展和移动智能终端的普及,MVS在移动互联网、信息检索领域将会处于越来越重要的位置。作为一个新兴的研究领域,需要解决的技术瓶颈与面临的挑战有很多。今后几年以下技术问题值得关注。

(1) 移动互联网网络与MVS应用所涉及软硬件资源的匹配问题。一方面,无线网络存在的带宽有限、波动及延时等问题,对MVS的应用、推广有一定的影响。为了降低MVS应用的延迟,提高MVS实时应用的体验效果,需要对MVS待搜索视觉对象进行压缩。另一方面,现有的移动智能终端的软硬件设施虽然较之以往有了很大的提升,但仍存在计算资源有限(CPU、内存、电池电量等资源)的问题,使得可以在计算机上运行的许多计算任务无法完整地在移动智能终端上执行。

(2) 视觉查询多样性与MVS服务、应用的自适应问题。在MVS服务与应用过程中,由于移动视觉对象获取的便捷性及MVS服务的实时性,MVS服务与应用呈现出多元化等特征,因此,这就要求MVS服务与应用系统的后台建立极为强大、丰富的视觉对象知识库及关联信息库,从而满足不同MVS用户的信息服务需求。如何有效地采集、组织、分析及管理大规模视觉对象知识库及关联信息库,解决MVS服务需求与数据库、知识库之间的自适应、自匹配问题,就成为MVS应用与推广的一个巨大挑战。

(3) MVS搜索性能与用户体验效果的匹配问题。MVS引起了学术界、工业界与政府的广泛关注,已有很多研究团队及机构致力于如何提高MVS的系统性能,但现有的国内外MVS应用系统仍处于不断提高、改进的过程中,仍存在MVS搜索性能不够理想或不够稳定等问题。因此,为了突破MVS精准搜索的瓶颈,就需要将MVS应用系统置身于实际应用环境及特定的MVS服务需求中,优化MVS搜索性能,提升用户体验效果。

(4) 多样化移动视觉服务、应用与异构MVS系统之间的互操作性问题。MVS服务及应用领域存在着大量的方案、算法及策略,可供选择的余地很大,使得不同的移动视觉服务、应用及异构MVS系统之间必然会存在互操作性问题。如何将其兼容于被广泛接受的移动智能设备及平台上,就成了一个重要问题。

7.3 基于云计算的医疗卫生LBS平台

LBS领域的地理信息数据信息量巨大,感知手段多样,其地形、地貌、地质构成等多种复杂的海量数据集都为非结构化数据,而医疗卫生领域产生的数据量也主要来自于医学影像存储与传输系统(Picture Archiving and Communication Systems,PACS)、B超、病例分析、基因测序等业务所产生的非结构化数据。在大数据时代,利用云计算社会化、集约化和专业化的信息服务,使曾经孤立的医疗卫生数据、地理信息数据和其他行业的海量数据实现了跨部门、跨领域、跨系统的互操作。

7.3.1 平台模型

与其他领域的云模式类似，医疗卫生平台为了数据安全考虑，其云模式可分为公共云、私有云和混合云，如图 7-5 所示。公共云一般用于服务大众的应用，是最通用的云计算，基础设施和应用都由提供云服务的机构维护；私有云是为一个客户单独使用而构建的，因而提供对数据、安全性和服务质量的最有效控制；混合云指供自己和客户共同使用的云，所提供的服务既可以供别人使用，也可以供自己使用。混合云表现为多种云配置的组合，数个云以某种方式整合在一起。例如，有时用户可能需要用一套单独的证书访问多个云，有时数据可能需要在多个云之间流动，或者某个私有云的应用可能需要临时使用。云计算包括以下 3 个层次：IaaS、PaaS、SaaS，其中，IaaS 层提供平台所需的硬件设施、虚拟化服务和医疗卫生领域海量地理信息数据及行业相关数据；PaaS 层提供服务中间件、医疗卫生地理信息服务平台等；SaaS 层可基于 IaaS 和 PaaS 层提供医疗卫生 LBS 应用。

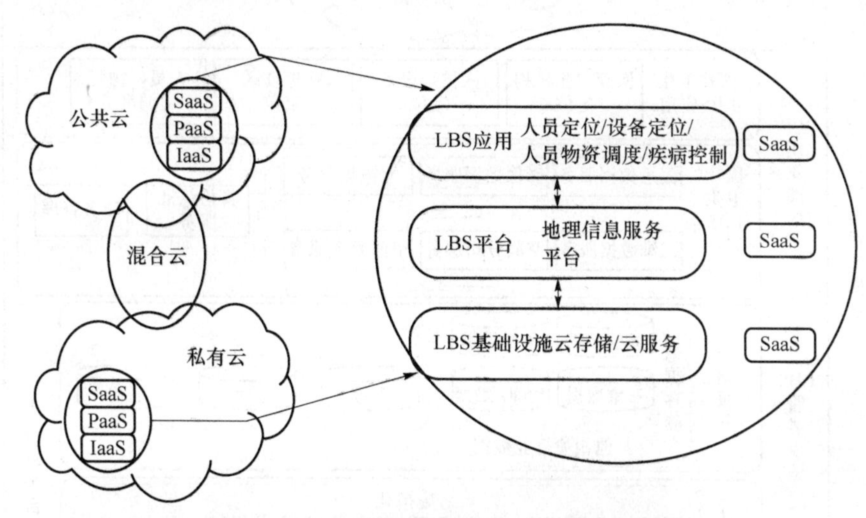

图 7-5　基于云计算的医疗卫生 LBS 平台模型

7.3.2 平台架构

1. 平台架构的层结构

基于云计算的医疗卫生 LBS 平台分为 LBS 服务支撑层、LBS 应用支撑层和用户层，如图 7-6 所示。

(1) LBS 服务支撑层。其为医疗卫生 LBS 平台提供服务的“云”，又可称为大数据层，可分为基础架构层和基础服务层。基础架构层通过大量分布式的服务器来建立，为医疗卫生 LBS 应用提供大量分布式存储、计算设备和网络服务设备，同时基础架构层中的虚拟化部分对物理资源进行抽象，从逻辑层面对物理资源进行按需分配，并可提供个性化的基础设施服务。基础服务层包括数据存储、数据及设施管理、数据同步、数据备份，可为 LBS 应用支撑层提供底层数据支持，其中数据存储部分数据可分为地理信息数据和与其相关的医疗卫生行业数据。这一部分对应平台模型中的 IaaS 层。

(2) LBS 应用支撑层。其为医疗卫生 LBS 平台提供行业应用，又分为医疗卫生 LBS 应用层和医疗卫生 LBS 服务平台层。医疗卫生 LBS 服务平台层从 LBS 服务支撑层获取数据资源后，通过地理信息系统提供的服务接口，为医疗卫生 LBS 应用层提供各种基本的系统服务，该层对应平台模型中的 PaaS 层；医疗卫生 LBS 应用层则在医疗卫生服务平台层提供的服务接口基础上，为上层用户提供各种个性化的应用服务，该层对应平台模型中的 SaaS 层。

(3) 用户层。通过计算机和 TV 等终端可通过互联网来使用基于云计算的医疗卫生 LBS 平台。同样，手机、PDA、平板电脑等移动终端可以通过 Wi-Fi、3G 等无线网络来使用基于云计算的医疗卫生 LBS 平台。LBS 应用层通过 LBS 服务平台层来获取 LBS 服务支撑层提供的云服务。LBS 服务支撑层通过 LBS 应用层提供的各种 LBS 应用程序，向最终用户提供 LBS 服务。LBS 应用程序通过 LBS 服务支撑层对数据进行存储和更新、处理和分析等操作。

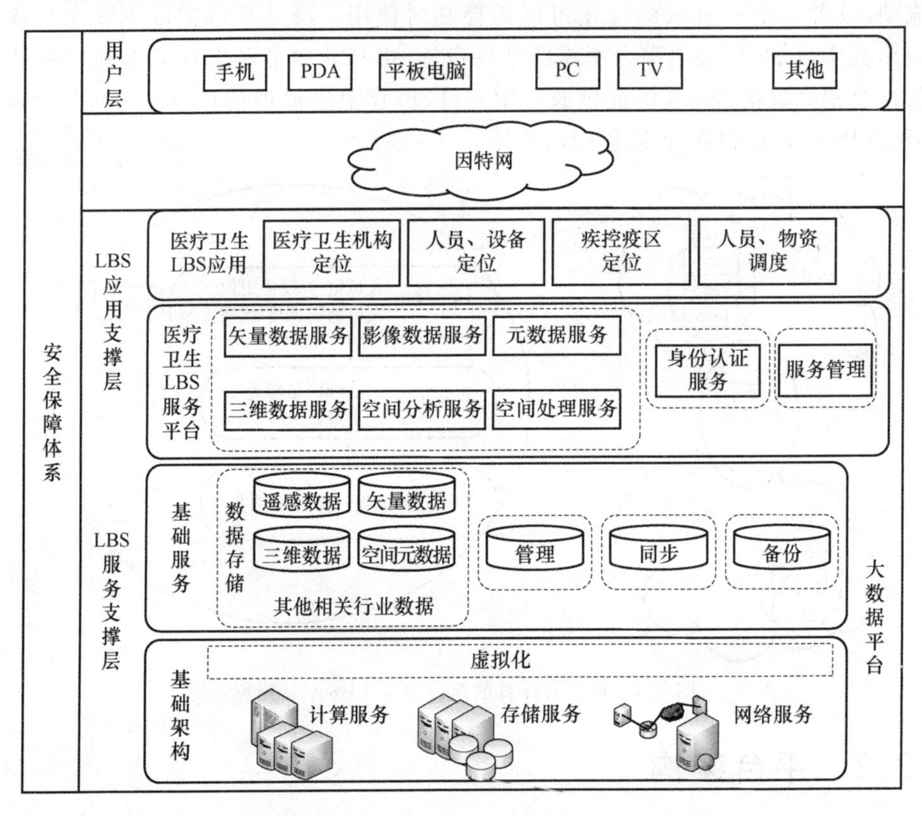

图 7-6　基于云计算的医疗卫生平台 LBS 平台架构

2. 平台架构的特点

作为 LBS 核心的 GIS 系统，具有 3 高 1 低的特点：磁盘 IO 负载高，CPU 负载高，网络 IO 负载高，数据量大，内存高速缓存命中率低。针对 GIS 的这些特性，需要单独搭建 GIS 云计算基础平台。为了有效利用云设备的计算能力和资源，基于云计算的医疗卫生 LBS 平台需要在 PaaS、IaaS 平台层进行优化，在 IO、CPU、网络等管理和资源调度中间件等方面做出改进，让其能够更好地利用硬件设备的分布式处理能力。改进后的基于云计算的医疗卫生 LBS 平台的优点有以下几点。

(1) 可以进行统一的数据管理。基于云计算的医疗卫生 LBS 平台可以集中维护、管理地理信息数据和其他相关行业数据，通过共享的方式为所有客户端提供地理信息数据服务和位置软件服务，可以保证资源池化、可伸缩、任务调度、数据访问一致性。

(2) 具有容灾能力。基于云计算的医疗卫生LBS平台可以在保障数据安全的基础上，以及在云计算提供的多副本容错、计算节点同构可互换等基础容错措施的基础上，提供风险预防机制和灾难备份恢复机制，从而解决平台的容灾问题。它可将数据按地理信息基础数据、业务数据、应用数据进行分类备份；在需要进行数据恢复时，可以结合具体需求，选择合适的容灾策略进行数据恢复等操作。

(3) 可缩短建设周期。传统的平台搭建周期需要经历硬件维护、硬件安装、环境搭建、软件安装、应用和数据装载、测试过程。基于云计算的医疗卫生LBS平台的前4个步骤都将在云端运行，无须再重复这些工作，可以大大缩短平台建设周期。

(4) 具有隔离的软硬件层。在基于云计算的医疗卫生平台的架构中，基础架构层中的虚拟化层将云平台上方的软件平台层和下方的基础设施层隔离开来。对平台软件开发工程师来说，基础设备层是透明的，只能看到虚拟化层中虚拟出来的各类设备。这种架构减少了设备依赖性，也为动态的资源配置提供可能。

(5) 具有灵活的可扩展性。基于云计算的医疗卫生LBS平台提高了应用程序和基础设施的灵活性。采用云计算模式来搭建医疗卫生LBS平台的软硬件设备和中间件软件，允许用户通过各层提供的接口添加本层的扩展设备和应用。这样使得工程师可以把精力更多地用在新功能的开发和集成上，而不需要关注基础架构。当数据存储和网络需求需要变动时，只需动态、弹性增加或移除硬件设备就可以实现；当需要扩展应用功能时，只需在应用层调用平台层的相应接口就可实现应用程序。这样达到了程序与基础设施灵活应用的效果。

(6) 使用成本低廉。基于云计算的医疗卫生LBS平台按需为用户提供位置及其相关服务。这样可以为用户省去基础设备的购置运维费用，与此同时，还可根据用户的需求不断扩展所需的服务，提高了资金的利用率。

7.3.3 LBS在医疗卫生领域的典型应用

(1) 医疗卫生机构网点查询。信息查询是大数据时代下LBS在医疗卫生领域的基础应用之一，用户可以查询所需查找的最优医疗卫生机构、该医疗卫生机构的基本信息以及周边的宾馆信息、饭店信息、银行信息、公交信息等。例如，一个用户想知道离其最近的医疗卫生机构，就可以利用LBS通过智能手机终端查询到最近的医疗卫生机构地址，该机构的基本信息、专家介绍、收费情况、服务态度、用户评价、病房图片等信息。在选定了具体的医疗卫生机构后，用户又可以查询到达该医疗卫生机构的公交线路以及其周边的宾馆、饭店信息等。

(2) 紧急救援。其是大数据时代下LBS在医疗卫生领域的重要应用，而且LBS提供的位置信息准确性很高。目前，我国紧急救助报警大部分只能依靠电话，这使突发病人和人身受到突然攻击时的报警几乎不可能实现。利用移动位置服务的手机持有者只需按下几个按钮，手持终端就可根据对用户体征的判断发送救援信息，急救中心在几秒钟内便可知需救援人员的具体位置，从而提供及时的救助。如今，移动通信网络会在将紧急呼叫发送到救援中心的同时，将需救援人员的具体位置一并传送，这样大大提高了救援的成功率。

(3) 人员、设备管理。医疗卫生机构中需要配备大量救护车辆、先进仪器等。通过使用基于云计算的医疗卫生LBS平台，可对救护车辆、先进仪器等进行跟踪定位，以方便调度管理。同时，可对医护人员、特殊人员(如病患、老人、小孩等)进行跟踪定位，确保能随时对医护人员进行紧急调度，对特殊人员进行保护监护。

7.4 手机游戏

以移动互联网技术为平台，传统的手机单机游戏可以做到互联互通，这会大大提高手机游戏的趣味性。通过移动互联网技术在手机游戏行业的应用，游戏的画面得到提升，功能得到增加，速度得到加强，形成了独具特色的手机游戏市场，这使得移动互联网技术的应用取得了进一步的市场认可和经济成果。

7.4.1 手机游戏概念

手机游戏是指运行于手机上的游戏软件。随着科技的发展，现在手机的功能也越来越多，越来越强大。手机游戏可以分为以下两类。

(1) 单机游戏：指仅使用一台设备就可以独立运行的电子游戏。区别于手游网游，它不需要有专门的服务器便可以正常运转游戏，部分游戏也可以通过多台手机互联进行多人对战。

(2) 网络游戏：指以互联网为传输媒介，以游戏运营商服务器和用户手持设备为处理终端，以游戏移动客户端软件为信息交互窗口，旨在实现娱乐、休闲、交流和取得虚拟成就，具有可持续性的个体性多人在线游戏。

手机游戏有如下的产业特点。

(1) 具有庞大的潜在用户群。2017 年全球移动电话用户数量超过 50 亿，而且这个数字每天都在不断增加。移动互联网用户数量远大于计算机用户数量。手机游戏潜在的市场比其他任何平台都要大。

(2) 具有便携性与移动性。和游戏控制台或者 PC 相比，手机虽然可能不是一个理想的游戏设备，但毕竟人们总是随时随身携带，这样玩手机游戏很可能成为人们消遣时间的首选。手机的便携性、移动性的特征更能满足用户随时随地玩游戏的需求。用户可利用排队、等车的时间进行游戏，使得手机游戏碎片化的特性凸显。

(3) 支持网络。因为手机是网络设备，在一定限制因素下可以实现多人在线游戏。随着移动网络的发展，移动游戏也越来越多地被大家接受，这对于之前长期统治市场的掌机来说造成了不少的冲击。

7.4.2 手机网络游戏服务器端的关键技术

在各种网络服务普遍应用的今天，面对一个庞大且日益增长的网络用户群，单一服务器已无法满足所有的网络连接的请示，而服务器集群和负载均衡技术能有效解决这个问题。

集群服务器是指将很多服务器集中起来一起进行同一种服务。一个服务器集群可以利用多个计算机进行并行计算，从而可获得很高的计算速度，也可以用多个计算机作备份，从而使得任何一个机器坏了整个系统还是能正常运行。在网络游戏开发过程中，服务器集群支撑整个后台服务，集群中的每台服务器都可以完成后台的特定功能，我们可以为用户开设许多的服务器，以满足大量玩家在线一起体验的需求。集群服务器在负载均衡的环境下高效动作，可以解决大量并发访问服务的要求。这种群集技术可以以最少的投资获得接近于大型主机的性能。

负载均衡是一种提高服务器扩展性的重要手段，充分利用现有的网络设备，通过一定的技术手段，廉价而高效地利用了网络设备，提高了服务器带宽，增强了服务器对网络请求的处理能力，提高了网络的灵活性和可用性。实际上，负载均衡就是根据具体需要，利用一些技术手段，将工作平衡、分摊到多个服务器上处理，如图 7-7 所示。服务器负载均衡系统的常见调度算法有轮询、加权轮询、最少连接、加权最少连接等。

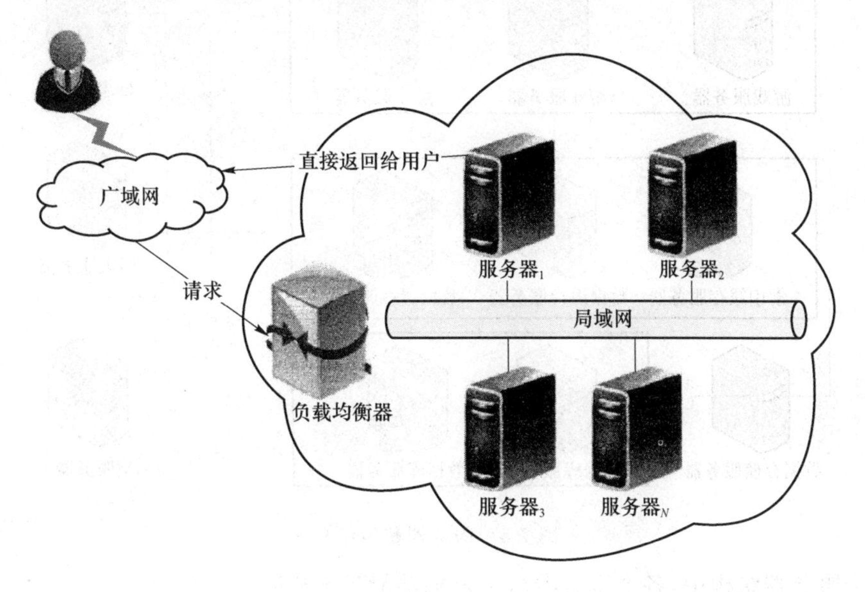

图 7-7　负载均衡

7.4.3　手机网络游戏服务器总体架构

传统的网络游戏服务器结构，一般采用 3 层结构，即网关服务器、游戏服务器、数据库服务器。网关服务器主要负责负载均衡；游戏服务器主要负责游戏逻辑；数据库负责存储持久化游戏数据。这种结构在数据库读写频繁的情况下，会造成游戏服务器响应时间变慢。还有一种是采用 4 层结构，在 3 层结构的基础上，增加数据缓存层，如图 7-8 所示。4 层分别负责不同的任务。

(1) 负载均衡层：该层工作由网关服务器负责，在接到玩家请求之后，根据相关规则，将玩家请求分配给各个游戏逻辑服务器。

(2) 游戏逻辑层：该层工作由游戏服务器负责，可以处理玩家的游戏请求。

(3) 数据缓存层：数据缓存工作由游戏服务器和 Redis 服务器共同完成。游戏服务器负责将数据存入缓存，以及取出缓存数据。

(4) 数据存储层：数据存储工作由数据库服务器、数据存储服务器和 Redis 缓存服务器共同来完成。硬盘的访问速度和内存的访问速度不是一个数量级的，尤其是对实时性要求高的系统，完全可以采用内存数据库和物理数据库相结合的方法来处理增加的数据缓存，这主要是为了在不同的服务器之间能共享数据，减少数据库服务器的压力。数据缓存也提高了游戏服务器的响应时间。如果由游戏服务器直接将游戏数据存入数据库，游戏服务器在响应玩家请求的时候，就会多延时一定时间。如果数据库服务器出现响应缓慢的情况，也会影响到游戏服务器。

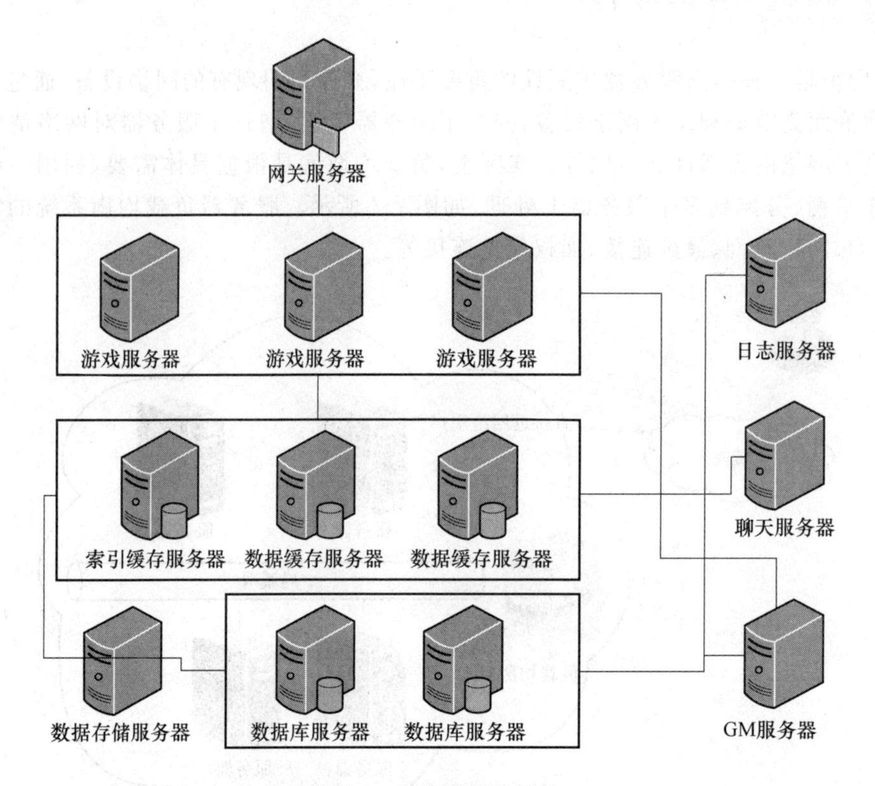

图 7-8　服务器整体结构

在整个服务器结构中，各个服务器所负责的功能各不相同。

(1) 网关服务器负责分发客户端访问，将客户端访问重新定向至各个游戏服务器。

(2) 游戏服务器负责处理客户端请求，其本身并没有状态。各个游戏服务器处理的游戏内容相同，不做功能上的区分。每次处理客户端请求的时候，其先从缓存中获取数据，如果缓存中没有，再从数据库中获取，并存入缓存中。游戏服务器是没有状态的，多个游戏服务器的游戏内容都是相同的，可以处理游戏的任意请求。游戏服务器可以添加、更新、删除缓存中的数据。

(3) 数据缓存服务器在服务器启动或者用户上线时，会加载数据到缓存中。下次客户端请求出现时将会直接从缓存中读取数据。缓存分为索引缓存和数据缓存，其中，索引缓存只有一个，而数据缓存可拓展为多个。

(4) 数据库服务器(DataBase Server，DBS)负责将缓存中的数据定时更新到数据库。为了保证性能，DBS 采用非实时的异步更新方式，避免玩家的频繁操作对数据库造成压力，允许有一定的延时(可配)，延时的数据如果丢失，可以容忍。

(5) 数据库服务器负责游戏数据的持久化。

(6) 日志服务器(Log Server)负责记录游戏过程中玩家的操作日志，主要针对各种钱、物的操作，如在什么时间花费了多少游戏币，在什么时间获得了什么装备。

(7) 聊天服务器(Chat Server)并不要求实现高实时性的聊天体验。手机网游的特点是短连接，你不知道用户的手机什么时候待机，玩多长时间后又会再次待机，如果采用长连接的方式，只是更多的浪费服务器资源，对玩家体验并没有太多提高。

(8) 管理服务器(GM Server)负责提供游戏运营阶段的各种管理工作，以及完成对游戏服务器的管理。

7.4.4 手机游戏发展趋势

手机游戏的发展趋势可以总结为以下4点。

(1) 手机游戏以手机作为载体,因此手机的高性能对手机游戏的发展起着极其重要的作用。手机本身的可玩性和可操作性也直接影响着手机游戏的操作效果。如果手机游戏搭载的手机本身续航时间不长,用的时间长了会发热,屏幕分辨率较低,内存不足且反应不灵敏,触感不好,那么手机游戏的可玩性将大打折扣,而这也会使手机玩家对于手机游戏产生一定的排斥心理。手机游戏没有玩家了,那么手机游戏的发展肯定会滞后。因此,当手机本身屏幕分辨率较高,音画效果较好,操作极其灵敏且有很大的内存时,手机游戏的玩家才可以在进行手机游戏时获得极大的快乐和满足。

(2) 3D游戏是未来的发展趋势。由于科学技术不断发展,人们对于视觉的要求也越来越高,3D满足了人们对于视觉的高要求。在3D电影、3D游戏中,人们可以有身临其境之感。根据对手机游戏玩家的调查研究,我们可以了解到的是,玩家最喜欢以及最期待的游戏里70%是3D游戏,30%是2D游戏,由此可以看出手机游戏玩家对于3D游戏的需求很高。高冲击的视频游戏对于手机游戏玩家来说肯定是更具吸引力的。在3D游戏中,人们可以真实地感受到游戏之中的情景,也更具有代入感,特别是裸眼3D技术的推出受到了广大游戏玩家的一致称赞,这种技术在保证视觉的立体化的同时并不会降低游戏的精美程度,相信在未来它将会被更加完美的应用到手机游戏中去。

(3) 开发更具有创意、更贴近时代主题的手机游戏。到现在为止,我国仍然很少出现与当今时代和社会相结合的游戏,故这些游戏在创意方面还需要不断加强。与动漫产业相类似的是,我国的手机游戏开发缺少创新精神,一般都是在其他既成的和已经成功的游戏上加以修改,这并不能吸引大量的手机玩家。如果能够在游戏开发人才培养方面加大力度,相信我国的手机游戏还是会有相当大的突破的。

(4) 建立手机游戏的智能平台。未来的手机游戏要想得到长足的发展,就必须在这个智能的手机应用下载平台上多花工夫。可以在平台商加强游戏的制造者和手机游戏玩家的接触,让手机玩家可以将自己对于游戏的看法和建议直接告诉游戏的开发人员,这样可方便他们及时改进。如果仍旧像以前那样把游戏的开发者和游戏玩家阻隔起来,那么游戏市场的发展会变得迟缓。

7.5 移动视频监控

移动流媒体技术是网络音/视频技术和移动通信技术发展到一定阶段的产物,它是融合了很多网络技术后所产生的技术。监控服务作为移动流媒体的主要应用之一,使得移动流媒体在交通领域及家庭居住环境中起着监控作用。在现实中,常常需要采集传输分布广泛的实时现场视频数据,因此如何建立起实用性强、灵活性好的移动视频监控系统,是一个非常有意义的问题。移动视频监控是实时在线的监测方式,借助于智能手段、网络通信技术,监测者可以依靠各种设备,远程实时了解现场情况,实现实时监测。借助于移动流媒体,交通管理部门可以随时观察到公路的交通情况,还可以对不同路段的交通情况进行实时定位监督检查。家庭居住环境监控的实现则需要安装基于 Web 的数字视频相机,并将其与网络连接,便可以直接通过移动手机及 PC 客户端等进行实时监控。

7.5.1 移动视频监控系统

移动视频监控系统需要提供的功能如下:

(1) 移动视频采集终端的功能。移动视频采集终端能实现实时视频采集、视频传输及基于位置服务获取监控的上下文。

(2) 云存储服务器的功能。云存储服务器中各个节点能够相互协同工作,支持复制均衡与动态的视频迁移,可以存储与转发移动终端上的视频流,并且具有认证功能,能够识别已注册的子节点和移动终端,拒绝非法子节点和移动终端,具有较高的安全性。

(3) 视频资源管理与发布的功能。视频资源管理与发布提供了一个实时统计、存储以及发布的途径。它能够满足对移动设备等基本信息的管理,支持实时视频的播放,能够同时支持八路移动终端的视频信息,并且还可以检索回放云存储服务器中的历史视频信息。

以数据采集为背景结合云存储技术提出的一个移动视频监控应用系统架构如图 7-9 所示,其中涉及移动终端开发、数字视频编码、流媒体传输、GIS 地理信息系统、网页编程、通信机制、云存储服务器等多方面内容,是综合采用各种先进的计算机技术手段实现移动终端数据采集处理和人机交互操作的应用型系统。由图 7-9 可知,系统的子系统结构由云以下 3 个部分组成,主要实现了智能手机位置信息感知及视频采集,并通过 3G 网络传输实现了视频信息存储与管理等服务功能。

(1) 移动视频采集终端

移动视频采集终端主要是实现了视频的实时采集,并将其质量较好的视频传送到服务器端。移动视频采集终端的实现主要包括以下内容:

- 实时视频采集。Android 平台上的实时视频采集主要是利用 Android 平台提供的库实现视频的采集及进行 H.264 封装。
- 视频传输。视频传输主要是基于 TCP/IP 协议进行的,根据无线网络带宽受限及传输易受干扰的特点,提出了移动视频 QoS 机制,以保证视频传输的流畅及视频质量。
- 位置服务。系统通过 GPS 模块获得与视频相关的地理位置,并将其与发送至服务器,与相关视频信息融合。结合位置服务能提高系统的可扩展性,克服了原先监测系统监测区域固定,指挥调度不便,实时决策分析能力差的缺点,并且简化了后期的整理分析工作,提高了系统的自动化程度,增强了系统的扩展性。

(2) 云存储服务器

服务器端提供连接管理、资源接收与存储的功能,并向终端用户提供视频播放、信息服务等功能。云存储服务器主要在应用层上实现视频流的云存储功能,通过 Hadoop 的概念来设计系统架构,即使用普通 PC 群来搭建云存储服务器,实现了高的可扩展性。在服务器节点调度方面,采用了基于多因素加权的节点调度算法,保证了节点负载均衡。针对无线网络通信在传输视频上的不稳定性,采用了视频迁移算法,保证了无缝的视频流传输。

(3) 视频资源的管理与发布

视频资源管理与发布平台是为监控系统提供了一个实时统计、存储以及发布的途径。其主要功能包括后台信息管理、实时视频播放及历史视频查看,其中后台信息管理包括用户信息管理和移动终端信息管理。

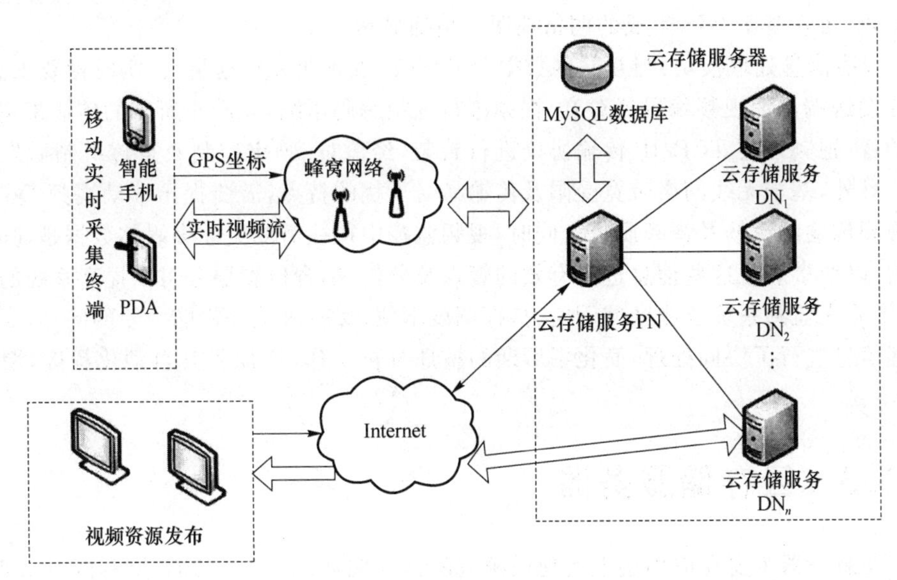

图 7-9　移动视频监控应用系统总体架构

7.5.2　移动实时视频采集终端

移动实时视频采集终端负责实现视频的实时采集并将其以较好的质量传送到服务器端。移动实时视频采集终端可以采用手机、手持 PDA 等设备，其结构如图 7-10 所示。移动实时视频采集终端可分为以下 3 个功能模块。

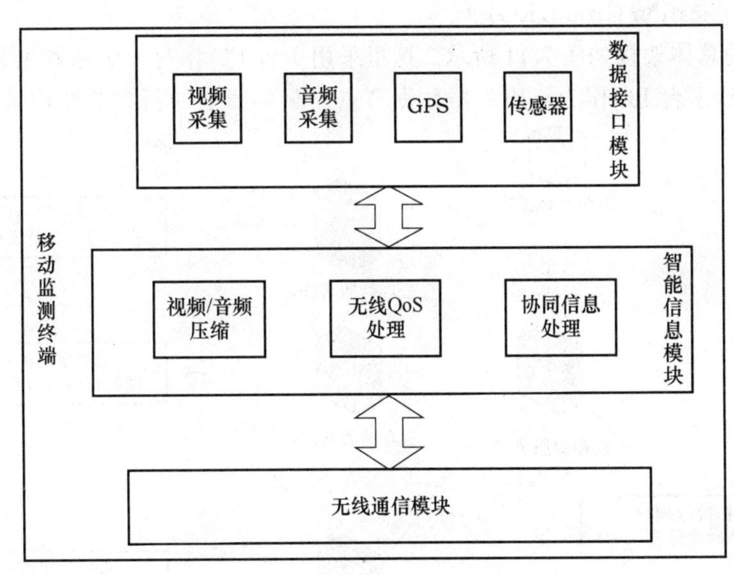

图 7-10　移动实时视频采集终端结构

(1) 无线通信模块：支持简单 IP 功能，使移动终端在无线网络内可实现与其他终端间或服务器之间的交互，并且负责终端的各种基本信息的设置，如 IP 地址、帧率等。

(2) 数据接口模块：通过内嵌的视频、音频采集设备及各类传感器，采集监控区域的信息，并且通过 GPS 定位模块,可以实时地把移动终端所在位置的经纬度信息通过无线网络传达给监测中心,也可在基于 GIS 生成的网格地图上精确显示。

(3) 智能信息处理模块:与互联网数据业务比较,视频业务数据量大,实时性要求高,因而必须要在发送端添加视频编码器对音/视频进行视频编码压缩,以减小所需的传输带宽。压缩后得到的音/视频通过 TCP/IP 传输协议进行封装,经流量/码率控制及重传机制后发送到通信模块。另外,基于无线网络带宽受限及传输易受干扰的特点,需要提出移动视频 QoS 机制,以保证视频传输的流畅及视频质量。同时,视频监控中往往需要关注多媒体数据是何时、何地采集到的,以便事后对这些信息进行有效的管理及分析,结合位置服务可以提高系统的可扩展性,克服了原先监测系统监测区域固定、指挥调度不便、实时决策分析能力差的问题,对移动视频的地理信息进行了协同处理,简化了后期的整理分析工作,增加了其自动化程度,增强了扩展性。

7.5.3 云存储服务器

云存储服务器主要在应用层上实现视频流的云存储功能。服务器系统有两种节点:一种是主节点(Primary Node,PN),它负责管理所有节点信息,但并不保存视频数据;另一种是数据节点(Data Node,DN),负责存储视频数据。这样 PN 只负责监控和调度所有 DN 运行情况,并不存储和传输视频,从而减轻了 PN 的负担,而 DN 有 PN 调度,使得负载可以尽可能均衡。每一个前端设备的视频数据可以被存储到 3 个 DN 上:一个是主 DN(Primary DN,P-DN),它是前端设备捆绑的对等节点;另外两个节点是备份 DN(Secondary DN,S-DN),它是由 PN 使用分布式哈希表选择(Distributed Hash Table,DHT)得到的。也就是说,视频数据存储到哪个主数据节点及哪两个备份数据节点都是由 PN 进行选择管理的。这 3 个节点形成一个复制组(Replication Group,RG)。

云服务器的总体架构如图 7-11 所示。这里采用 1 台 PC 作为云服务器主节点,也就是只有一个 PN 节点,多台 PC 作为云服务器数据节点。服务器上的所有节点均是 Linux 操作系

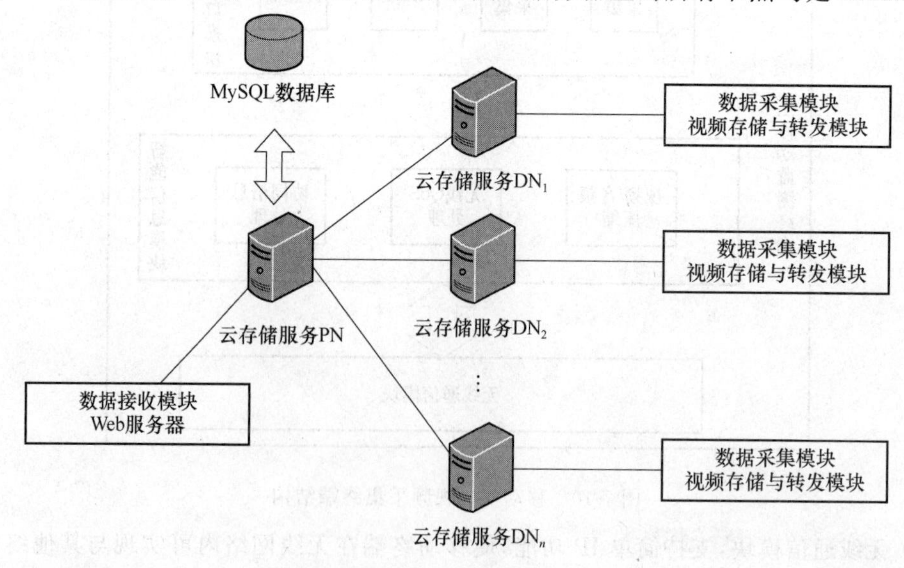

图 7-11　云服务的总体架构

统，采用星形拓扑网络，实现了各个节点之间的通信，其中，在 PN 上安装了数据接收模块与 Web 服务器，而在 DN 上安装了数据采集模块与视频存储与转发模块。为了保证提高安全性，将 MySQL 数据库安装在 PN 上。云存储服务器的应用软件均使用开源的工具包，以便于移植到不同的平台，提高可扩展性。

数据采集模块与数据接收模块之间的通信采用可靠的 TCP 协议。数据采集模块负责定时收集 DN 的基本信息，主要有 CPU 和内存使用率、硬盘空间、网络带宽等，再将数据传送到 PN，同时执行 PN 下达的命令。数据接收模块负责 DN 的认证，并用于接收 DN 发来的数据，并将数据存储到 MySQL 数据库，同时将管理员的命令发送给相应的 DN。视频存储与转发模块用于实现移动终端的视频流存储和转发到视频资源管理与发布平台进行视频的播放或回放。

7.5.4　视频资源发布平台

基于 3G、Wi-Fi 的环境监控系统提供了一个实时统计、存储以及发布的途径。视频资源管理与发布系统的主要功能包括 3 个部分，如图 7-12 所示。

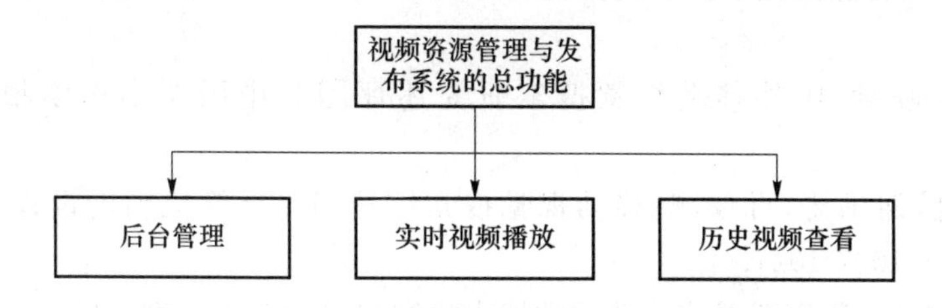

图 7-12　视频资源管理与发布系统的主要功能

(1) 后台管理：主要包括账户管理和设备管理。针对企业用户、环境监测技术人员和高层领导等不同终端用户，系统设置了不同的管理权限，这可确保安全性和服务的有效性。同时，后台管理也需要对移动终端的信息进行管理，了解终端是否在线，以方便调度。

(2) 实时视频播放：是指在移动终端采集视频时，远程可以同时观看视频，以实现实时视频监控，方便及时进行调度，解决问题。

(3) 历史视频查看：是指在事后，可以根据日期、地点等因素查找观看历史视频。

视频播放主要包括实时视频播放模块和历史视频查看模块，两个模块的与服务器交互的流程差不多。当服务器接收到视频流后，会为其在数据库存储创建一个记录。实时视频播放模块先通过 TCP 协议与服务器的数据库进行通信，在获取视频的 URI 后，与云存储服务器的主节点的数据接收模块通信，从而获取负载率最低的目标子节点信息；然后它与该子节点的视频存储与转发模块进行通信，通过授权验证后，服务器的子节点的视频流通过 RTP 转发到播放端进行实时视频再现；最后播放端通过 VLC 进行播放。历史视频查看模块，也是进行相似的流程，区别在于子节点进行视频流传输时是直接从本地获取，而不是从缓存中直接转发。视频播放模块与云存储服务器的通信模型如图 7-13 所示。

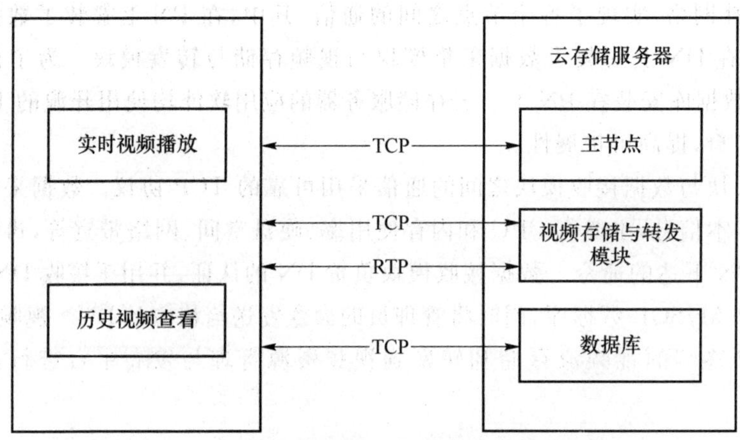

图 7-13　视频播放模块与云存储服务器的通信模型

参考文献

[1] 于恩普.O2O智慧商城平台下的关键技术与实现分析[J].电子技术与软件工程,2015,17:220.

[2] 张兴旺,黄晓斌.国外移动视觉搜索研究述评[J].中国图书馆学报,2014,40(3):114-128.

[3] 贾佳,唐胜,谢洪涛,肖俊斌.移动视觉搜索综述[J].计算机辅助设计与图形学学报,2017,29(6):1007-1021.

[4] 张兴旺,李晨晖.数字图书馆移动视觉搜索机制建设的若干关键问题[J].图书情报工作,2015,59(15):42-48.

[5] 许德玮,桑梓勤,刘磊,等.基于云计算的医疗卫生位置服务平台研究[J].医学信息学杂志,2013,34(6):8-13,38.

[6] 李一白.大世界手机游戏服务器的设计与实现[D].大连理工大学,2015.

[7] 陈飞玲.移动视频监控关键技术及应用系统研究[D].南京大学,2014.

第8章　移动互联网安全

当前移动互联网产业环境正在向着“去电信化”和“互联网中心化”的方向演进。随之而来的应用创新和模式创新正在取代技术创新，成为移动互联网产业发展的显著特征。然而随着快速发展，移动互联网也面临着与日俱增的安全威胁以及安全保障方面的挑战，因此对于安全技术的研究具有重要的现实意义，需要尽早提出相应的解决方法。

随着信息通信技术的发展和应用的深入，除了传统网络安全领域之外，人们开始关注云计算、大数据、工业控制系统等的安全问题。移动互联网安全则是新领域中需要重点关注的，因为移动智能终端具有更加智能、更加个人、长期在线等特点，对攻击者来说，这些分别意味着能实现更多的攻击企图(录音、拍照、定位、付费等)、更容易找到更多个人敏感信息、更方便实施控制和传出窃取的信息等。随着我国移动互联网的高速发展，相关的安全问题以更加多元化的方式接入移动终端，这使得本就存在的安全隐患变得更为凸显。因此，有效利用移动互联网安全技术，消除移动互联网中的安全隐患具有重要的现实意义。

移动互联网的安全问题主要包括3方面：移动终端安全、管道安全和移动云计算安全，其中管道在这一章分为接入网安全和业务平台安全两个部分。本章将从移动终端安全问题的硬件层面、操作系统层面和应用软件层面分别描述，并给出相应的解决方案。对于无线接入网络，移动设备与接入网络之间的空中接口是容易遭受攻击的部分，其面临的攻击主要有：攻击者在空口窃听信令或用户业务；攻击者通过在空口插入、修改、重放或删除信令数据、控制数据、用户业务数据等手段，拒绝合法用户业务或伪装成网元攻击网络；攻击者通过物理方法阻止用户业务、控制数据、信令数据在无线接口上传输；攻击者进行DoS攻击。业务平台自身的脆弱性主要包括业务平台的硬件资源、通信资源、软件及信息资源等因各种原因可能导致系统受到破坏、更改、泄露和功能失效，使系统处于异常状态甚至瘫痪等情况。云计算面临着虚拟化的安全问题、数据集中后的安全问题、云平台的可用性问题、云平台遭受攻击的问题等，这些都会在本章中进行讲解。

8.1　移动互联网安全背景及现状

移动通信与互联网的融合打破了其相对平衡的网络安全环境，大大削弱了通信网原有的安全特性。一方面，由于原有的移动通信网相对封闭，信息传输和管理控制平面分离，网络行为可溯源，终端的类型单一且非智能，以及用户鉴权严格，因此其安全性相对较高。而IP化后的移动通信网作为移动互联网的一部分，这些安全优势所剩无几，“围墙花园”模式正在逐步瓦解。另一方面，移动互联网也是互联网的一部分，时刻面临着互联网的种种安全威胁和挑战，需要及时提升自身的安全防护能力。同时，由于移动用户数量众多、参差不齐，面临的安全威胁会急剧增加，带来的安全危害会层出不穷，轻则影响用户的正常使用，重则影响社会的稳定、国家的安全。

8.1.1 移动互联网带来的新的安全问题

移动互联网来自移动通信技术和互联网技术，可谓之取之于传统技术，又超脱于传统技术。但是不可避免地，移动互联网也继承了传统技术的安全漏洞，而云服务的加入也带来了隐私安全等新问题，这使移动互联网的安全威胁已不是移动通信和互联网固有问题的简单叠加。由此导致的安全事件总体可以归纳为3部分：智能终端的安全（"端"）、网络及业务平台的安全（"管"）及云计算的安全（"云"），如表8-1所示。

表8-1 移动互联网面对的安全问题

具体内容	安全层		
	"端"	"管"	"云"
业务承载	移动终端	接入网 业务平台	移动云计算
评价指标	机密性、 完整性、 可用性	机密性、 完整性、 可用性	机密性、 完整性、 可用性
安全问题	基带芯片和物理安全问题、 数据存储安全问题、 移动终端实现强认证的难度大问题、 移动终端支持多用户带来的安全问题、 安全浏览环境问题、 移动终端操作系统安全加固难度大问题、 应用隔离问题、 信息泄露问题、 移动病毒、蠕虫、后门、间谍软件和恶意软件问题、 终端操作系统补丁和各业务应用平台间的兼容问题、 移动终端对SSL的使用与支持问题、 移动终端位置的隐私与安全问题	嗅探或窃听影响机密性问题、 篡改、伪装、重放攻击影响完整性问题、 DoS攻击影响可用性问题、 强制浏览攻击问题、 代码模板问题、 字典攻击问题、 缓冲区溢出攻击问题、 参数篡改问题、 XML植入问题、 SQL注入问题、 跨站脚本问题、 BPEL状态偏移问题、 实例泛洪问题、 间接泛洪问题、 Web服务地址欺骗问题、 工作流引擎劫持问题	虚拟化安全问题、 数据集中后的安全问题、 云平台可用性问题、 云平台遭受攻击的问题、 DDoS攻击问题、 众多用户同时访问云服务带来的可用性问题

(1) 智能终端安全

智能终端将保存更多的个人隐私和有价值的信息，所以对于智能终端的安全需要重点关注。然而，随着移动终端成为网络边界，并且其越来越开放，智能终端将很容易受到病毒攻击，出现比传统计算机更严峻的安全问题。从当前的应用情况来看，智能终端多以短信、彩信、手机浏览网页、下载安装软件等方式感染病毒或遭到入侵。同时，移动互联网的业务提供与创新更多的面向普通用户，伴随着更多终端平台的适配和开放，使得用户对网络透明，更易面临隐私泄露、恶意骚扰、恶意软件等安全问题。

（2）管道安全

接入网的不可靠性。传统电信网中最有效的安全机制是等级保护和边界防护，但由于移动互联网中将不再有明显的网络边界，因此像安全域划分、防火墙部署这样的等级保护和边界防护机制将在移动互联网中不再适用。移动互联网由于引入了无线空中接口的接入方式带来了非法接入网络、攻击者身份隐藏、空中接口传送的信息易被跟踪窃听等新威胁。移动互联网IP开放式架构和网络边界向智能终端的延伸，使网络对用户透明，网络拓扑易被得到，黑客可以直接利用网络对终端发起匿名电话、电话洪水等攻击。

业务平台的安全威胁。移动互联网固有的随身性、身份可识别等特性产生了更加丰富、独特的业务形态，为用户带来了更加丰富的业务体验。结合位置信息、彩信、短信等移动特色的各种服务不断涌现，并逐渐向应用类和行业信息化的方向发展，但这带来了更多的安全隐患。由于移动互联网业务的大幅增加，业务提供商以及通信对端更不可信，由此可能引发非法访问系统、非法访问数据、垃圾信息的泛滥、不良信息的传播、个人隐私和敏感信息的泄露、内容版权盗用和不合理的使用等问题。尤其移动办公、手机支付、移动社交等敏感业务对安全提出了更高的要求，需要对服务提供方进行严格认证。

（3）云端安全

随着云服务的推广，更多的个人信息、用户业务数据将在“云”中集中存储和管理，云服务多租户、虚拟化等特性将为移动互联网带来新的安全问题。由于云计算技术中的数据是存储在“云”中，一方面为用户提供了较大的数据存储空间；另一方面为用户提供便捷的存取机制，方便不同用户之间进行数据分享，有效地降低了服务成本，但同时也造成了更多信息内容的暴露，涉及大量的私密信息和位置信息。当前云计算面临的安全问题有多租户资源共享产生的安全问题以及租户身份信息认证产生的安全问题等。云计算的共享系统实现了计算机软硬件资源和信息整合，但共享系统同样加速了安全风险的蔓延，为租户的蓄意攻击行为提供了便利条件，给租户的信息安全带来了安全隐患。租户身份信息认证主要由云计算提供商操作完成，这在一定程度上减低了租户对信息处理过程的可控性，为了防止不法提供商借机窃取租户信息，必须要构建一套完善的云计算安全机制，以保证租户的信息安全和合法权益。

8.1.2　移动互联网安全机制

针对安全威胁，移动互联网也有相对应的安全机制。因为移动互联网接入部分是移动通信网络，所以无论是采用3G还是4G接入，3GPP、OMA（Open Mobile Alliance，开放移动联盟）等组织都对移动互联网的终端和管道两部分制订了完善的安全机制，如下所述：

（1）终端的安全机制（“端”）

终端应具有身份认证的功能，具有对各种系统资源、业务应用的访问控制能力。对于身份认证，可以通过口令或者智能卡方式、实体鉴别机制等手段保证安全性；对于数据信息的安全性保护和访问控制，可以通过设置访问控制策略来保证安全性；对于终端内部存储的一些数据，可以通过分级存储和隔离，以及检测数据完整性等手段来保证安全性。

（2）网络的安全机制（“管”）

在接入网方面，移动互联网的接入方式可分为移动通信网络接入和Wi-Fi接入两种。针对移动通信接入网安全，3G以及LTE技术的安全保护机制有比较全面的考虑。3G网络的无线空口接入采用双向认证鉴权，并采用加强型加密机制，增加抵抗恶意攻击的安全特性等机制，大大增强了移动互联网的接入安全能力，其安全机制已相对完善，但仍存在一些安全隐患，尤其是其没有对网络进行鉴权；LTE系统对安全机制进一步改进，大大加强了其网络安全性。针对Wi-Fi接入安全，Wi-Fi的标准化组织IEEE使用安全机制更完善的802.11i标准，弥补了原有用户认证协议的安全缺陷。

在业务平台方面，对于业务平台方面，3GPP有相应业务标准的机制，如WAP安全机制、Presence业务安全机制、定位业务安全机制及移动支付业务安全机制等，还包括垃圾短消息的过滤机制、防止版权盗用的数字版权管理(Digital Right Management，DRM)标准等。移动互联网业务纷繁复杂，需要通过多种手段，不断健全业务方面的安全机制。

(3) 移动云的安全机制(“云”)

作为云计算和移动互联网两项技术的融合，移动云计算具有了惊人的发展潜力，但紧随而来的还有一系列新的网络安全问题。为解决这些问题，必须结合现有网络安全技术的成功经验，贯彻“安全即服务”的理念，包括确保移动互联网下的不同用户的数据安全和隐私保护；确保云计算平台虚拟化运行环境的安全；依据不同的安全需求，提供定制化的安全服务；对运行态的云计算平台进行风险评估和安全监管；确保云计算基础设施安全、构建可信的云服务；在保障用户私有数据的完整性和机密性的目标下，考虑安全防护的评测、认证、隔离等几个阶段；构建一套完善的云计算安全机制，以保证租户的信息安全和合法权益，并集万家之力将其成熟化、系统化、标准化、规范化。

8.2 移动终端的安全

对于传统的终端设备，广义上的定义是用来创建、存储、处理和删除数据的台式计算机和笔记本式计算机。但如今，不难发现人们身边处理数据的设备终端是多种多样的，有平板计算机、PDA、智能手机等，这些都是人们肉眼可视的部分，还有其他为了满足特定应用而制造的系统，有时甚至都无法意识到他们的存在。但这些设备都有一个共同的特点，即它们都是网络连接的末端，其连接方式主要采用无线模式。

8.2.1 移动终端安全问题

在移动互联网领域，业务由平台和终端共同产生，终端与应用软件的捆绑关系越来越紧密，下面重点对移动终端的安全问题进行说明。

(1) 移动终端硬件层面

移动终端硬件层面包括基带芯片和物理器件的安全，应在芯片设计阶段考虑使之具备抗物理攻击的功能，防止攻击者利用高科技手段(如探针、光学显微镜等方式)获取硬件信息。

(2) 操作系统层面

一是智能手机使用的是开放的操作系统和软件平台架构，如Android、Windows Mobile、Symbian等，开放的API和开发平台在为应用开发者带来便利的同时，也会被不法分子用来开发恶意软件。

二是终端操作系统的非法刷新问题，移动终端应具备系统程序一致性检测功能，当发现未经授权的非法修改时，可在系统启动阶段检测出来，从而有效阻止非法刷机。

三是智能终端的外部接口类型越来越丰富，为病毒的传播提供了通道。

四是移动终端支持多用户带来的安全问题。不同于个人计算机，其操作系统允许每个用户可以有不同的运行环境，不同的用户以不同的用户名/密码登录系统，用户之间实现了较好的安全隔离。但是，对移动终端来说，以不同的身份登录移动终端实现困难，一旦终端发生短暂移交，可能就会使个人隐私、账户信息等数据泄露。

五是移动终端操作系统安全加固比较困难。如果不进行加固，会直接影响到用户对业务的使用体验。从技术上来说，终端操作系统的补丁升级不是挑战，然而，各类增值应用与终端操作系统补丁之间的兼容性测试与安全评估耗时较长，这与业务运营永远是矛盾的，由此带来的安全隐患无法预估。

六是移动终端本地存储的个人信息遭到非法访问的问题，如应用相关的密码文件、认证令牌以及电话簿、银行账户、信息内容等个人数据。如何对其进行保护，能否以一种安全的模式对敏感信息进行存储，是移动终端操作系统急需解决的一个问题。

七是移动终端对安全套接层(Secure Socket Layer，SSL)的支持问题。SSL是可靠和安全的运行环境所必备的，但是，许多老旧的移动终端并不支持SSL或支持SSL但会影响到用户期望的使用体验，这势必影响到端到端的安全服务提供。

(3) 应用软件层面

一是移动终端应能够对应用软件的一致性进行检测，防止安装应用软件时植入病毒。

二是应用隔离问题。随着智能终端处理能力、存储空间的提高，终端安装的软件越来越多，从涉及工作的各种企业应用、进行娱乐的游戏应用到连接朋友和家庭的社交应用，这些应用以及使用这些应用的人都需要访问大量的数据。如何对这些应用及应用所需的数据进行隔离也是一个安全难题。

三是移动终端实现强认证的难度大。通常情况下，强认证是指包括了字符(至少其中之一是大写字母)、数字、特殊符号以及空格等组成的密码或密码短语。然而，要在移动终端上利用有限的键盘实现强认证是比较困难的，对用户来说也十分不方便。

四是安全浏览环境受限引起的安全问题。对于移动终端来说，一个最基本的问题是缺乏足够的显示空间，有恶意的人员利用终端上URL显示不全甚至不显示、浏览内容中内嵌等问题，恶意行为更容易实现。

五是目前手机上推广的各种应用越来越多，部分新业务可能带来新的安全隐患。例如，利用移动定位技术获取到用户自身位置信息的同时，位置信息又是用户的个人隐私，因此在开展移动定位业务时，必须从技术和管理角度考虑用户个人位置信息不被泄露。

8.2.2 解决方案

任何一种类型的终端安全威胁都会给移动互联网终端造成灾难性的后果，除了对移动终端用户的财产造成不可估量的损失外，还会影响用户正常的生活和工作。因此对移动互联网终端进行安全防护已经成为推动移动互联网持续发展的研究热点和关键因素。目前，在工业界，很多杀毒厂商都推出了移动版杀毒软件，如360、McAfee、Norton等。但是他们的核心技术都停留在特征码检测的方法上。智能终端操作系统方面，大多数生产厂商都加强了权限控制。例如，在Symbian操作系统中程序必须有相应的权限证书才允许运行。尽管如此，移动互联网终端安全防护技术研究还处于起步阶段，还未建立健全稳定的防护体系。本节在深入分析移动互联网终端面临的威胁以及当前已有的一些开发技术后，对如何应对移动互联网终端安全威胁进行了研究，提出了控制终端网络接入、终端隐私加密备份和主动防御以及终端防盗一体化的移动互联网终端安全防护技术。

(1) 终端访问网络控制

移动互联网的网络接入控制包括移动终端防火墙、反邮件垃圾等方面的内容。移动互联网终端防火墙类似于个人计算机中的防火墙，控制在移动互联网中不同信任区域之间传递的数据流，过滤一些攻击，关闭不经常使用的端口，禁止特定端口的留出通信，封锁病毒的入侵，拒绝来自特殊站点的访问，实现最大限度地阻止移动互联网黑客入侵移动终端。反垃圾邮件可以让移动终端用户避免处理垃圾邮件的时间浪费，可以避免垃圾邮件对系统资源的占用，同时能避免因垃圾邮件携带病毒带来的安全问题。网络接入控制是对接入其他网络进行认证以及接入网络后所传输的数据加密，对终端安全具有一定的防护作用。

一般企业在部署手持移动终端时，其管理方向会向企业管理 PC 终端一样，不希望信息通过网络手段或者物理手段加以外传，这是众多企业越来越重视的问题。移动终端网络范围的不确定性导致无法使用一个局域链路将终端的使用限制起来。移动终端对网络接入进行控制主要是通过将移动终端的接口进行封堵，以实现对资源的控制。

(2) 终端主动防御方式

如今的手机不仅充当着用户连接到网络的工具，同时也是携带用户大量私密信息的设备，保护个人隐私信息，监控手机的使用流量及通信情况因此变得十分重要。主动防御方式通过流量监控和短信拦截实现用户拥有防御终端面临的威胁的主动权。

主动防御方式的目的是通过软件的介入，实现用户对终端上指定号码的短信进行拦截以及对手机流量使用情况的监测。在实现的短信拦截模块：主动防御方式实现了手动开启和关闭短信拦截，当用户开启短信拦截功能时，对含有指定关键字的短信进行拦截，并对拦截记录进行查看和清除。用户可以随意添加新的拦截号码，删除已有的拦截号码，同时实现对该号码的通话拦截，以及对拦截情况的查看和清除。

(3) 隐私加密备份模式

隐私加密备份模式中隐私保护模块主要实现对涉及个人隐私的应用程序（通讯录、短消息、电子邮件等应用程序）加锁。数据备份功能侧重于对通讯录中的联系人信息进行复制，形成用户文件保存至本地主机和上传至远程服务器。当用户需要时，从本地或者远程服务器下载用户文件，通过文件的读写操作完善通信录中缺漏的联系人信息。其中的隐私保护模块又分为用户登录、密码管理、应用程序加锁与解锁 4 个模块。数据备份要实现的功能主要有用户登录、数据备份、数据恢复。而隐私保护模块的核心之处在于采用在后台运行的服务（运行于应用程序进程的主线程内）来处理用户执行的加/解锁操作，当用户需要执行其他操作时，可以关闭这个应用程序，只要之前开启了服务，加之服务在 Linux 系统调度中优先级比较高，当系统需要销毁进程来释放内存时，优先考虑的不会是服务，所以加锁功能仍有效，也不会对其他组件和用户界面有任何干扰，即该模块性能良好。数据备份模块由于使用 HTTP 传输文件，对文件的大小有一定的限制。

(4) 终端防盗方案

终端防盗方案主要是针对现实生活中手机丢失或者被盗的情况设计的。当用户的终端发生丢失或是被盗情况时，具备终端防盗能力的应用软件会迅速通过短信向安全端汇报，然后拦截来自安全终端的命令短信，并检测终端状态信息和执行锁屏操作。这一终端防盗方案增强了保护终端安全的能力，有效地减少了终端丢失或者被盗对用户造成的经济损失和不利影响。终端防盗方案中的后台检测模块紧随系统自动启动，并实时检测移动终端的状态信息。一旦终端状态信息发生异常情况，如 SIM 卡被更换或手机号码改变，终端就通过短信的形式向安全终端汇报，并在后续的交互过程中汇报终端的当前地理位置，以便终端的主人对终端当前的安全情况做出评估。

(5) 智能终端自带的安全处理机制(以 Android 为例)

• Android Package 签名原理

Android 中系统和应用程序都是需要签名的，可以自己通过 development/tools/make_key 来生成公钥和私钥。Android 源代码中提供了工具 _/out/host/linux-x86/framework/signapk. jar 来进行手动签名，签名的主要作用在于限制对于程序的修改仅限于同一来源。系统中主要有两个地方会检查：如果是程序升级的安装，则要检查新旧程序的签名证书是否一致，如果不一致则安装失败；如果申请权限的受保护级别为 Signature 或者 Signatureorsystem 的，会检查权限申请者和权限声明者的证书是否是一致的。签名相关文件可以从 Andrord Package(以 apk 为扩展名的安卓安装包)包中的 META-INF 目录下找到。

• 包的签名验证

安装时对一个包的签名验证的主要逻辑在 JarVerifier. java 文件的 verifyCertificate 函数中实现。其主要思路是先通过提取 cert. rsa 中的证书和签名信息，获取签名算法等信息，然后按照之前对 apk 签名的方法进行计算，并比较得到的签名和摘要信息与 apk 中保存的是否匹配。

8.3　移动互联网管道的安全

移动互联网管道分两部分，即业务网络和业务平台。接入网采用移动通信网时涉及基站、基站控制器、无线网络控制器、移动交换中心、媒体网关、服务通用分组无线业务支持节点、网关通用分组无线业务支持节点等设备以及相关链路，而采用 Wi-Fi 时涉及接入设备。业务平台是一个已经存在的某个具体应用，如果这个应用具备了某些特性——承载性和辐射性，那么我们就把它定义为一个业务平台。在移动互联网时代，业务平台被赋予了更多的含义，更加侧重作为“面向应用开发者的服务环境”而存在。下面将根据这两个方面分别具体分析所存在的问题并给出解决方案。

8.3.1　接入网安全

1. 安全风险

针对无线接入网络，ME 与 AN 之间的空中接口是容易遭受攻击的部分，其面临的攻击主要有：攻击者在空口窃听信令或用户业务；攻击者通过在空口插入、修改、重放或删除信令数据、控制数据、用户业务数据等手段，拒绝合法用户业务或伪装成网元攻击网络；攻击者通过物理方法阻止用户业务、控制数据、信令数据在无线接口上传输；攻击者进行 DoS 攻击。针对有线接入网、传送网及 IP 承载网，在机密性、完整性和可用性方面的攻击主要有以下几种。

(1) 针对机密性的攻击方法

- 嗅探或窃听是一种监控网络中 Web 服务流量的行为，攻击者可在网络层监控传输的消息内容，从而获取敏感的纯文本数据和在 SOAP、WSDL(Web Services Description Language，网络服务描述语言)等消息中携带的安全配置信息。使用一个简单的数据分组嗅探器，攻击者可以很容易截获网络中传输的信息，进而利用获知的信息发起攻击。窃听行为的发生对通信中数据机密性造成了极大的威胁。
- 流量分析是通过技术手段获得情报监测模块的传输通信。在交互中，消息流承载大量的信息。

(2) 针对完整性的攻击方法

- 篡改是指攻击者通过增加、删除、修改和重新安排等方法来改变原有的消息。
- 伪装是指攻击者可能冒充合法用户来获取未经授权的特权。
- 重放攻击是指将以前获取的正确信息再次传输。这些信息可以是整个路由数据分组或仅仅是附在虚假信息后的认证信息。后者可以被攻击者用来破坏设计不完善的安全方案，这是假冒攻击的第 1 步。通过重放以前截获的数据分组，攻击者可以破坏不同路由域之间的同步。已经过时的路径可以按照新路径的方式出现，对中继节点的路由表进行破坏。

(3) 针对可用性的攻击方法

这种攻击方法主要以 DoS 攻击为主，目的是使计算机或网络无法提供正常的服务。最常见的 DoS 攻击有计算机网络带宽攻击和连通性攻击。带宽攻击是指以极大的通信量冲击网络，使得所有可用网络资源都被消耗殆尽，最终导致合法的用户请求无法通过；连通性攻击是指用大量的连接请求冲击计算机，使得所有可用的操作系统资源都被消耗殆尽，最终计算机无法再处理合法用户的请求。

2. 解决方案

当前人们使用移动终端接入网络，首选会是 Wi-Fi 或者 4G 网络，访问的目标可分为互联网应用信息系统和局域网(私网)业务信息系统。这些访问方式和目标均需要采取针对性的安全防护措施，具体解决方案如下。

(1) 移动终端接入网络时采取双向认证与访问授权。

传统有线终端接入网络只需网络对终端的可信度进行认证。在移动互联网环境下，移动终端在接入过程中不仅网络需要对移动终端进行可信认证，终端也需要对自身接入的网络是否可信采取认证。

(2) 采用移动终端网络通信加密机制。

4G 加密算法采用 TD-LTE、FDD-LTE 的加密技术。最常见的 WLAN 无线网络加密方式主要有 3 种：WPA-PSK/WPA2-PSK、WPA/WPA2 以及 WEP。

(3) 建立入侵检测机制。

不管是互联网还是局域网环境，如果要进行长期的业务数据交互，无论从成本还是网络稳定性来考虑，WLAN 的接入方式都是 IT 管理者的首选。而伪装的 WLAN AP、非授权的客户端连接、使用简单加密的方法是无线网络特有的脆弱性的来源。因此基于传统的日趋成熟的入侵检测手段，需要针对移动网络建立特别入侵攻击行为的检测机制。

(4) 检测与溯源僵尸网络。

在移动互联网环境下，终端的身份通常为用户手机号码。这个终端标识理论上是可以与攻击行为一一对应的，从而可用于实现对攻击行为的溯源和定位。因为移动终端的IP与ID都在运营商的数据库中，因此无论是否处于局域网，其行为信息都可以直接被运营商所确定。

(5) 管理伪装和违规AP。

黑客为了嗅探和窃取更多数据信息，会在攻击目标的周围部署伪装的AP，诱骗受害目标进行无线接入。企业内部员工私自架设AP，也可能造成数据信息的泄露。IT管理者需要从安全管理策略入手，严格禁止此类违规AP的建立，并采取技术手段实时检测伪装和违规AP。

8.3.2 业务平台安全

1. 安全风险

业务平台自身由于主体和客体的原因可能存在不同的脆弱性，为攻击者提供了入侵、骚扰或破坏系统的途径和方法。一些移动互联网的新型融合性应用，如移动电子商务、定位系统，以及微信、QQ等即时通信业务和移动通信传统业务（语音、彩信、短信等）充分融合，使得业务环节和参与设备相对增加很多。同时由于移动业务带有明显的个性化特征，且拥有用户位置、通讯录、交易密码等用户隐私信息，所以这类业务应用一般都具有很强的信息安全敏感度。正是基于以上特征，再加上移动互联网潜在的巨大用户群，移动业务应用面临的安全威胁将会具有更新的攻击目的、更多样化的攻击方式和更大的攻击规模。

按照移动互联网中针对业务的攻击手段和攻击对象，这里将安全威胁分为以下几类。

- 未授权业务数据访问是指未授权者对移动终端、服务器或传输网络上的业务信息、用户数据等内容的非法获取。未授权业务信息访问包括窃听、肩窥、伪装、使用病毒、泄露、流量分析、移动终端偷窃、用户信息诈骗等手段。
- 未授权业务数据操作是指未授权者对移动终端、服务器或传输网络上的业务信息、用户数据等内容的非法注入、修改及删除。其可通过非法入侵并操作网络中的传输消息、用户终端或服务器上存储的数据实现。
- 未授权业务访问是指未授权者通过非法手段获得业务的使用权，其利用服务系统本身的漏洞，伪装或窃取合法移动终端及用户信息以获得服务。
- 业务破坏是指对正常业务过程的破坏，包括拒绝服务攻击、服务滥用、误用、毁坏硬件设备、切断通信电缆等影响业务正常进行的破坏事件。
- 否认是指合法用户对已使用业务内容、时间、流量等信息的否认。业务否认破坏了服务提供商和运营商的正常工作机制，是业务安全中必须考虑的重要因素。

2. 解决方案

每种业务的开展都需要相应的安全机制，以保证业务的有序进行。移动通信业务应用安全架构包括业务安全基础设施、业务安全能力和业务安全3个层面，如图8-1所示。

(1) 业务安全基础设施层

业务安全基础设施层是为业务安全提供最底层支撑服务的设备/功能模块群，如PKI、GBA和生物识别等。

① PKI

在固定互联网环境下的PKI技术标准已经较为成熟，并且在具体的安全协议、业务设计中得到了广泛使用，如SSL、代码签名、电子签名等。简而言之，PKI是支持公钥管理体制的基础设施，提供鉴别、加密、完整性和不可否认性服务。PKI的核心是公钥证书（即数字证书），一

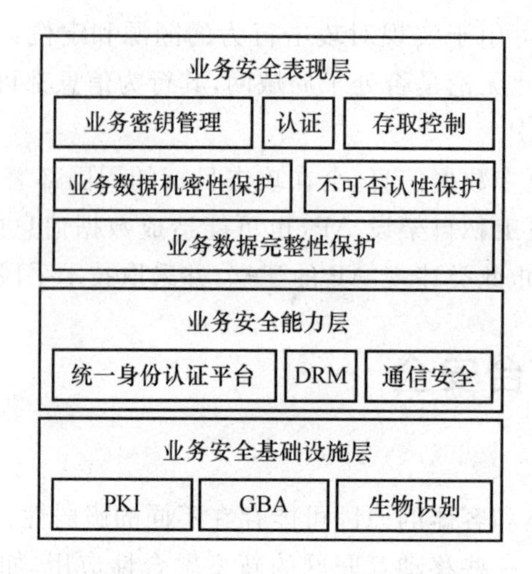

图 8-1 移动通信业务应用安全架构

个完整的 PKI 包含为创建、管理、存储、分发和吊销公钥证书所需的所有硬件、软件、人、策略和过程的全部集合。典型的 PKI 至少包括最终实体(End Entity,EE)、认证机构(Registration Authority,RA)、注册机构(Certification Authority, CA)和证书库(Repository)4 种实体,如图 8-2 所示。

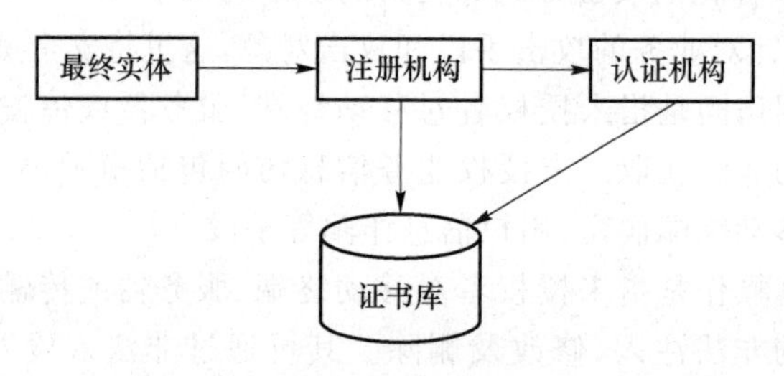

图 8-2 PKI 基本组成结构示意图

② GBA

GBA 是一种基于对称密钥的通用安全信道建立机制,其目的是为无信任关系的终端、业务平台之间建立通用的接入鉴权和密钥协商机制,而不是为每个业务单独定制相关机制。GBA 为业务安全从完全个性定制到通用解决方案提供了思路。它通过复用 3G/4G 网络接入鉴权机制,无须网络和终端侧增加新的密码算法即可提供业务接入安全认证,成功地解决了移动网络中对称密钥的分发和管理问题,有望成为移动网络中对称密码体制的一个基础设施。从基础安全功能角度考虑,GBA 主要提供以下两方面功能。

- 鉴权:提供用户和业务服务器之间的互鉴权机制。
- 密钥协商:每一次 GBA 流程都在用户和业务服务器之间产生会话密钥,用于后续业务流的机密性、完整性保护。

③ 生物识别

当前研究的热点内容——生物识别密码学,将生物特征识别与密码学相结合,让密钥能够最终与特定的人对应,使得所有的业务都能够最终追踪到人,能够实现更好的业务安全。只有融合了生物识别技术,才能做到人、终端、密钥、网络身份的一一对应,因而建立生物识别相关基础设施对移动业务的发展具有重要的价值。建立生物识别基础设施包含如下两个层面。

• 终端侧的生物识别

典型的生物识别技术有指纹、掌纹、脸纹、虹膜、声纹等。为了增强安全性，可以同时采用两种方式来认证使用者。可通过两种方式应用生物识别技术：一种是在终端开机或解锁时使用，保证只有正确的人才能使用终端；另一种是在用户使用 SIM 卡中的令牌访问网络或业务系统时使用，保证只有正确的人才能够访问网络或使用业务。

• 网络侧的生物识别信息库

在网络侧保存可公开的生物特征公钥，从而使在网络侧建立大规模生物识别信息库成为可能。这样人们直接利用自己身体的某一部分（如指纹、虹膜等），便可登录网络或业务系统，彻底解决记忆口令所带来的问题。这种更加简洁、更加安全的认证方式，极有可能给移动认证技术带来革命性变化，因而对移动业务的普及具有很大的价值。

（2）业务安全能力层

① 统一身份认证平台

建立面向移动用户的统一身份认证平台，实现移动用户的统一管理和统一身份认证，是移动运营商提供业务安全能力的一个重要体现。统一身份认证平台的结构如图 8-3 所示。统一身份认证平台的核心功能是用户管理和身份认证。用户管理主要包含两个功能：对所有移动用户进行统一管理（需要与 BOSS 相连以获得统一的用户信息），为所有的移动用户提供一个唯一身份；将该身份与各业务系统的账户信息相关联，使得用户能够以统一身份登录各个业务系统。

由于各业务系统的安全需求不同，因此统一身份认证平台应能够支持多种认证方式，如基于静态口令的认证方式、基于短信或动态口令的认证方式、基于数字证书的认证方式、基于 GBA 的认证方式、基于生物识别的认证方式等。在实践中，当业务系统接到一个用户的访问请求时，可将该用户重新定向到统一身份认证平台，由平台实现对该用户的认证。平台实现对用户的认证后，再将认证结果告诉业务系统，业务系统可根据自己的业务需求来选择合适的认证手段，以达到合理的安全控制。

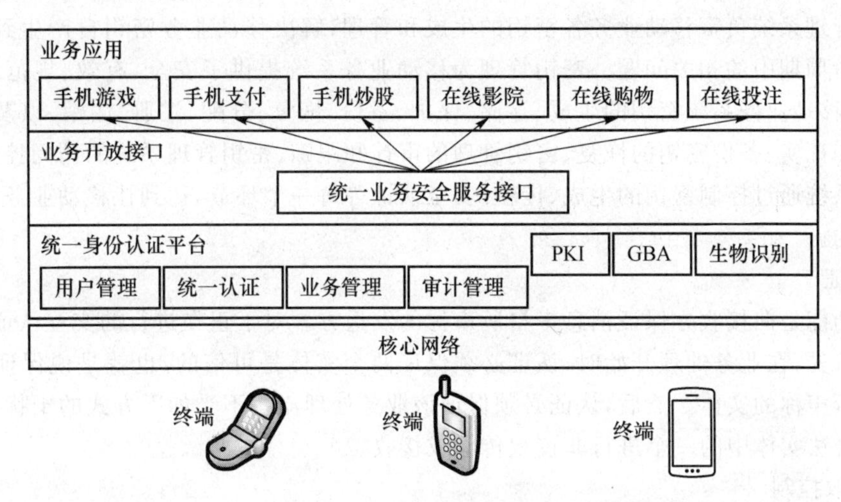

图 8-3 统一身份认证平台的结构

② DRM

DRM 是保护多媒体内容避免未经授权播放和复制的一种方法。它为内容提供者保护他们的私有音乐或其他数据免受非法复制和使用提供了一种手段。DRM 技术通过对数字内容进行加密和附加使用规则对数字内容进行保护，其中使用规则可以断定用户是否符合播放数字内容的条件。使用规则一般可以防止内容被复制或者限制内容的播放次数。操作系统和多媒体中间件负责强制实行这些规则。DRM作为数据业务支撑的重要能力之一，提供了对用户下载内容以及下载后用户对媒体的使用与传播进行控制和计费的机制，保护了运营商和内容提供商的利益。

③ 通信安全

本部分内容主要介绍为了实现移动业务系统中不同实体的安全通信所采用的几种通信协议，包括SSL（Secure Electronic Transaction，安全电子交易）协议、HTTPS（Secure Hyper Text Transfer Protocol，安全超文本传输协议）和SET协议。

- SSL协议是网景（Netscape）公司提出的基于Web应用的安全协议，包括服务器认证、客户认证（可选）、SSL链路上的数据完整性和数据保密性。
- HTTPS是由Netscape开发，基于SSL/TLS提供安全机制，目前已被大部分浏览器支持。HTTPS只能保护用户到服务器之间的连接，并不能绝对确保服务器是安全的，这点甚至已被攻击者利用。因此，在实际的系统设计中还需要同时采用其他的安全方案，以提供全面的安全保证。
- 在开放的互联网上处理电子商务，如何保证买卖双方传输数据的安全成为电子商务的重要问题。SET协议是一个为在线交易设立的开放的、以信用卡支付为基础的电子付款系统规范，它采用公钥密码体制和X.509数字证书标准，主要应用于B2C模式中保障支付信息的安全性。

（3）业务安全表现层

业务安全表现层描述了业务安全实施和运行所应具备的业务安全属性，其直接影响着业务的持续可用性和对业务信息安全的保障。业务安全属性主要包括业务密钥管理、认证、存取控制、业务数据机密性、业务数据完整性以及不可否认性等。

① 密钥管理

密钥管理系统负责移动业务各密钥的生成和管理，解决移动业务密钥自产生到最终销毁的整个生命周期中的相关问题。密钥管理为移动业务系统提供了安全、有效、规范、统一的服务，实现了移动业务系统密钥的生成、存储、保护、备份、恢复、分配、注册、注销，以及对密钥申请的授权和证实、备份密钥的恢复、密钥管理的审计和跟踪、密钥管理系统的访问控制等功能。密钥管理系统通过控制密钥的生成、传输、安全认证等每一个环节，达到让移动业务流程完整、安全的目的。

② 认证

认证功能是向接收方保证消息来自所声称的发送方。对于正在进行的交互认证涉及了两个方面。首先，在业务处理开始时，认证必须保证两个实体是可信的，也就是说保证每个实体都是他们所声称的实体。然后，认证必须保证该业务处理流程不受如下方式的干扰：第三方伪装成两个合法实体中的一个进行非授权传输或接收。

③ 存取控制

在移动业务中，存取控制是一种限制、控制那些通过通信连接对主机和应用进行存取的能力。每个试图获得存取控制的实体必须被识别或认证后，才能获取相应的存取权限。

④ 业务数据机密性保护

业务数据机密性保护是防止在移动业务流程中传输的数据遭到被动攻击。移动业务数据的机密性保护有两种机制：一种是服务器与服务器之间所采用的在一段时间内为两台服务器所传输的所有数据提供保护的机制；另一种是在业务流程中所采用的对单条指令以及单条指令内的某个特定范围提供保护的机制。

⑤ 业务数据完整性保护

移动业务的数据完整性保护可以保证在业务流程中的双方收到的消息和发出的消息一致，没有复制、插入、修改、更改顺序。

⑥ 不可否认性保护

不可否认性保护可以防止移动业务参与者的一方否认传输或者接收过某些消息。当消息发出后，接收方能证明消息是由声称的发送方发出的，而当消息被接收后，消息的发送方能证明消息确实由所期望的接收方收到。在移动电子商务等移动新兴业务中，不可否认性保护能够有效标识交易方（如用户、商户、银行）之间的交易行为而使之无法抵赖。

8.4　移动云计算安全

云计算和移动互联网是近年来发展十分迅速的IT领域。云计算颠覆了传统的IT资源管理和运营模式，实现了资源的按需使用和灵活配置，而移动互联网前所未有地扩展了互联网的应用深度和广度。云计算和移动互联网具有天然的互补性。移动互联网要求应用实现随时随处可用、可跨终端、可跨平台且具有一致的用户体验，云计算的特性恰恰满足这些要求。

正如任何新技术或新业务模式的发展一样，云计算在创造新机遇的同时也带来了新的风险。云计算的发展使移动互联网网络资源、业务资源、用户资源在应用模式上发生了重大变化。多租户、资源共享、数据存储的非本地化，承载业务类型的多元化以及网络带宽的快速增长，不仅要求进一步强化应对传统的安全问题，同时也要求应对移动互联网应用引入的新安全问题。因此，在云计算快速推进、广泛普及的同时，有必要重点对移动环境下的云安全技术进行研究，在云计算中采取更强大的安全措施；否则，云中的特性以及云提供的服务不仅无法控制，还将对国家、企业、用户带来严重的安全威胁。

8.4.1　移动云计算安全问题

移动互联网与云计算结合，在极大地增强移动互联网业务功能、改善移动互联网业务体验、促进移动互联网蓬勃发展的同时，也暴露出一些急需关注的安全问题。一方面，云计算技术还不成熟，其自身的安全问题会引入移动互联网中，如云计算虚拟化、多租户、动态调度环境下的技术和管理安全问题，云计算服务模式导致用户失去对物理资源的直接控制问题，云计算数据安全、隐私保护以及对云服务商的信任问题等。另一方面，移动互联网的具体技术和应用与云计算结合后，还暴露出一些新的安全隐患。总体来说，云计算技术主要面临如下安全问题。

（1）虚拟化的安全问题

利用虚拟化带来的经济上的可扩展性，有利于加强在基础设施、平台、软件层面提供多租户云服务的能力，然而虚拟化技术也会带来如下安全问题。

- 如果主机受到破坏，那么主要的主机所管理的客户端服务器就可能被攻克。

- 如果虚拟网络受到破坏，那么客户端也会受到损害。
- 需要保障客户端共享和主机共享的安全，因为这些共享有可能被不法之徒利用其漏洞加以攻击。如果主机有问题，那么所有的虚拟机都会产生问题。

（2）数据集中后的安全问题

用户的数据存储、处理、网络传输等都与云计算系统有关。如果发生关键或隐私的信息丢失和窃取，对用户来说无疑是致命的。如何保证云服务提供商内部的安全管理和访问控制机制符合客户的安全需求，如何实施有效的安全审计对数据操作进行安全监控，如何避免云计算环境中多用户共存带来的潜在风险等都已成为云计算环境下所面临的安全挑战。

（3）云平台的可用性问题

用户的数据和业务应用处于云计算系统中，其业务流程将依赖于云计算服务提供商所提供的服务，这对服务商的云平台服务连续性、服务等级协议流程、安全策略、事件处理和分析等提出了挑战。另外，当发生系统故障时，如何保证用户数据的快速恢复也成为一个重要问题。

（4）云平台遭受攻击的问题

云平台由于其用户、信息资源的高度集中，容易成为黑客攻击的目标。拒绝服务攻击造成的后果和破坏性将会明显超过对传统的企业网应用环境的影响。移动终端上的病毒和恶意软件等会窃取云服务的账号、密码以及用户数据等。黑客通过对无线通信信号的嗅探，窃取云服务信息或破坏云服务。通过移动互联网对云服务的分布式拒绝服务（Distributed Denial of Service，DDoS）攻击也日益频繁。基于移动互联网的攻击对云计算服务的威胁不断增大。

8.4.2 解决方案技术细节

移动云计算网络安全架构如图 8-4 所示，可以看出移动互联网云服务的整体安全策略如下。

身份认证与访问控制。身份认证是指在网络中对用户实体的身份进行确认，是网络防护的第一道屏障。认证是指对用户先前所定义的身份进行验证的过程，最常见的一种方式就是通过使用账号和密码来登录终端系统。访问控制是在身份认证的基础上，按照授权来对用户的访问加以约束，其主要是为了检测与防止越权访问，并对资源予以保护。

加密与密钥管理。加密技术主要是用来隐藏需要传递的数据信息的技术，是保证云计算中信息安全的基础。云计算环境中，用户应先对数据进行对称加密后，再传送到云端，当云端接收数据后，应使用增强、组合的加密技术再对元数据进行加密，以保护用户信息。此外，云端还必须提供一个统一、弹性的密钥管理架构，并通过随机密钥、内存清洗、磁盘控制器密钥加密、避免从网络启动密码等措施来保障云端密钥的有效管理。

传输安全。在云环境中，边界是无形的、动态的，可以采用 VPN（Virtual Private Network，虚拟专用网络）技术和 SSL 来保障云计算环境下的传输安全。云环境中的传输接口可以采用 SSL 方式，而数据通信安全可以将 VPN 和 SSL 结合起来使用。

事件日志与安全审计。云计算的事件日志是主要用来记录云基础设施、平台环境及应用程序的所发生重要事件。安全审计则是通过对所关注的事件日志进行记录、跟踪及分析来实现的。在云计算多模式的情况下，需要对安全事件进行整合管理，以便及时地对安全事件进行响应。

灾难备份与恢复。云环境需确保在遭遇天灾人祸时，仍可以提供持续的服务，数据信息也能被迅速地恢复过来。首先，应实现服务的迁移，即建立多个备用站点，以便主节点发生故障时的切换。此外，还应实现数据迁移，支持数据的多备份、异域备份和离线备份。

在这种安全架构下，可以从 IaaS、PaaS、SaaS 3 层考虑安全问题，移动云计算网络的分层安全策略有 IaaS 层安全、PaaS 层安全、SaaS 层安全。

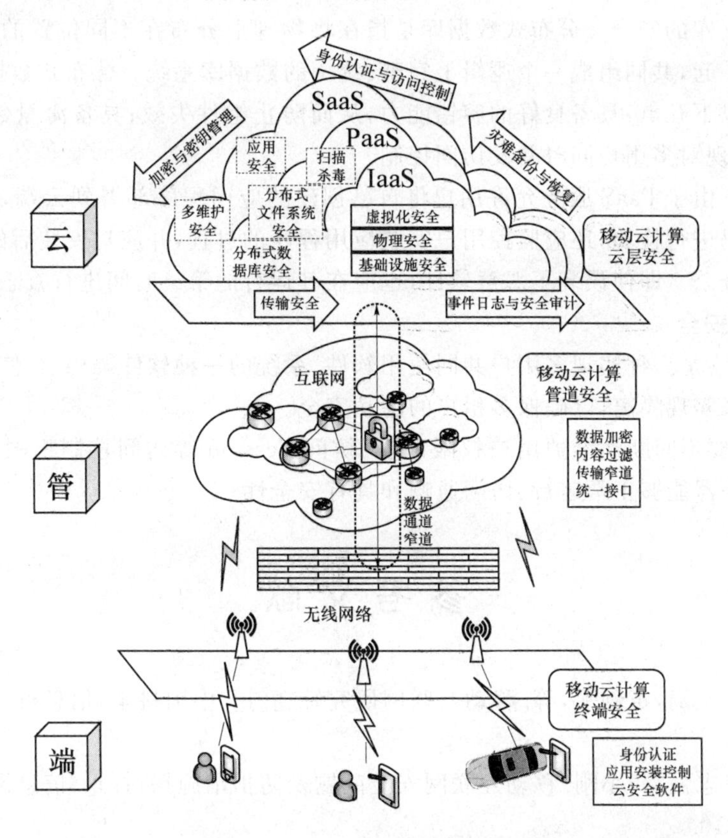

图 8-4　移动云计算网络安全架构

1. IaaS 层安全

物理安全。云环境中需要保障数据中心的机房环境、线路、电源等安全，主要可以采取安全体系、摄像监控、定时巡逻、预警监控、异常报警等措施。

基础设施安全。云端的基础设施主要是由服务器、存储、网络等硬件设备构成，是保障云计算模式整体安全的基石。对于服务器安全方面，需要考虑设置主机防火墙、访问控制策略、基于主机的入侵检测防御及异常行为监控等措施。在网络安全方面需要考虑设置网络防火墙、安全审计、恶意代码防范、基于网络的入侵检测防御等策略。对于存储设备方面应考虑设置备份服务器等。

虚拟化安全。该层是通过虚拟化技术将物理基础设施映射为服务器虚拟化、存储虚拟化、网络虚拟化等虚拟资源。

2. PaaS 层安全

分布式文件系统的安全。分布式文件系统是通过计算机网络，连接各个分散的存储节点，并实现不同节点数据信息和存储空间的资源共享系统。所以当一个工作节点发生错误时，该工作节点上所执行的任务就会被转移至其他的工作节点上。在分布式文件系统中应构建的安全措施有：设置主备和辅备服务器对文件系统服务器进行备份，以应对文件硬件的宕机与故障;采用备份存储方式来确保数据可靠性,备份数据在系统中至少应有3份以上;应保证多用户并访问时,文件系统的承受能力,设置预警线,保障硬件设施的动态扩展及频繁增减;需要提供统一的、透明的界面供用户使用的时候,需要确保用户数据的独立性,并保证数据冲突时的恢复机制。

分布式数据库的安全。分布式数据库是指在将物理上分布在不同位置的数据库,通过网络相互连接到一起,共同组成一个逻辑上完整、统一的数据库系统。分布式数据库的安全机制主要应该考虑以下几点:具备良好的容错能力,从而防止组件失效;具备海量数据快速检索及存储能力;可实现对多用户同时并发访问控制。

扫描杀毒。由于PaaS服务允许用户将自己创建的应用程序部署到云端,因此,不仅要对用户上传的代码进行检验,还应监控用户安装应用程序的过程,并应对安装后的应用程序进行病毒的扫描和查杀。即使误装了恶意软件,也应在其运行的第一时间进行查杀。

3. SaaS 层安全

多租户安全:是一种实现多用户共同使用软件、系统的一种软件架构,在使用时,应采取物理或虚拟方式来实现隔离,以确保多租户的隐私安全。

应用安全:要不间断地维护用户权限列表、访问Session等访问控制权限,另外还应确保应用程序的服务器能够正常运行、访问通畅和具有安全性。

参考文献

[1] 吴吉义,李文娟,黄剑平,等.移动互联网研究综述[J].中国科学:信息科学,2015,45(1):45-69.

[2] 王红凯,王志强,龚小刚.移动互联网安全问题及防护措施探讨[J].信息网络安全,2014,(9):207-210.

[3] 柏洪涛,刘海龙,任晓明,等.移动通信业务安全综述[J].电信科学,2009,25(2):21-28.

[4] 闫莅.移动云计算领域的网络安全解决方案探究[J].信息技术,2016,1:112-116.

[5] 王艳春,李洪.业务平台安全解决方案研究[J].电信科学,2013,29(8):85-89.

[6] 刘权,王涛.云计算环境下移动互联网安全问题研究[J].中兴通讯技术,2015,21(3):4-6,15.

[7] 孙其博.移动互联网安全综述[J].无线电通信技术,2016,42(2):1-8.

[8] 林闯,苏文博,孟坤,等.云计算安全:架构、机制与模型评价[J].计算机学报,2013,36(9):1765-1784.

[9] 闫莅.移动云计算领域的网络安全解决方案探究[J].信息技术,2016,(1):112-116.